U0059515

IC 封裝製程與 CAE 應用

鍾文仁、陳佑任　編著

全華圖書股份有限公司

序

　　IC 封裝是半導體成為應用產品關鍵性的製程，也是國內重要的產業，但系統化與整體性的本土化相關教材仍然缺乏。鍾教授過去十年無論在 IC 封裝製程的課程講授與相關研究付出了極大的心力，所獲成果非常豐碩，得到各方極高的讚譽與評價。2001 年教育部顧問室製造領域科技改進教育計畫成立了「模具自動化教學資源中心」期許對於模具和成型技術的教育訓練與人才培育作出更大的貢獻。鍾教授在此目標下更是義無反顧將十多年的心得傾囊相授，並以深入淺出、鉅細靡遺的方式撰稿成冊。書中除了包括 IC 封裝類型、材料、製程、新世代技術與挑戰等的介紹外，對於電腦輔助工程(Computer-Aided Engineering, CAE)的應用和案例更有特別詳細的描述，對於學習者來更是一大福因。在 21 世紀初期，3C (Computer，Communication & Consumer Electronics)產業預期將有更蓬勃的發展而 IC 封裝技術更是與時俱進，居於舉足輕重的地位。相信此書必能使讀者對 IC 封裝製程以及相關應用的知識領域獲得良好的啟發與指引，同時對於知識經濟型的模具人才培育作出良好的貢獻。

　　對於鍾教授的熱忱，身為「模具自動化教學資源中心」的主持人，本人極樂意為序並代表所有中心聯盟學校致上最誠摯的支持與鼓勵。

陳夏宗　教授

中原大學機械工程學系主任

模具自動化教學資源中心主持人

推薦序

　　隨著半導體產業與技術不斷地精進，加上先進三次元(Three Dimen-sional，3D)封裝方式的提出，如何提高封裝密度，達到多功能化、封裝小型化及高速、高容量的要求下，IC封裝技術與挑戰日益艱鉅。傳統上透過試誤法(trial-and-error)方式，因無法有效釐清 IC 封裝系統內同時發生流動、熱傳、封裝材料聚合之複雜機構與變化，近年來先進國際大廠已廣泛地應用電腦輔助工程分析軟體與技術(CAE)在IC封裝之技術開發。

　　然而早期的模流分析技術都是奠基於所謂的 2.5D 的技術上來發展。透過厚度方向上的簡化，2.5D 的模流分析技術可將複雜的三維模型簡化成薄殼流動。這樣的分析技術，能在早期電腦軟硬體的限制下，對傳統的封裝形體進行模擬，並有不錯的分析正確性。時至今日，電腦軟硬體的發展進步神速，加以目前新世代的封裝體，內部有著高密度的晶片堆疊與不同型態的三維整合。對於這樣的封裝發展趨勢，惟有真實的全三維分析技術才能進行正確的電腦模擬。為此，科盛科技秉持著與時並進的精神，以提供業界專業模具設計及優化解決方案為己任，不僅持續開發出國際最先進之Moldex3D系列軟體應用於一般塑膠射出成型模擬分析，更以真實三維核心開發出 IC 封裝 CAE 模擬技術領先全球，以嘉惠眾多之產學業者。

　　鍾文仁教授所著"IC 封裝製程與 CAE 應用"一書，自出版以來，洛陽紙貴，廣為業界與學界推崇，在這個主題的出版市場上，一直銷售長青。值此書改版之際，增修一些最新 IC 封裝技術外，也感謝鍾教授之邀請，讓我們團隊有機會參與本書並負責＂第八章 3D CAE 在 IC 封裝製程上的應用＂之編撰。我們希望透過最新的三維模流分析技術之介紹、學理基礎之說明、分析結果之指引、以及案例介紹。能爲此專著內容的與時俱進貢獻一分棉薄之力。也期望這些取自於我們在三維模流領域十幾年耕耘下來的技術發展與實戰經驗，能讓讀者對三維模流 CAE 的發展與在 IC 封裝製程上的應用，有更進一步的認識，並進而掌握並提升新世代 IC 封裝製程與技術之競爭力。

科盛科技股份有限公司

總經理　楊文禮

2010.08

自序

　　由於在美國康乃爾大學所學爲 CAE 在射出成型製程應用以及相關程式的開發，畢業後又留在 C-MOLD 工作近三年，1993 年回國後，因爲昔日同學與同事的建議與協助，加上之前所學的相關性，便慢慢對IC封裝的相關領域作深入的探討與研發。

　　從 1995 年開始對 IC 導線架的自動化設計與繪製進行研究與軟體的開發後，便陸續對封裝的塡膠分析、導線架的變形、流道平衡、金線偏移、翹曲變形、覆晶底部充塡、以及與疲勞相關的可靠度分析進行理論的探討與CAE分析技術的研發；對於能對這領域一直有持續性的研究，必須要感謝工研院材料所、工研院機械所以及中原大學、上寶半導體、矽品精密、台達電子在計畫上的合作與經費上的支持。

　　鑑於在 IC 封裝領域研究多年來，深感國內目前對於 IC 封裝產業及其先進分析技術的學習，缺乏一專業中文書籍的介紹，大多仰賴原文圖書、文獻的閱讀；所以希望能把這幾年來對相關製程的了解、理論的探討、CAE軟體的使用與整合以及其他相關研究成果，藉著這本書的撰寫完成，能對學界與產界有些助益；編寫這本書，比原先想像要困難與複雜很多，寫的不好的地方，或有任何建議，也請來函告知。

　　這本書的完成，最要感謝的當然是我在康乃爾博士班的指導老師－王國金教授，我在美國求學與工作期間，他所給我的教導，一直讓我受益良多；另外必須要感謝目前擔任中原大學機械工程系的陳夏宗主任，我回國這十年來，他在各方面給予的指導、協助與幫忙，也讓我和我的CAX 研究室能持續地發展與進步，這次也煩請他百忙之中幫這本書寫篇序言；而這幾年來從研究室畢業，探討 IC 封裝相關領域的學生，更絕對是這本書最大的幕後功臣，這些學生有：陳佑祿(1997 畢－金線偏移)，許富雄(1997 畢－澆口分析與設計)，陳振興(1997 畢－導線架自動繪圖與設計)、陳振益(1998 畢－導線架自動繪圖與設計)、陳志明(1998 畢－翹曲變形)、李宜修(1998 畢－金線偏移)、史佳乾(1998 畢－花架基座變形)、張明倫(1999 畢－翹曲變形)、陳俊龍(2000 畢－疲勞壽命)、陳佑任(2001 畢－金線偏移)、陳隆泰(2001 畢－覆晶底部充填)、蕭振安(2001 畢－疲勞壽命)、張千惠(2002 畢－高密度 IC 的模流分析)；特別要提的是作者之一的陳佑任，他幾乎用他所有當兵的假期來協助這本書的編寫，也讓這本書能如期完成；另外目前研究室的成員，也都有對這本書有所貢獻，真是謝謝他們的幫忙；最後要感謝中原大學在撰寫經費上的補助，才讓這本書能儘快地問世。

鍾文仁

CAD/CAM/CAE/CIM 研究室

中原大學機械工程學系

Tel：(03) 265-4318

Fax：(03) 265-4399

E-mail：wenren@cycu.edu.tw

網址：http://www.cax.me.cycu.edu.tw

編 輯 部 序

　　「系統編輯」是我們的編輯方針,我們所提供給您的,絕不只是一本書,而是關於這門學問的所有知識,它們由淺入深,循序漸進。

　　本書除了對 IC 封裝類型、材料、製程、新世代技術有深入淺出的介紹外,針對電腦輔助工程(Computer-Aided Engineering, CAE)的應用有更詳細的描述;從IC封裝製程(晶圓切割、封膠、聯線技術..)、IC元件的介紹(PLCC、QFP、BGA..)、MCM等封裝技術到CAE工程分析應用在IC封裝,能使讀者在IC封裝製程的領域有更多的收穫!適合私立大學、科大、技術學院電子、電機系"半導體製程"課程及對於有志跨半導體封裝領域的學習者使用。

　　同時,為了使您能有系統且循序漸進研習相關方面的叢書,我們以流程圖方式,列出各有關圖書的閱讀順序,以減少您研習此門學問的摸索時間,並能對這門學問有完整的知識。若您在這方面有任何問題,歡迎來函連繫,我們將竭誠為您服務。

相關叢書介紹

書號：05463007
書名：VLSI 電路與系統
　　　（附模擬範例光碟片）
編譯：李世鴻
16K/712 頁/600 元

書號：0552504
書名：薄膜科技與應用(第五版)
編著：羅吉宗
20K/448 頁/480 元

書號：0596501
書名：積體電路測試實務
　　　（第二版）
編著：廖裕評.陸瑞強
20K/216 頁/300 元

書號：0397901
書名：CMOS 數位積體電路分析與
　　　設計(第三版)
編譯：吳紹懋.黃正光
20K/840 頁/650 元

書號：0555603
書名：薄膜工程學(第 2 版)
日譯：王建義
16K/264 頁/350 元

書號：0611002
書名：類比積體電路佈局(第三版)
編著：廖裕評.陸瑞強
16K/440 頁/420 元

書號：10420
書名：積體電路與微機電產業
編著：曲威光
16K/400 頁/400 元

◎上列書價若有變動，請
　以最新定價為準。

流程圖

書號：0630001/0630101
書名：電子學(基礎理論)/
　　　(進階應用)(第十版)
編譯：楊棧雲.洪國永
　　　張耀鴻

書號：0510203
書名：半導體製程概論
　　　（第四版）
編著：李克駿.李克慧.李明達

書號：0596501
書名：積體電路測試實務
　　　（第二版）
編著：廖裕評.陸瑞強

書號：0601574
書名：電子學(第五版)
　　　（精裝本）
編著：楊善國

書號：0529903
書名：IC 封裝製程與 CAE 應用
　　　（第四版）
編著：鍾文仁.陳佑任

書號：05859
書名：高密度構裝技術 – 100
　　　問題解說
日譯：許詩濬

書號：0309904
書名：VLSI 概論(第七版)
編著：謝永瑞

書號：0367275
書名：矽晶圓半導體材料技術
　　　(第六版)(精裝本)
編著：林明獻

書號：0552504
書名：薄膜科技與應用
　　　（第五版）
編著：羅吉宗

CHWA
TECHNOLOGY

目 錄

1 前 言

1-1 封裝的目的[1] 1-1

1-2 封裝的技術層級區分 1-2

1-3 封裝的分類 1-4

1-4 IC 封裝技術簡介與發展[4] 1-4

1-5 記憶卡封裝技術簡介與發展 1-9

1-6 LED 封裝技術簡介與發展 1-11

2 IC 封裝製程

2-1 晶圓切割(Wafer Saw) 2-1

2-2 晶片黏結 2-3

2-3 聯線技術 2-5

    2-3-1 打線接合(Wire Bonding) 2-6

    2-3-2 卷帶自動接合(Tape Automated Bonding，TAB)[6][7] 2-11

    2-3-3 覆晶接合(Flip Chip，FC) 2-13

2-4 封膠(Molding) 2-15

2-5 剪切／成型(Trim/Form) 2-17

2-6 印字(Mark) 2-18

2-7 檢測(Inspection) 2-19

3 IC 元件的分類／介紹

3-1 封裝外型標準化的機構[1] 3-1

3-2　IC 元件標準化的定義 3-4

　3-2-1　依封裝中組合的 IC 晶片數目來分類 3-4

　3-2-2　依封裝的材料來分類 3-4

　3-2-3　依 IC 元件與電路板接合方式分類 3-6

　3-2-4　依引腳分佈型態分類 3-7

　3-2-5　依封裝形貌與內部結構分類 3-9

3-3　IC 元件的介紹 3-11

　3-3-1　DIP 3-11

　3-3-2　SIP 3-13

　3-3-3　PGA 3-14

　3-3-4　SOP 3-14

　3-3-5　SOJ 3-15

　3-3-6　PLCC 3-15

　3-3-7　QFP 3-16

　3-3-8　BGA 3-17

　3-3-9　FC 3-17

4 | 封裝材料的介紹

4-1　封膠材料 4-1

　4-1-1　陶瓷材料 4-1

　4-1-2　固態封模材料(Epoxy Molding Compound，EMC)[1][2] 4-2

　4-1-3　液態封止材料(Liquid Encapsulant)[3] 4-6

　4-1-4　封裝材料市場分析與技術現況[4] 4-9

4-2　導線架 4-10

　4-2-1　導線架的材料[5][6] 4-11

　4-2-2　導線架的製造程序 4-12

　4-2-3　導線架的特性與技術現況[7] 4-17

4-3　基　板 4-18

4-3-1 基板的材料[8] 4-19

4-3-2 基板的製造程序[7][8] 4-20

4-3-3 基板的特性與技術現況[4][7] 4-23

5 新世代的封裝技術

5-1 MCM (Multi-Chip Module)...5-1

5-1-1 多晶片模組的定義與分類 5-3

5-1-2 多晶片模組的發展現況 5-7

5-2 LOC (Lead-on-Chip) 5-7

5-2-1 LOC 的封裝方式 5-8

5-2-2 LOC 封裝的製程 5-9

5-3 BGA (Ball Grid Array) 5-11

5-3-1 BGA 的定義、分類與結構 5-12

5-3-2 BGA 的優異性 5-18

5-3-3 技術趨勢和未來發展 5-20

5-4 FC (Flip Chip) 5-21

5-4-1 凸塊接點製作 5-24

5-4-2 覆晶接合 5-33

5-4-3 底部填膠製程(Underfill) 5-35

5-5 CSP (Chip Scale Package)...5-37

5-5-1 CSP 的構造 5-38

5-5-2 CSP 的製作方法 5-40

5-5-3 CSP 的特性 5-42

5-5-4 CSP 的發展現況 5-44

5-6 COF(Chip on Flex or Chip on Film) 5-46

5-6-1 COF 的優點 5-47

5-6-2 COF 的缺點 5-49

5-6-3 COF 的現況與發展 5-49

5-7　COG(Chip on Glass)..5-50

    5-7-1　驅動 IC 構裝技術的介紹 5-51

    5-7-2　COG 技術應用的關鍵材料 5-52

    5-7-3　目前 COG 的發展課題 5-58

    5-7-4　未來展望 5-61

    5-7-5　結論 5-63

5-8　三次元封裝 (3 Dimensional Package) 5-63

    5-8-1　三次元封裝的特色及封裝分類 5-64

    5-8-2　三次元封裝技術的介紹....................................5-70

    5-8-3　三次元封裝技術的應用和發展 5-75

6 IC 封裝的挑戰／發展

6-1　封裝缺陷的預防..6-1

    6-1-1　金線偏移問題 6-1

    6-1-2　翹曲變形問題 6-3

    6-1-3　其他封裝缺陷 6-4

6-2　封裝材料的要求和技術發展 6-6

    6-2-1　黏晶材料..6-7

    6-2-2　封膠材料[2][3]..6-7

    6-2-3　導線架、基板的技術發展[6]..........................6-12

6-3　散熱問題的規劃[7][8][9][10]..........................6-14

    6-3-1　IC 熱傳基本特性..6-15

    6-3-2　IC 熱阻量測技術與應用 6-17

    6-3-3　散熱片(Heat Sink)的應用 6-24

    6-3-4　熱管(Heat Pipe)的應用 6-32

    6-3-5　印刷電路板(PCB)之散熱技術 6-34

    6-3-6　新型散熱技術之發展 6-43

    6-3-7　3 組不同封裝型態的高密度元件熱傳改善探討 6-45

    6-3-8　結　論..6-50

7 CAE 在 IC 封裝製程的應用

7-1 CAE 簡介 7-2

7-2 CAE 的理論基礎 7-2

7-3 封裝製程的模具設計 7-4

7-4 封裝製程的模流分析[7][8][9] 7-4

7-5 封裝製程的可靠度分析 7-10

    7-5-1 熱應力與溫度分佈的探討 7-10

    7-5-2 金線偏移的預測 7-10

    7-5-3 翹曲變形的分析[14] 7-15

    7-5-4 錫球疲勞壽命的計算[15][16] 7-21

    7-5-5 錫球裂紋成長的分析 7-24

    7-5-6 覆晶底膠(Underfill)充填分析 7-25

7-6 CAE 工程分析應用在 IC 封裝製程的案例介紹 7-30

    7-6-1 模流分析案例 I：SAMPO_BGA 436L [9] 7-30

    7-6-2 模流分析案例 II：SPIL_BGA 492L [9][36] 7-37

    7-6-3 模流分析案例 III：SPIL_QFP 208L [9] 7-46

    7-6-4 金線偏移分析案例：SPIL_BGA 492L [9][36] 7-55

    7-6-5 翹曲變形分析案例：SAMPO_BGA 436L [14] 7-58

    7-6-6 翹曲變形分析案例：FCBGA 7-71

    7-6-7 疲勞壽命分析案例 7-79

    7-6-8 傳統錫鉛/環保無鉛錫球材料對溫度循環負載的效應分析 7-83

    7-6-9 錫球幾何設計對錫球裂縫增長率的探討 7-104

    7-6-10 Underfill 分析案例 I：錫球數量和凸塊配置對充填流動的探討

    7-117

    7-6-11 Underfill 分析案例 II 7-134

7-7 結　論 7-151

8 3D CAE 在 IC 封裝製程上的應用

8-1　三維模流分析的優勢 8-1

8-2　三維模流分析的理論基礎 8-4

　　8-2-1　統御方程式 8-4

　　8-2-2　黏度模式 8-5

　　8-2-3　數值方法 8-6

　　8-2-4　三維實體網格生成 8-8

8-3　三維模流分析的技術指引 8-10

　　8-3-1　流動/硬化分析技術指引 8-10

　　8-3-2　翹曲分析技術指引 8-13

　　8-3-3　金線偏移分析技術指引 8-14

　　8-3-4　導線架偏移分析技術指引 8-18

8-4　三維模流分析應用在 IC 封裝製程的案例介紹 8-20

　　8-4-1　TSOP II 54L LOC 的模流分析 8-20

　　8-4-2　Micro SD CARD 的案例分析 8-29

　　8-4-3　導線架偏移的案例分析 8-35

8-5　覆晶封裝底部填膠的三維充填分析 8-39

9 電子封裝辭彙

9-1　專業術語 9-1

A IC 導線架之自動化繪圖系統

A-1　軟體簡介 ....附 A-1

A-2　佈線區域理論和參數化 ....附 A-2

　　A-2-1　佈線區域理論 ....附 A-2

　　A-2-2　佈線區域參數化 ....附 A-3

A-3　自動規劃佈線區域之準則 ....附 A-4

　　A-3-1　主區域的選取與搜尋 ....附 A-5

A-3-2　內引腳端點位置的搜尋與計算 .... 附 A-6

A-3-3　次區域的規劃 .... 附 A-7

A-3-4　金線之計算與繪製 .... 附 A-8

A-4　案例研究 .... 附 A-9

A-4-1　DIP 24 pins .... 附 A-10

A-4-2　QFP 型 .... 附 A-17

A-5　研究成果 .... 附 A-22

A-6　未來展望 .... 附 A-23

B 金線偏移分析軟體

B-1　軟體簡介 .... 附 B-1

B-2　CAE 分析資料的匯入 .... 附 B-3

B-3　金線資料的輸入 .... 附 B-4

B-3-1　金線材料性質的定義 .... 附 B-4

B-3-2　模穴參考幾何中心的定義 .... 附 B-5

B-3-3　金線幾何座標的輸入 .... 附 B-7

B-3-4　Fit Curve 的繪製 .... 附 B-9

B-3-5　實際金線偏移量的輸入和顯示 .... 附 B-11

B-4　金線偏移量的計算 .... 附 B-13

B-4-1　CAE 網格資料的擷取 .... 附 B-14

B-4-2　Gapwise Information .... 附 B-14

B-4-3　Calculated Information .... 附 B-15

B-4-4　金線偏移量的計算結果 .... 附 B-16

B-4-5　擷取網格位置的顯示 .... 附 B-16

B-4-6　Circular Arch 公式解的計算 .... 附 B-18

B-5　分析結果的整合與匯出 .... 附 B-18

B-5-1　ANSYS Log 檔的輸出 .... 附 B-18

B-5-2　金線偏移趨勢的繪出 .... 附 B-21

B-6　未來展望 .... 附 B-22

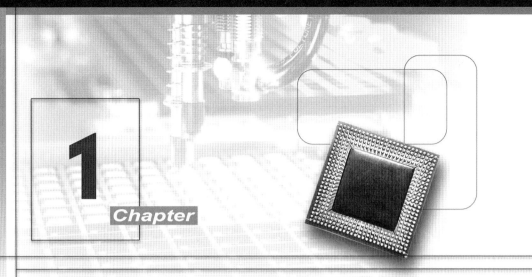

1
Chapter

前　言

　　電子封裝製程之目的在賦予IC元件一套完整的組織架構，使它能發揮其應有的功能。以微電子的產品製程觀之，電子封裝屬於產品後段的製程技術，因此封裝常被認為只是積體電路製程技術的配角之一；其實不盡然，因事實上，封裝技術的範圍涵蓋甚廣，它應用了物理、化學、機械、材料、電機…等學門的知識，也使用了金屬、陶瓷及高分子等各式各樣的材料，在微電子產品功能與層次提升的追求中，開發封裝技術的重要性不亞於IC製程技術與其他微電子相關製程技術，故世界各主要電子工業國家莫不努力研究，以求得技術領先的地位。

■ 1-1　封裝的目的[1]

　　以薄膜製程技術在矽或砷化鎵等晶圓上製成的IC元件尺寸極為微小，結構也相當脆弱，因此必須使用一套方法將它們"包裝"

起來，以防止取置過程中，因外力或環境因素的破壞，避免物理性質的破壞和化學性質的侵蝕，確保訊號跟能量的傳遞，使其能發揮功能。因此，IC封裝即在建立IC元件的保護與組織架構，它始於IC晶片製程之後，包括 IC 晶片的黏結固定、電路聯線、結構封膠、與電路板之接合及系統組合，以至於產品完成之間的所有製程，其目的包含：

1. 提供承載與結構保護的功能，保護 IC 裝置免於物理性質的破壞或化學性質的侵蝕。
2. 提供能量的傳遞路徑與晶片的訊號分佈。
3. 避免訊號延遲的產生，影響系統的運作。
4. 提供散熱的途徑，增加晶片散熱能力。

■ 1-2　封裝的技術層級區分

封裝是以建立各層級間界面接合(Interconnection)為基礎的技術，其製程技術常以圖1.1所示的五個不同層級(Level)區分之，而各層級範圍的定義如下：

第零層級封裝(晶片層級界面接合)-係指IC晶片上的電路設計與製造。

第一層級封裝(單晶片或多晶片模組)-係指將 IC 晶片黏結於一封裝殼體中，並完成其中的電路連線與密封保護之製程，又常稱為模組(Module)或晶片層級封裝(Chip-level Packages)。

第二層級封裝(印刷電路板，PCB)-係指將第一層級封裝完成的元件組合於一電路卡(Card)上的製程。

第三層級封裝(母板)-係指將數個電路板組合於一主機板(Board)上使成為一次系統的製程。

第四層級封裝(電子產品)-將數個次系統組合成為一完整的電子產品的製程。

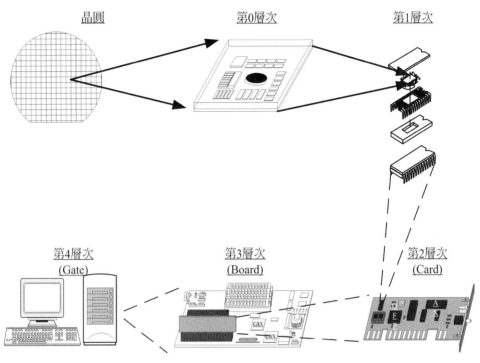

晶圓　第0層次　第1層次

第4層次
(Gate)

第3層次
(Board)

第2層次
(Card)

圖 1.1　電子封裝層級的區分[2]

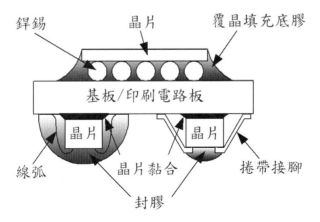

銲錫　晶片　覆晶填充底膠

基板/印刷電路板

晶片　晶片

線弧　晶片黏合　捲帶接腳

封膠

圖 1.2　三種最常見的晶片直接接合於電路板的方式(Chip on Board，
COB)[3]

CH1

此外，由於最近銲線接合(Wire Bonding)、捲帶式自動接合(Tape Automated Bonding，TAB)和覆晶接合(Flip Chip)將晶片直接組裝於電路板(COB)技術的發展趨勢，第一層級和第二層級封裝間的區分變得相當模糊，通常 COB(Chip on Board)被稱為 1.5 層級封裝，如圖 1.2 所示，其中覆晶接合的凸塊成形具有最高封裝密度和較小的信號延遲。

■ 1-3 封裝的分類

目前除了依照IC封裝的技術層級來作區分外，亦可利用IC元件中的晶片數目、封裝材料來區分，或依照一些國際間標準化的相關機構所訂定統一的規範，針對 IC 元件的封裝型態以引腳分佈型態、和電路板的接合方式或產品的外觀形貌、內部結構等相關特性來分類。而在本章接續的章節中，將先以產業別的方式，針對IC封裝、記憶卡封裝與LED封裝等三大產業做一產品的介紹，並針對產品的特性與主要的封裝製程設計做一簡單的介紹，讓學員瞭解封裝領域的廣闊與應用。

■ 1-4 IC 封裝技術簡介與發展[4]

IC封裝產業乃是所有封裝產業的基石，而其所開發的封裝技術亦是所有封裝產業的先驅，因其所應用封裝技術可以涵蓋各種不同的封裝型態與封裝材料。

IC晶片的封裝有各種不同的型態，封裝的外觀以及該用何種材料、何種製程技術去完成，乃是由產品電性、熱傳導、可靠度之需求、材料與製程技術及成本價格等因素來決定。型態相同的封裝可以使用不同的材料與製程技術來完成，例如，陶瓷封裝與塑膠封裝技術均可製成DIP元件，其中陶瓷封裝適合高可靠度元件的製作，而塑膠封裝則適合用於低成本元件之大量生產。

　　在本書中主要亦將針對 IC 封裝時所使用到的各種材料與製程技術作一敘述，封裝材料內容包含封裝製程中常被使用的基板材料、導體材料與高分子材料的種類與特性；而製程技術內容則包括晶片黏結(Die Mount)、聯線技術(Interconnection)、導線架(Leadframe)、陶瓷封裝、封膠(Molding)、塑膠封裝、印刷電路板(Printed Circuit Board，PCB)及焊錫球/焊錫凸塊(Solder Ball/ Solder Bump)等項目，此外亦包含新型的封裝技術、IC 元件的熱規劃及在 CAE 工程上的應用等課題。

　　隨著半導體產業的高度發展，電子產品在 IC 元件上的設計朝向高腳數與多功能化的需求發展，而在元件外觀上亦朝著輕、薄、短、小的趨勢演進(如圖 1.3、1.4 所示)，因此在封裝製程上亦面臨諸多挑戰，諸如導線架的設計日趨複雜、封裝材料的選用、封裝製程中金線數目的高密度集積化、及模流充填時所產生的金線偏移與薄型封裝翹曲變形等問題，都是目前產業界所遭遇極欲解決的難題。

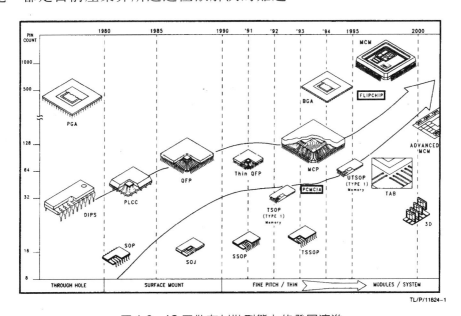

圖 1.3　IC 元件在封裝型態上的發展演進

CH 1

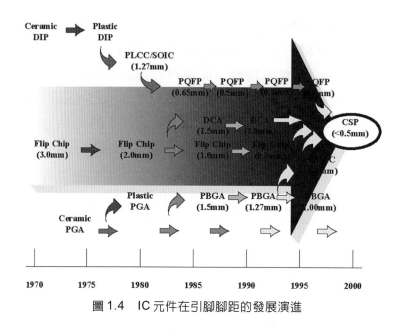

圖 1.4　IC 元件在引腳腳距的發展演進

　　此外，半導體構裝技術在過去十年來，隨著半導體晶片技術的開發、個人電腦產品的發展及無線通訊與網路科技系統的普及，不斷的推陳出新，從早期的金焊線連結、捲帶式晶片封裝、球柵面陣列及覆晶陣列封裝等單晶片構裝連接技術，乃至於配合產品系統需求而發展出的多晶片模組、3D 立體構裝技術及晶圓級晶片封裝等，幾乎將晶片構裝技術的設計發展到極致。然而隨著最近兩年 PC 與通訊產業市場趨向飽和及成長的衰退，國內半導體構裝業者面臨了產品、技術升級與轉型的瓶頸，特別是在未來伴隨高頻寬頻與光電產業相關的半導體構裝技術，仍是國內業者急需建立與提升的技術。

　　而在新世代高頻通訊、寬頻網際網路、多媒體影音與光電產業應用的半導體構裝技術中，新材料技術的掌控搭配環境永續發展與綠色環保意識成為未來致勝的關鍵，特別是在晶片技術邁向 50 奈米以下尺度的趨勢下，包括晶片連接、載板製作、訊號傳輸、晶片整合都必須有新材料的搭配，才能出現創新突破的新技術。

　　以液晶顯示器爲例，在封裝上，爲了尋求能取代傳統使用錫鉛及鹵素材料克服綠色製程材料所面臨無鉛化的課題，並達到成本低、製造容易、耐疲勞破壞、可靠度高及材料可再生利用的特性，異方向性導電膜(Anisotropic Conductive Film, ACF)成爲最被廣泛使用的材料。異方向性導電膜本身是由在膠材料中均勻分布一定量之導電粒子所組成。但異方向性導電膜的膠材本身並不具有導電能力，主要是藉由累積足夠的熱量及在製程中對於接合溫度與固化時間的控制，使膠呈現熔膠狀態並讓導電粒子均勻的分布。在黏結時，受力變形的導電粒子則與各元件線路接觸，進而增加元件相互間的接合強度，以達到垂直導通、橫向絕緣的傳導特性(如圖 1.5 所示)；由於異方向性導電膜材料除了提供電性連接外亦具有可連續加工、提供機械強度的保障、較傳統焊錫接點具有滿足微小間距封裝、明顯減少元件間熱應力(Thermal Stress)或斷裂面(Fracture)產生等特點，使得異方向性導電膜大量的被使用於高密度封裝製程中，並應用於無法透過高溫黏結的製程。

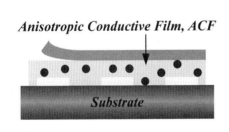
(a) 剝離保護膜

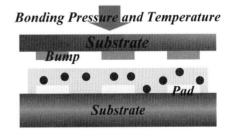
(b) 檢準及黏結

圖 1.5　異方向性導電膜製程示意圖

CH1

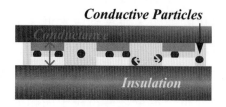

(c) 導通機制

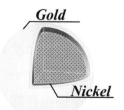

(d) 導電粒子材料

圖 1.5　異方向性導電膜製程示意圖 (續)

　　由於其對面板品質有決定性的影響,因此異方向性導電膜材料舉凡在連接至液晶顯示器之外引腳接合(Outer Lead Bonding, OLB)、內引腳接合(Inner Lead Bonding, ILB)或驅動晶片(Driver IC)的製程等應用上,皆大量採用此技術,如圖 1.6 所示。

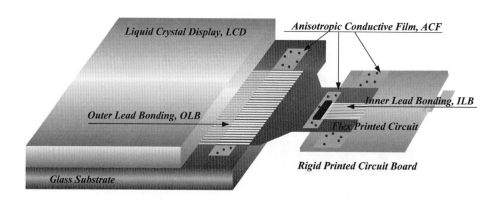

圖 1.6　液晶顯示器內部結構示意圖

■ 1-5　記憶卡封裝技術簡介與發展

　　目前市面上所販售的相關資料儲存裝置(ex.隨身碟、SD/Micro SD記憶卡、SSD…等)皆屬於記憶卡封裝的範疇(如下圖1.7所示)，記憶卡產品初期主要所應用的封裝技術主要以 TSOP 的封裝形式搭配 SMT 的製程為主，外觀組裝則以射出成型塑膠外殼利用超音波壓合而成，而近年隨著產品輕薄短小的需求與製程技術提昇，封裝技術的應用也導向以 COB 製程搭配晶片堆疊為主的封裝技術。

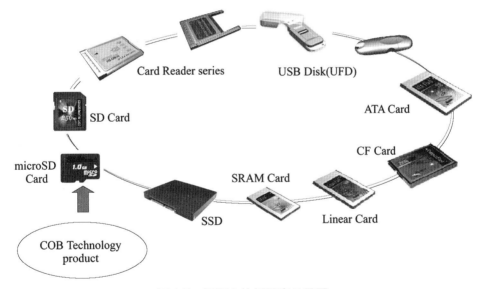

圖1.7　記憶卡的相關產品發展

　　COB製程搭配晶片堆疊技術的應用，主要在於現行記憶卡外觀規格的統一，要在既有的尺寸規格下提昇晶片記憶卡容量的規格除了期待上游 Flash 晶圓廠提昇晶圓容量製作技術的能力外，最快速的方式就是利用先進的製程技術，直接將晶圓進行堆疊後封裝，在有限的空間中創造最大的容積率。

CH1

　　以目前市售記憶卡產品Micro SD為例，其外觀規格(如圖1.8所示)僅有15mm(L)*11mm(W)*1mm(H)，而一般的 Flash Chip 其外觀尺寸就僅比成卡的外觀規格略小而已，要達成容量提昇的需求，就必需將提供容量的 Flash 晶片想辦法變得更薄後全部置入 Micro SD 內。

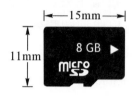

圖 1.8　記憶卡的規格

　　要如何完成記憶卡容量的提昇就必須從前段製程開始，將晶片磨薄，然後將晶片以堆疊數層的方式分層固晶打線，才能將容量增加。舉例來說，若要生產容量8GB的產品，可以選擇直接購進 16G Bite(即所謂的 2GB 容量)的 Flash Wafer 進行 4 層堆疊的封裝，亦可以選擇購進 8G Bite(即所謂的1GB 容量)的 Flash Wafer 進行 8 層堆疊的封裝。

　　而製程中因應晶片薄型化的需求及後續固晶方式、接合材料與打線弧高的調整等都是關鍵技術的瓶頸所在。圖 1.9 所示即為堆疊封裝與低弧高打線技術的圖示。

圖 1.9　堆疊封裝與低弧高打線技術[圖片來源：力成科技網站]

　　記憶卡封裝技術發展迄今，在薄型化晶片的挑戰上已朝向 50um 以下的晶片厚度規格邁進，而在線弧弧高的技術上則朝向 35um 以下的瓶頸突破，在固晶接合材料上則導入 DAF(Die Attach Film)、FOW(Film over Wire)等特殊接合材料，而在整體的晶片堆疊封裝結構上，在 1mm 的厚度中已可完成 2～8 層晶片堆疊的量產，正朝向 9 層以上的結構發展。而在未來，記憶卡的封裝亦將朝向將三次元封裝(3D Package)的技術發展。由於 3D IC 採用導通孔貫穿技術(Through Silicon Via，TSV)來取代打線製程的技術，使得內部連接路徑更短，晶片間的傳輸速度更快、雜訊更小、效能更佳，因此，在強調多功能、小尺寸的可攜式電子產品領域尤其在記憶卡應用中的 Flash 與 controller 間資料的傳輸以及 CPU 與快取記憶體上，更能突顯 TSV 的短距離內部接合路徑所帶來的效能優勢。

■ 1-6　LED 封裝技術簡介與發展

　　由於傳統的白熾燈源在光效率的轉換上偏低，造成發光後僅有 10% 可轉換成光源，其餘 90% 則轉換成無用的熱能，不僅造成耗電量高，且也導致過多的二氧化碳排放，使得地球暖化情況益加嚴重，更讓日本提出於 2012 年禁產白熾燈的計劃。而 LED 照明光源的出現，不僅提供一個兼顧節能省電與環保的光源照明方案，更將加速白熾燈源的淘汰。

　　與傳統的白熾燈相比，LED 不論在耗電量與二氧化碳排放量上皆可大幅減少 85% 以上，再加上擁有不含水銀，不會放出紅外線(紅外線的缺點是會發出熱，因此若是在夏天使用白熾燈，易使室內溫度升高)與紫外線光(紫外光會讓被照射物體產生裂化的情形，同時又因其波長為 350 nm，易吸引昆蟲聚集)等特性，使其產品本身更兼具環保的競爭優勢。

在介紹 LED 封裝技術之前，茲先將 LED 做一簡介，讓學員更加瞭解 LED 的起源與發光原理：

LED 最早起源於 1907 年，由 H. J. Round 首次研發出具有能散發出微弱黃光的 SiC2 微晶結構，而經過數年發展後，於 1995 年，由當時任職於 Nichia(日亞化)企業的中村修二博士研發出高亮度藍光 LED 後，開啓了 LED 應用的大門，並開創 LED 最大應用市場(LED Backlight 及 Lighting)的需求。

LED 的發光原理主要是由 III-V 族半導體，利用電子與電洞結合的原理，電子會跌落到較低的能階，將產生的能量以光的形式將激發出(如圖 1.10 所示)。而依照磊晶材料的不同，所產生光的顏色亦不同。一般三、四元產品(GaAsP、AlInGaP)為紅黃光，而氮化物(GaN)、碳化矽(SiC)為藍光。

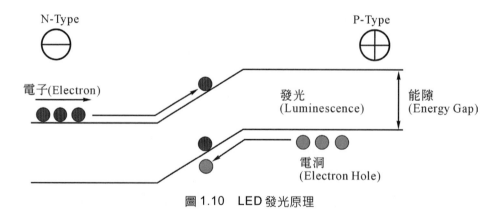

圖 1.10 LED 發光原理

LED 製程包含上、中、下游三大部份，從長晶變成晶棒，晶棒切片成基板，基板透過 MOCVD 磊晶成圓片，此一過程稱為上游；而圓片透過光罩蝕刻成電路，並焊黏電極，經過切割挑揀成 Chip，此為中游；Chip 經過固晶、焊線、封膠、烘烤、檢測後成為 LED Package 此為下游。

　　以目前應用最廣的白光LED來說，即是將會發出藍光的LED晶粒先進行固晶、打線的製程，並將黃色/綠色/紅色等螢光粉取所需的配方加入透明膠中攪拌均勻混合後進行封膠製程，即可完成LED元件(如圖1.11所示)，後續當元件通電時，LED晶粒會發出藍光，當藍光通過透明膠中的螢光粉後即會進行取光轉換的動作(亦即螢光粉會吸收藍光後轉換放出白光)，產生我們照明所需的白光光源。

圖1.11　目前市售主要應用於背光與照明的LED元件

　　LED Package的封裝技術，初期主要以Lamp與PLCC type的封裝體為主，跟其他半導體製程的技術相比，簡單許多(以打線為例，跟半導體製程中動輒數百條金線的製程相比，每個LED單晶封裝元件僅需2～9條左右的金線數做電流/引腳的導通即可)，但由於LED加入光源應用的元素因此在封裝製程上需加入更多材料應用的考量與搭配。如封裝時因考量光源的應用，在封裝膠材的使用上便僅能選用透明膠，而且透明膠在選用上亦不同於其他封裝製程中對封裝材料的考量主要是以保護元件與提供訊號傳遞的功能為主，LED元件的封裝尚需加入透明膠添加螢光粉的配方後在LED發光時所搭配出的黏度、折射率、取光效率與配光曲線等光學特性，以及後續對LED元件在發光時life time的影響。

CH1

　　而近年來，隨著 LED 磊晶技術的提昇與相關封裝材料、封狀技術的演進，更讓 Cree 公司於 2007 年 7 月宣佈 XLampXR-E 系列的 LED 在 350mA 的操作電流下，光通量已可高於 100 lm，換言之，發光效率已可高於 86 lm/W(照明光源的門檻為 80～100 lm/W)，讓 LED 正式邁入高功率照明應用的新紀元。由於 LED 的發光原理是電子和電洞在結合時，以光和熱的型式釋放，發光效率越高的同時所產生的熱能亦愈多，高功率照明應用的開啟，更讓 LED 元件散熱的議題更形重要。

　　為了提供最佳的熱解決方案，未來的 LED 封裝正朝向以陶瓷基板等高導熱係數材料加上 COB 封裝技術搭配 D/B 時的 Eutetic bonding(共晶鍵結)亦或是使用使用 WLP(Wafer Level Package，如圖 1.12 所示)封裝技術來提供 LED 元件最佳(最短)的散熱途徑與高可靠度的品質；而在封裝材料上，則以提昇螢光粉的光能量轉換效率、塗佈技術與高耐熱、高效能、低吸濕性透明膠材的開發為主。概括來說，LED 封裝特異之處主要著墨於封裝之後的光學特性、元件散熱與信賴性。

圖 1.12　晶圓級高功率二極體封裝 [圖片來源：采鈺科技]

參考文獻

1.　R. R. Tummala, "Fundamentals of Microsystems Packaging", McGraw-Hill, New York, 2001.

2.　楊省樞，"覆晶新組裝技術"，工業材料163期，頁162-167，(2000)。

3.　J. H. Lau, "Ball Grid Array Technology", McGraw-Hill, New York,1995.

4.　L. T. Manzione, "Plastic Packaging of Microelectronic Devices", Van Nostrand Reinhold, New York, 1990.

習題

1.　何謂IC封裝？

2.　試簡述封裝的主要目的。

3.　如何去定義封裝的層級？

4.　直接將晶片接合於電路板的方式有哪三種？

5.　試簡述記憶卡封裝技術的關鍵所在。

6.　試簡述LED封裝的關鍵技術所在。

CH 1

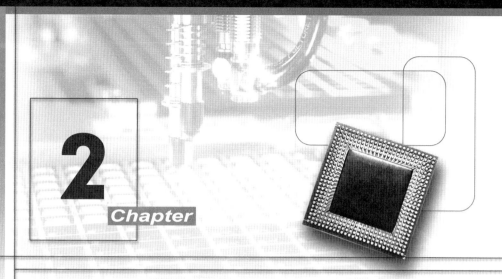

IC 封裝製程

　　IC 封裝乃是將 IC 前段製程加工完成後所提供之晶圓(Wafer)做切割分離成一顆顆晶粒(Die)，並外接信號線以傳遞電路訊號，及做IC封膠包覆來保護IC元件。以目前工業上應用最廣的塑膠封裝為例，塑膠IC封裝在BGA元件的組裝製程如圖 2.1 所示，主要包含晶圓切割、晶片黏結、聯線技術、封膠、剪切/成型、印字、檢測等步驟。

■ 2-1　晶圓切割(Wafer Saw)

　　晶圓切割首先必須在晶圓背面貼上膠帶(Blue Tape)，並置於鋼製之框架上，完成晶圓黏片(Wafer Mount)的動作，而後再送進晶圓切割機上進行切割。切割完後如圖2.2所示，一顆顆之晶粒便會井然有序的排列在膠帶上，同時由於框架的支撐可避免膠帶皺摺而使晶粒互相碰撞，而框架支撐住膠帶以便於搬運。

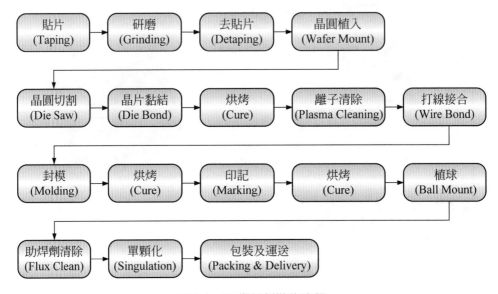

圖 2.1　IC 塑膠封裝的流程

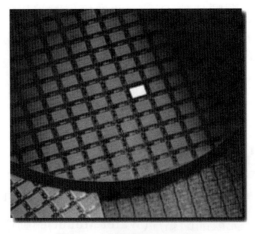

圖 2.2　切割完成後的晶圓

■ 2-2 晶片黏結
(Die Bond、Die Mount、Die Attach)

　　晶片黏結係指將 IC 晶片固定於封裝基板或導線架中晶片座上並利用環氧樹脂(業界一般稱為銀膠)將之黏結的製程步驟，如圖 2.3 所示。主要的黏結方法有共晶黏結法、玻璃膠黏結法、高分子膠黏結法、焊接黏結法等四種，其中陶瓷封裝以金-矽共晶(Eutectic)黏結法最常被使用；塑膠封裝則以高分子黏著劑黏結法為主。

圖 2.3　晶片黏結製程

1.　共晶黏結法

　　　共晶黏結法係利用金-矽合金在 3wt％矽，363℃時產生的共晶(Eutectic)反應特性進行 IC 晶片的黏結固定。常見的方法為將 IC 晶片置於已鍍有金膜的基板晶片座上，再加熱至約 425℃，藉金-矽之交互擴散作用而完成接合，此外共晶黏結通常在熱氮氣遮蔽的環境中進行以防止矽之高溫氧化，而基板與晶片在反應前亦須施予一交互磨擦(Scrubbing)的動作以除去氧化表層，增加反應液面的潤濕性；潤溼不良的接合將導致孔洞(Voids)的產生而使接合強度與熱傳導性降低，同時也會造成應力分佈不均勻而導

CH2

致 IC 晶片破裂損壞。

　　為了獲得最佳的黏結效果，IC 晶片背面常先鍍有一薄層的金，並在基板的晶片座上植入預型片(Preform)，預型片一般厚度約為 25mm，其面積約為晶片三分之一的金-2wt%矽合金薄片，使用預型片可以彌補基板孔洞平整度不佳時所造成接合不完全的缺點，因此在大面積 IC 晶片之黏結時常被使用。由於預型片成份並非金矽完全互溶的合金，其中的矽團塊仍然會發生氧化的現象，故黏結過程中仍須進行交互摩擦的動作，再以熱氮氣遮護之；預型片亦不得過量使用，否則亦會造成材料溢流而降低封裝的可靠度；預型片亦可使用不易氧化的純金片，但接合時所需的溫度較高。

2.　玻璃膠黏結法

　　玻璃膠黏結法為僅適用於陶瓷封裝之低成本晶片黏結技術，其係以戳印(Stamping)、網印(Screen Printing)、或點膠(Syringe Transfer)的方法將含有銀的玻璃膠塗於基板的晶片座上，置妥 IC 晶片後再加熱除去膠中的有機成份，並使玻璃熔融接合。玻璃膠黏結法可以得到無孔洞、優良的熱穩定性、低殘餘應力與低溼氣含量的接合，但在黏結熱處理過程中，冷卻溫度須謹慎控制以防接合破裂；膠中的有機成份亦須完全除去，否則將有害封裝時結構的穩定性與可靠度。

3.　高分子膠黏結法

　　由於高分子材料與銅引腳材料的的熱膨脹係數相近，高分子膠黏結法因此成為塑膠封裝常用的晶片黏結法，其亦利用戳印、網印或點膠等方法將環氧樹酯(Epoxy)或聚亞醯胺等高分子膠塗佈於導線架的晶片座上，置妥 IC 晶片後再加熱使其完成黏結，高分子膠中亦可填入銀等金屬以提高其熱傳導性；膠材可以製成固體膜狀再施予熱壓接合；低成本且能配合自動化生產製程是高分子膠黏結法廣爲採用的原因，然而熱穩定性較差與易導致有機成份洩漏而影響封裝的可靠度，則爲此一方法的缺點。

4.　焊接黏結法

　　焊接黏結法爲另一利用合金反應進行晶片黏結的方法，其主要優點爲能形成熱傳導性優良的黏結。焊接黏結法也必須在熱氮氣的環境中進行以防止焊錫氧化及孔洞的形成，常見的銲料有金-矽、金-錫、金-鍺等硬質合金與鉛-錫、鉛-銀-銦等軟質合金，使用硬質銲料可以獲得良好抗疲勞(Fatigue)與抗潛變(Creep)特性的黏結，但易產生熱膨脹係數差異引致的應力破壞問題；若使用軟質銲料則可改善此一缺點，但使用前須在 IC 晶片背面先鍍上多層金屬薄膜以促進銲料的潤濕。

■ 2-3　聯線技術

　　IC晶片必須與封裝基板或導線架完成電路的聯接才能發揮電子訊號傳遞的功能。其中打線接合(Wire Bonding)、卷帶自動接合(Tape Automated Bonding，TAB)與覆晶接合(Flip Chip，FC)爲電子封裝中主要的電路聯線方法。在 1995 年以前打線接合(Wire Bonding)一直是封裝中最佳的方式，約有95%的產品都使用此一接合方式，然而近年來隨著 IC 之 I/O 數不斷的增加，Flip Chip 的使用有逐漸增加的趨勢，如表 2.1 所示即爲三種接線方式的比較。

CH2

表 2.1　打線接合、卷帶接合及覆晶接合之比較[2]

	Wire Bonding	TAB	Flip Chip
面積比	1	1.33	0.33
重量比	1	0.25	0.2
厚度比	1	0.67	0.52
I/O 數	300～500	500～700	＞1000
矩陣接點間距(mil)	NA	NA	10
環列接點間距(mil)	4～7	3～4	8

▣ 2-3-1　打線接合(Wire Bonding)

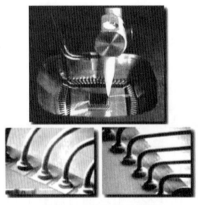

圖 2.4　打線接合製程

　　打線接合(如圖 2.4 所示)係在完成 IC 晶片的黏結之後，以超音波接合(Ultrasonic Bonding，U/S)、熱壓接合(Thermocompression Bonding，T/C)與熱超音波接合(Thermosonic Bonding，T/S)等三種方法，將細金屬線或金屬帶依序打在 IC 晶片與導線架或封裝基板的接墊(Pad)上而形成電路聯接，而打線完成後的焊線外觀則如圖 2.5 所示。

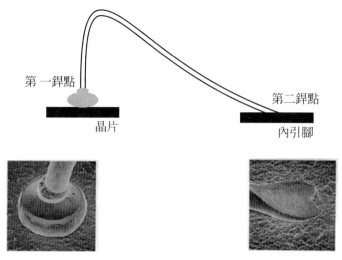

第一銲點

第二銲點

晶片

內引腳

圖2.5 焊線後的金線外觀

1. 超音波接合(Ultrasonic Bonding，U/S)[3][4]

　　超音波接合係以接合楔頭(Wedge)引導金屬線使其加壓於接墊上，再輸入頻率20至60kHz，振幅20至200mm的超音波，藉音波震動與加壓產生冷焊效應而完成接合，其接合的過程如圖2.6所示。超音波的輸入除了能消除接墊表面的氧化層與污染之外，主要的功能在形成所謂音波弱化(Acoustic Weakening)的效應，以促進接合界面動態回復(Dynamic Recovery)與再結晶(Re-crystallization)等現象的發生而形成接合。超音波接合只能形成楔形接點(Wedge Bond)，如圖2.7所示，其優點為接合溫度低、接點尺寸較小且迴繞輪廓(Profile)較低、適用於接墊間距小的電路聯線；缺點則為導線迴繞的方向必須平行於兩接點連線的方向，故在楔形接合的過程中必須隨時調整 IC 晶片與封裝基板之間的方向，接合的速度將因而降低，對大面積 IC 晶片的電路聯接尤其不便。

CH2

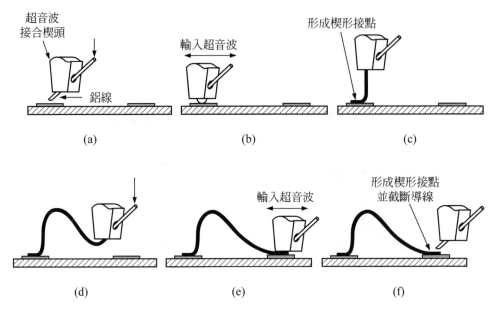

圖 2.6　打線接合製程中的超音波接合過程

圖 2.7　超音波接合所形成的楔形接點

2. 熱壓接合(Thermocompression Bonding，T/C)

　　熱壓接合的過程如圖 2.8 所示，金線首先將穿過以氧化鋁 (Alumina，Al_2O_3)、碳化鎢(WC)等高溫耐火材料製成的毛細管 狀接合工具(Bonding Tool/Capillary)，而在金屬線末端以電弧 (Electrical Flame-off，EFO)或氫燄(Hydrogen Torch)燒灼成球，接合工具再引導金屬球至第一接墊位置上，藉熱壓擴散接合效應進行球形接合(Ball Bond)，如圖 2.9 所示，接合時金屬球將受壓變形，其目的在增加接合面積、減低界面粗糙度對接合品質的影響、穿破氧化層及其他妨礙接合的因素。球點接合完成後，接合工具隨即升起，引導金屬線迴繞至第二接墊位置上進行楔形接合，由於熱壓接合工具與超音波接合楔頭的形狀不同，熱壓接合所形成的楔形接點呈新月狀(稱為 Crescent Bond)。熱壓接合通常採用接合工具與基板接墊同時加溫的方式進行，前者約加熱至 300～400℃，後者則有 150～250℃的加溫。

3. 熱超音波接合(Thermosonic Bonding，T/S)

　　熱超音波接合為超音波接合與熱壓接合的混合技術，其亦須先在金屬線末端成球，再以超音波進行導線材與接墊間的接合。熱超音波接合過程中，接合工具不被加熱，僅基板維持在150～250℃的溫度，因為接合溫度較低，故可抑制接合界面的介金屬化合物(Intermetallic Compounds)成長及減少基板發生高溫劣化的機會。

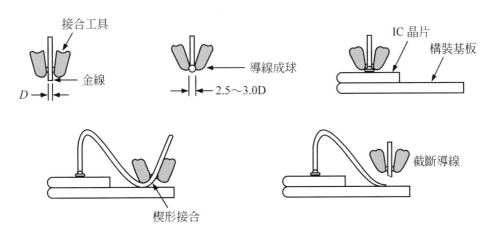

接合工具
金線
D
導線成球
2.5～3.0D
IC 晶片
構裝基板
楔形接合
截斷導線

圖2.8　打線接合製程中的熱壓接合過程

CH**2**

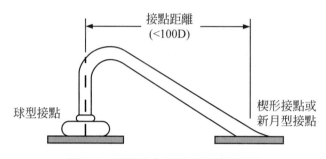

接點距離
(<100D)

球型接點

楔形接點或
新月型接點

圖 2.9   熱壓接合所形成的球形接點

　　在導線材的選用上，鋁線是超音波接合最常見的導線材，標準的鋁線材爲鋁-1％矽合金，含有 0.5 至 1％鎂的鋁線爲導線材的另一種選擇，它的強度與延性與鋁-矽線材相近，但抗疲勞性更爲優良，介金屬化合物形成的困擾亦較少；此外，鋁-鎂-矽、鋁-銅等合金線材亦可供超音波接合使用。

　　金由於具有優良的抗氧化性，因此成爲熱壓接合與熱超音波接合的標準導線材，99.99％純度的金線爲最常見的金線材，爲了增加其機械強度，金線中往往添加有 5 至 10ppm 的鈹或 30 至 100ppm 的銅。

　　當然鋁線也可以做爲熱壓接合的線材，但因末端成球較爲困難，故通常以楔形接合的方式完成聯線。而金線亦可用於超音波接合，它的應用可以在小接墊面積之微波元件的電路聯線中見到。

　　由於打線接合受導線末端成球大小、接合工具形狀、接墊之幾何排列與封裝基板結構淨空(Clearance)等條件的限制[5]，因此僅適用於低密度聯線(300 個 I/O 點以下)之封裝。早期打線接合由於人工操作而相當耗時耗力，且接點的品質亦受到操作者技術熟練程度的影響；然而今日隨著材料與製程技術的改善，打線接合普遍以自動化或半自動化方式進行，因此在封裝聯線製程中，它仍然是使用最廣泛的技術。

◼ 2-3-2 卷帶自動接合
(Tape Automated Bonding，TAB)[6][7]

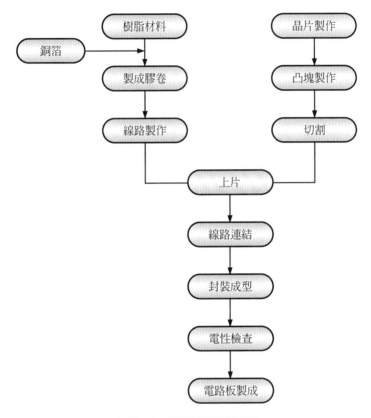

圖 2.10　TAB 的製造流程

　　TAB技術起源於 1968 年美國通用電氣(General Electrical，GE)公司所開發的 Minimod 封裝模組技術[8]，其利用搭載有蜘蛛式引腳的卷帶軟片以內引腳接合(Inner Lead Bonding，ILB)製程完成與 IC 晶片的聯線，再以外引腳接合製程(Outer Lead Bonding，OLB)完成與封裝基板的接合。TAB技術開發雖早，但它可以完成的聯線密度比打線接合更高(估計可達 600 個 I/O 點)，此一優點與先進性使它仍然是熱門的封裝電路聯線技術。TAB 技術的製造流程如下圖 2.10 所示。

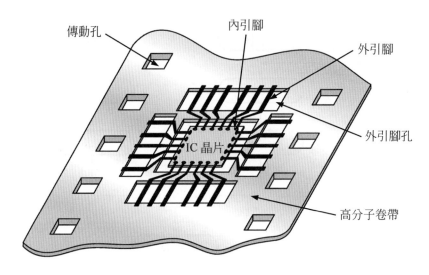

傳動孔　　內引腳　　外引腳

IC 晶片

外引腳孔

高分子卷帶

圖 2.11　TAB 的卷帶

表 2.2　TAB 的三種卷帶結構比較

卷帶結構	優　　　　　　　　　點	缺　　　　點
單層卷帶	1. 可利用銅、鋁、鎳、鋼或不銹鋼的薄片製成，其中又以銅箔蝕刻製成者最為常見 2. 價格低 3. 能應用於高溫結合	1. 不能進行電性測試 2. 容易發生變形
雙層卷帶	1. 有高分子膜的支撐而有較佳的強度 2. 允許較複雜的電路圖形設計與製程中進行電性測試 3. 卷帶上可製成導孔供雙面導通或平列式 TAB(Area TAB)結合之用	1. 引腳剝離強度較低 2. 容易捲曲變形 3. 價格昂貴
三層卷帶	1. 擁有更優良的機械性質與引腳的平整度 2. 允許複雜的電路圖形設計與製程中的電性測試	1. 製程複雜 2. 成本高 3. 不適合高溫接合製程

表 2.3　TAB 的卷帶應用分類

晶片分類	卷帶種類	帶孔形成方式	成本
一般晶片 (LCD Driver)	三層卷帶	模具沖孔	較高
大晶片 高腳數晶片	三層卷帶 雙層卷帶	模具沖孔 溼式蝕刻	較高 較低
高速 高頻　晶片	雙層卷帶	溼式蝕刻	較低

　　TAB技術使用搭載有電路圖形的卷帶進行接合，其卷帶的形狀如圖 2.11 所示，其外觀與電影影片帶十分類似，共有 35mm、48mm、70mm 等三種標準寬度，而依卷帶的結構又可區分為單層、雙層、三層三種，下表 2.2、2.3 所示為三種卷帶結構的優、缺點比較與TAB的應用分類。

■ 2-3-3　覆晶接合(Flip Chip，FC)

　　覆晶接合(FC)因其技術精髓在於控制接點高度，故又稱為 C4 接合 (Controlled Collapse Chip Connection)，它約於 1960 年由美國IBM公司所開發[9]，主要是在 I/O Pad 上沈積錫鉛球，而後將晶片翻轉、加熱，使錫鉛球軟化再與陶瓷基板相結合，它屬於平列式(Area Array)的接合，而非如打線接合及 TAB 聯線技術僅能提供周列式(Peripheral Array)的接合，因此覆晶接合能應用於極高密度的封裝接合製程，在未來的封裝聯線與接合技術中，覆晶接合的技術預期將有極高比例的應用。覆晶接合的觀念如圖 2.12 所示，其係先在 IC 晶片的接墊上長成焊錫凸塊(Solder Bump)，將IC晶片置放到封裝基板上並完成對位後，以迴流(Reflow)熱處理配合焊錫熔融時之表面張力效應，使凸塊成球狀並完成 IC 晶片與封裝基板之接合。

ch2

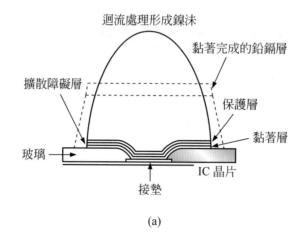

(a)

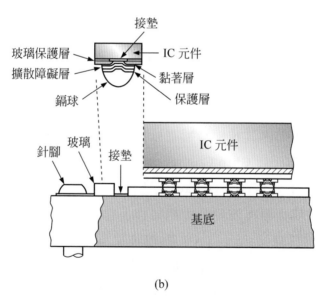

(b)

圖 2.12　焊錫凸塊的結構與覆晶接合的結構[10]

　　此外，雖然目前尚不能將覆晶技術視爲是廣泛成熟的製程，但在未來卻具有成爲主要接合方法的潛力，主要原因爲：

1. 因在 IC 的焊墊和接點上幾乎沒有限制，易達到高腳數的 IC。

2. 若發現有故障或瑕疵，可以再次加工(Reworkable)。

3. 界面接合的路徑短，故阻抗較低。

■ 2-4 封膠(Molding)

封膠製程(如圖 2.13 所示)最主要的目的乃是將晶片與外界隔絕，避免上面的金線被破壞，及防止溼氣進入產生腐蝕，避免不必要的訊號破壞，並有效地將晶片產生之熱排出到外界，及提供能夠手持之形體。其過程乃是將焊線完成之導線架或基板置放於框架上並先行預熱，然後將此框架放於壓模機內的封裝模上，待壓模機壓下封閉上下模穴後，此時將半融化的樹脂擠入模具中，待樹脂充填完成(如圖 2.14 所示)及硬化後，便可開模取出整排相連的成品(如圖 2.15 所示)，即完成封膠的製程。

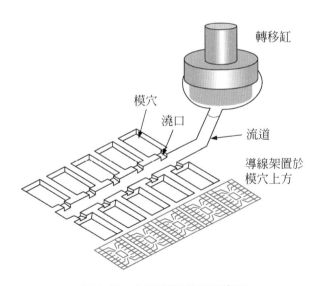

圖 2.13 封膠製程模具示意圖

CH2

圖 2.14 封膠製程充填示意圖(SPIL)

圖 2.15 完成封膠的 IC 成型品(SPIL)

　　而在封膠材料的選擇中，主要可分為陶瓷、金屬與塑膠封裝材料三大類，各封裝材料依其各具的熱傳及電性特性，改變其化學組成來調整其性質，並配合不同的製程技術，在電子封裝中搭配不同功能需求的IC元件做材料的選用，其中陶瓷封裝與金屬封裝可被歸類於高可靠度的封裝。

1. 陶瓷封裝

　　陶瓷材料具有優良的熱傳導與電絕緣性質，又可以改變其化學組成調整其性質，在電子封裝中的應用極為廣泛，它不僅是常見的承載基板材料，亦可配合厚膜金屬化技術製成多層聯線基板(Multilayer Interconnection Substrate)供高密度封裝之用。陶瓷材料的緻密性高，對水分子滲透有優良的阻絕能力，因此成為熔接性封裝主要的材料。但由於陶瓷材料脆性較高，易受應力破壞，與塑膠封裝相比它的製程溫度高、成本亦高，因此陶瓷封裝僅見於高可靠度需求的IC封裝中。

2. 金屬封裝

　　金屬具有最優良的水分子阻絕能力，熱傳導特性與電遮蔽性 (Electrical Shielding)，在分立式元件(Discrete Components)與高功率元件的封裝中，金屬封裝仍然佔有相當的市場，在高可靠度需求的軍用電子封裝元件中應用尤其廣泛。

3. 塑膠封裝

　　塑膠封裝的散熱性、耐熱性、密封性與可靠度雖遜於陶瓷封裝與金屬封裝，但它能提供小型化封裝、低成本、製程簡單、適合自動化生產等優點，而且隨著材料和製程技術的改善後，其可靠度也大幅的提升，塑膠封裝已成為當今封裝技術的主流，它的應用從一般的消費性電子產品以致於精密的超高速電腦中都隨處可見。

　　塑膠封裝的製程雖比陶瓷封裝及金屬封裝簡單，但從 IC 晶片的黏結到封裝完成的每一個製程步驟皆互有關聯，因此塑膠封裝的設計必須整合所有的製程步驟與可能使用的材料對結構與可靠度的影響進行一整體的考量，此亦為塑膠封裝的特徵。

■ 2-5　剪切／成型(Trim/Form)

　　封膠完成後之導線架須先將其上多餘的殘膠去除(Deflash)，並且經過電鍍(Plating)，以增加外引腳之導電性及抗氧化性，而後再進行剪切／成型的工作。剪切之目的乃是要將整條導線架上已封裝好之封裝體獨立分開(如圖 2.16 所示)。同時，亦把多餘的連接用材料及部份突出之樹脂切除(Dejunk)，故剪切完成後，每個獨立晶片的外型是一塊堅固的樹脂硬殼並由側面伸出許多外引腳；而成型的目的則是將這些外引腳壓成各種預先設計好之形狀，以便於爾後裝置在電路板上使用。

CH2

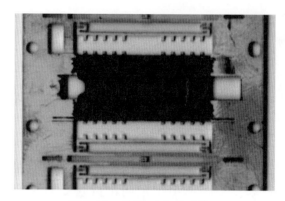

圖 2.16　剪切／成型示意圖

■ 2-6　印字(Mark)

　　印字(如圖 2.17 所示)的目的，乃是為了給予 IC 元件適當之辨識及提供可以追溯生產之記號(如商品之規格、製造者、商標、機種、批號、週期⋯等)。良好的印字會給予人高尚產品的感覺，因此印字在 IC 封裝過程中亦是相當重要的。

圖 2.17　IC 元件印字示意圖

　　而印字的方式主要有捺印式(即像印章一樣直接印字在膠體上)、轉印式(Pad Print，即使用轉印頭，從字模上沾印再印字在膠體上)及雷射刻印式(Laser Mark)三種。

　　為了要使印字清晰且不易脫落，IC膠體的清潔、印料的選用及印字的方式，就相當的重要。而在印字的過程中，自動化的印字方式有固定的程序來完成每項工作以確保印字的牢靠。

■ 2-7　檢測(Inspection)

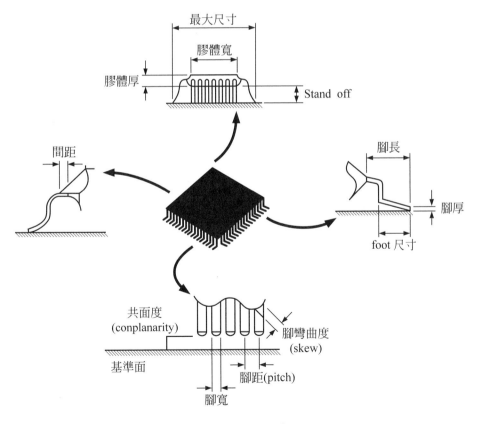

圖 2.18　檢測示意圖

　　檢測(如圖2.18所示)之目的，乃是在確定經過封裝完畢之 IC 元件是否合於使用。檢測的方式繁多，包含外引腳之平整性、共面度、腳距、印字是否清晰、膠體外觀是否有損傷、及其他功能與產品可靠度的檢測以確保產品的品質與製程的良率。良好的製程將會降低檢測的成本，而仔細的分析檢測結果則有助於找出產品不良的原因，並進一步改善製程來提升良率。

參考文獻

1. L. T. Manzione, "Plastic Packaging of Microelectronic Devices", Van Nostrand Reinhold, New York, (1990).

2. 孔令臣，"覆晶凸塊技術(Flip Chip Bumping Technology)"，工業材料139期，頁155-162， (1998)。

3. C. Joshi, Welding J., 50(12), p.840, (1971),.

4. J. E. Krzanowsk, IEEE-CHMT, 13(1), p.176, (1990)。

5. "Packaging", Electronic Materials Handbook, Vol. 1, ed. by M. L.Minges et al., ASM International, Materials Park, Ohio, (1989).

6. 田賢造，"TAB 技術入門"，全華科技圖書公司， (1993)。

7. 胡應強，秋以泰，"TAB技術應用與可靠度"，工業材料165期，頁137-140， (1990)。

8. W. T. Triggs and C. J. Byrns. Jr., U.S. Pat. 3.599.060, Aug. 19, (1971).

9. E. M. Davis, W. E. Harding, R. S. Schwartz and J. J. Corning, IBM J.Res. Develop., p.102, (1964),.

10. D. P. Seraphim, R. C. Lasky and C. Y. Li, "Principles of Electronic Packaging", McGraw-Hill, (1989).

━ 習題 ━

1. 試簡述 IC 封裝的主要製程。

2. IC 封裝中，晶片的主要黏結方法有哪四種？而塑膠封裝又是以哪一種方法為主？

3. IC 封裝中，電路的主要連線方式有哪三種？

4. 打線接合在應用上主要有哪幾種方法？

5. 何謂 C4 接合，又其主要的技術精髓為何？

6. IC 封裝封膠製程中，用來當作封膠的主要材料有哪些？並簡述其特性。

7. IC 封裝中，印字的主要方式有哪些？

CH **2**

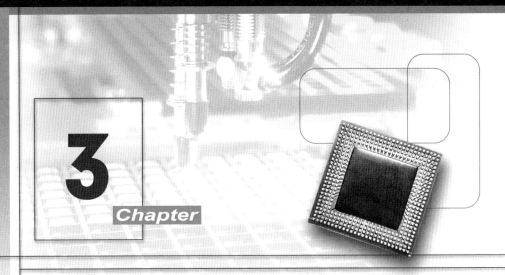

3

Chapter

IC 元件的分類／介紹

　　IC元件發展迄今，隨著產品設計的需求、使用者目的的不同、高可靠度的需求以及發展趨勢等的影響，而將IC元件的結構做設計上的變更或封裝技術的提升來做不同層級的運用，為此IC元件在外觀、種類、材料甚至封裝技術上便有極大差異的發展，為了正確的辨識IC元件，本章將針對封裝元件的定義、IC元件分類的方式以及數種典型的IC元件等三個部份作一介紹，讓讀者除了對IC元件有初步的認識與了解外，並藉由概略的敘述，進一步了解IC元件在設計變更上的目的與應用。

■ 3-1　封裝外型標準化的機構[1]

　　隨著電子產品的高度需求，IC元件不論在內部的功能設計、組合結構或外部的元件尺寸、封裝型態、插腳數目、腳距、引腳形狀乃至於封裝技術等都有顯著的變化，這些變化如果沒有相關的機構制定規範、訂定統一的規格，不僅會造成IC元件與周邊設備無法互相搭配的問題，且在一些共通的技術上亦會無法相互支援，因此以美國電子元件工程聯合會 JEDEC(Joint Electron Device Engineering Council)及社團法人日本電子工程協會 EIAJ(Electronic Industries Association of Japan)為中心，整合了相關的資料，替 IC 元件訂定了一套標準化封裝的規範。這些機構經整理如表 3.1 所示。

表 3.1　封裝外型標準化的機構

	JEDEC	EIAJ	IEC
名　稱	Joint Electron Device Engineering Council	Electronic Industries Association of Japan	International Electrotechnical Commission
組　織	本部：美國(華盛頓)	本部：日本(東京)	本部：瑞士(日內瓦)
外型審議機構	分科委員會(JC-11)	半導體外形委員會(EE-13)	專門委員會 TC-47 之作業組 WG-Z
審　議　會　員	半導體製造商：封裝業者、連接器製造商、其他相關聯公司的會員所組成	半導體製造商：NEC、日立製作所、富士通、東芝、三菱電機、Sharp、松下電子、其他	法國、德國、英國、義大利、日本、荷蘭、美國、俄羅斯等代表及 IEC 幕僚
參　加　資　格	自由	日本電子機械工業會加盟公司	各國選出之專家
參　加　人　員	約 100 人	約 25 家公司	約 10 人
審議舉辦頻率	4 回／年	1 回／年	2 回／年
證　件	JEDEC REGISTRED AND STANDARD OUTLINES FOR SEMICONDUCTOR DEVICES PUBLICATION 95	SD-74-1 (製造通則) SD-74-2 (登錄圖面) ED7400 系列外型製造通則 SC 碼 其他	S(幹事國原案)文書 CO(最終原案文書) IEC Publication 191　191-1 其他
效　力	無論加盟會員或非加盟會員不合規格產品的製造銷售不阻止	希望能反應到各公司的規格	制定國際規則時，進行準則督導

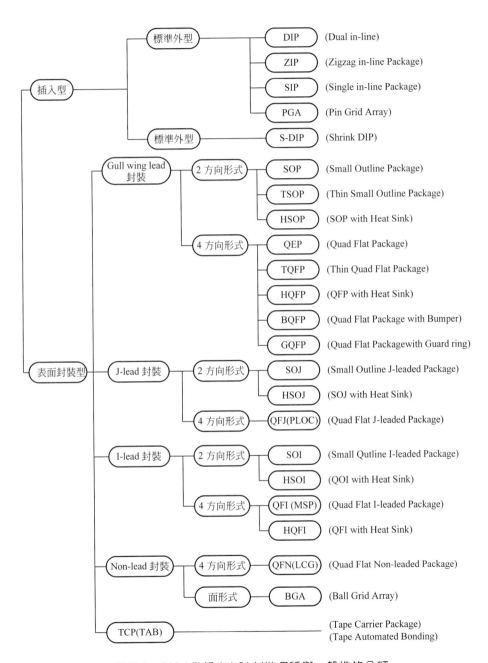

圖 3.1　EIAJ 登錄之 LSI 封裝名稱與一般性的分類

■ 3-2 IC 元件標準化的定義

　　目前進行之標準化封裝的IC元件，依EIAJ對一般IC元件所定義的分類如下圖 3.1 所示，在分類上主要以整合 IC 元件與電路板的接合方式、封裝材料、插腳方式、插腳數、插腳形狀、封裝厚度與其他加裝裝置等部份來作IC元件的命名。以下亦將IC元件的分類區分為依封裝中組合的IC晶片數目、依封裝的材料、依IC元件與電路板接合方式、依引腳分佈型態及依封裝形貌與內部結構等五大項作一細部的介紹。

■ 3-2-1 依封裝中組合的 IC 晶片數目來分類

　　電子封裝可區分為單晶片封裝(Single Chip Packages，SCP)與多晶片模組封裝(Multichip Module，MCM)兩大類。

■ 3-2-2 依封裝的材料來分類

　　封裝所使用的密封材料主要為陶瓷與塑膠材料兩大類，而這兩種封裝的基本製程步驟如圖 3.2 所示。其中陶瓷封裝(Ceramic Packages)的熱傳性質優良，可靠度佳，而塑膠封裝(Plastic Packages)的熱傳性質與可靠度雖遜於陶瓷封裝，但它具有製程自動化、低成本、薄型化封裝等優點，而且隨著製程技術與材料的進步，其可靠度亦有相當改善，因此塑膠封裝已成為目前市場的大宗。為了因應高功率、高可靠度的需求或降低成本等不同的考量，相同的IC元件在封裝時也會如2-4節所述使用不同的材料來做IC封裝上的應用，因此在IC元件的命名上，針對相同形式的 IC 用不同材料封裝就會有不同的名稱，例如 DIP 元件有 PDIP (Plastic DIP)與 CERDIP(Ceramic DIP)，BGA 元件有 PBGA(Plastic BGA)與 CBGA(Ceramic BGA)等較細的分類。

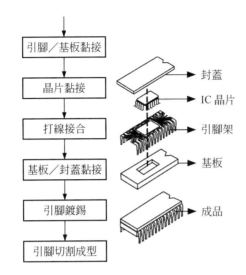

(a) 陶瓷封裝

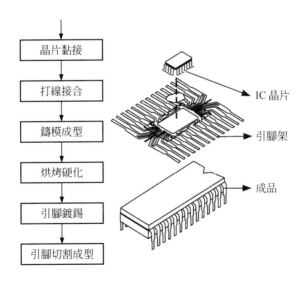

(b) 塑膠封裝

圖 3.2　陶瓷封裝與塑膠封裝的製程

■ 3-2-3　依 IC 元件與電路板接合方式分類

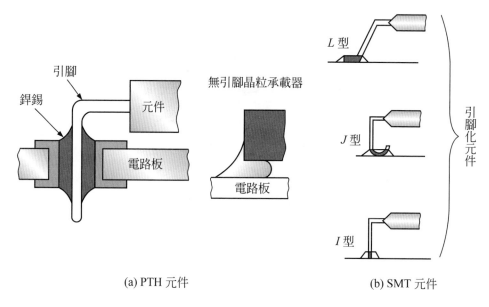

(a) PTH 元件　　　　　　　　　　　　　(b) SMT 元件

圖 3.3　(a) PTH 與 (b) SMT 元件引腳與電路板接合的方式

　　對於 IC 元件的標準化封裝分類而言，初步的分類方式是以 IC 元件引腳與電路板的接合方式來劃分，可分為引腳插入型(Pin-Through-Hole，PTH，也稱為插件型)與表面黏著型(Surface Mount Technology，SMT)兩大類，如圖 3.3 所示即為 PTH 與 SMT 元件中引腳與電路板接合方式的比較。PTH 元件的引腳為細針狀或薄板狀金屬，以供插入腳座(Socket)或電路板的導孔(Via)中進行銲接固定；SMT 元件則為先將接腳黏貼於電路板上後再以銲接固定，它若再以引腳的形狀來細分則具有海鷗翅型(Gull Wing 或 L-lead)、鉤型(J-lead)、直柄型(Butt 或 I-lead)等三種金屬引腳，或電極凸塊引腳(也稱為無引腳化元件)，此外捨棄第一層級封裝而直接將 IC 晶片黏結到基板上，再進行電路聯線與塗封保護的裸晶型(Bare Chip)封裝亦被歸類於 SMT 接合的一種，此種封裝也被稱爲 DCA(Direct Chip Attach)封裝[2]，由於它更能符合"輕、薄、短、小"的趨勢，因此亦成爲新型封裝技術研究的熱門課題。

■ 3-2-4　依引腳分佈型態分類

而在引腳形狀的劃分之下，若再以引腳分佈型態來細分又可將封裝元件細分爲單邊引腳、雙邊引腳、四邊引腳與底部引腳等四種引腳分佈型態。所謂的引腳分佈型態係指引腳於 IC 元件周圍分佈的型態，其中常見的單邊引腳元件有單列式封裝(Single Inline Packages，SIP，如圖3.4 所示)與交叉引腳封裝(Zig-zag Inline Packages，ZIP，如圖 3.5 所示)；雙邊引腳元件有雙列式封裝(Dual Inline Packages，DIP，如圖 3.6所示)與小型化封裝(Small Outline Packages，SOP，如圖 3.7 所示或SOIC)等；四邊引腳元件有四邊扁平封裝(Quad Flat Pack，QFP，如圖3.8 所示)；底部引腳元件有金屬罐式(Metal Can Packages)與針格式封裝(Pin Grid Array，PGA，如圖 3.9 所示，也稱爲針腳陣列封裝)。

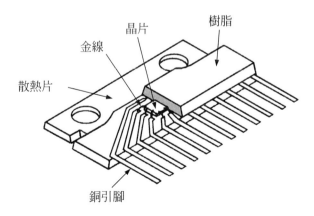

晶片
樹脂
金線
散熱片
銅引腳

圖 3.4　單邊引腳元件 SIP (Single Inline Packages)

CH**3**

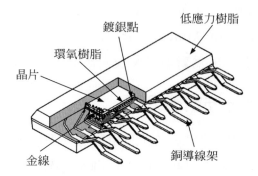

圖 3.5　單邊引腳元件 ZIP (Zig-zag Inline Packages)

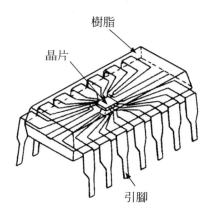

圖 3.6　雙邊引腳元件 DIP (Dual Inline Packages)

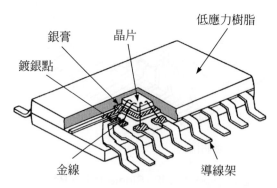

圖 3.7　雙邊引腳元件 SOP (Small Outline Packages)

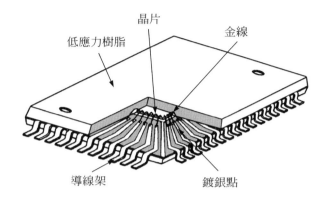

圖 3.8 四邊引腳元件 QFP (Quad Flat Pack)

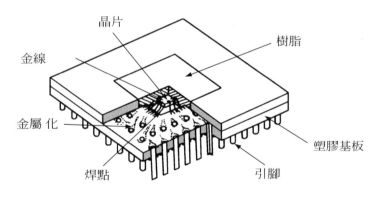

圖 3.9 底部引腳元件 PGA (Pin Grid Array)

◾ 3-2-5 依封裝形貌與內部結構分類

由於產品縮小化、功能提升的需求與製程技術的進步，封裝的形貌與內部結構亦有許多不同的變化，例如，為了縮小封裝元件體積或高度，DIP 封裝有 Shrink DIP (SDIP)、Skinny DIP (SKDIP)等變化，其他的封裝有薄型(Thin)、超薄型(Ultra Thin)或為了因應高功率 IC 元件

CH **3**

的發展而在熱處理的規劃上加入了散熱片(Heat Sink)的設計，如TSOP、UTSOP、TQFP、DHS-QFP (Drop-in Heat Sink Quad Flat Pack，如圖3.10所示)、DPH-QFP (Die Pad Heatsink Quad Flat Pack，如圖3.11所示)等變化，晶片型封裝(Chip Scale Packages，CSP)與DCA (Direct Chip Attach)封裝亦是爲了因應封裝薄型化所開發的技術[3]；此外，爲了因應晶片大型化之趨向與克服引腳架與打線接合條件之限制，LOC (Lead-on-Chip，如圖3.12所示)封裝捨棄傳統的晶片黏結方式，而以聚亞醯胺(Polyimide，PI)樹脂膠帶將IC晶片接合於引腳架之下；PGA封裝又可將自底部伸出的引腳以球狀焊點凸塊取代而使成爲球腳陣列封裝(Ball Grid Array，BGA，也稱爲錫球陣列封裝)。

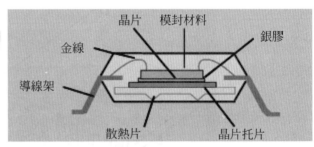

圖 3.10　DHS-QFP 結構圖(SPIL)

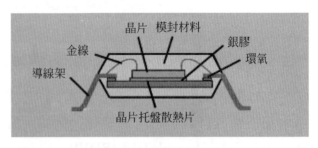

圖 3.11　DPH-QFP 結構圖(SPIL)

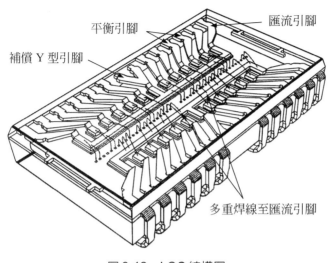

平衡引腳

匯流引腳

補償 Y 型引腳

多重焊線至匯流引腳

圖 3.12　LOC 結構圖

■ 3-3　IC 元件的介紹

　　為了因應不同用途的型態，整合了不同 IC 元件的設計、尺寸、製程、材料的變更所發展出的各類型 IC 元件才能依照不同的需求滿足對應小型化及高功能化的需求，如下表 3.2 所示，即為各種不同封裝元件的應用，而相關元件的細部詳述如下[2][3][4]。

■ 3-3-1　DIP

　　PDIP 元件如圖 3.13 所示，其乃是由一具有導線架的模封塑膠體所構成。PDIP 發展出多樣化的引腳，同時在分類上乃是依據在每排中相對平行的引腳跨距。同時，在外觀上也發展出一些封裝體較寬的PDIP，也就是封裝體本身延伸至接近引腳彎折處的位置，另外也有發展出較薄型的封裝體，也就是封裝體本身較其他典型的封裝體稍微狹小。在引腳數的發展限制上為 8～64 隻腳。

CH3

表 3.2 各種不同封裝元件的應用（1990 年代的標準）

用途	表面封裝式(SMT)								引腳插入式(PTH)				備考
	COB	TAB	TSOP	SOP	QFP	SOJ	QFJ	BGA	DIP	ZIP	SIP	PGA	
主記憶裝置	○	○	○			◎	○	○	○	○			DRAM SRAM
快取記憶體	○	○	○			◎	○	○	○	○			高速 SRAM
快閃記憶體	○	○	◎			○			○	○			EEPROM 其他
唯讀記憶體	○	○	○	◎	◎				○				罩蓋唯讀記憶體 EPROM
核心 CPU	○	○			◎		○	○	○			○	微電腦
特殊應用集積電路	○	◎			◎		○	○	○			◎	閘門陣列 標準元件 其他
表示界面	○	◎		○	◎				○		○	○	LCD 驅動器
通信用途	○	○		○	○	○	○	○	◎	○	○		線性、通信
備註	可視為模組				含 TQEP/TCP		PLCC	PLCC	含 SDIP			含 Pad Grid Array	

◎為主要的應用；○為次要的應用

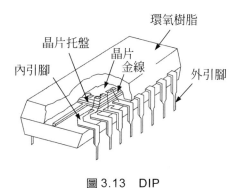

圖 3.13 DIP

■ 3-3-2 SIP

SIP元件如圖3.14所示，其設計的目的乃是為了提供在高密度狀態下記憶體晶片封裝保護的工具。由於其引腳乃是設計座落於沿著封裝體的一側，在置放時，可以並肩放置，並更相近的堆疊在一起，而當其插入 PCB 時，則可依其封裝體的厚度來區別。在引腳數的發展限制上為12～30隻腳。

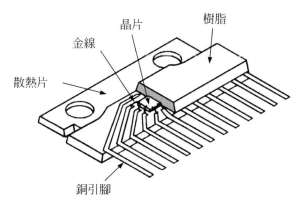

圖 3.14 SIP

CH 3

■ 3-3-3 PGA

PGA 元件如圖 3.15 所示，他在高密度封裝上已佔有多年的優勢，其大多被應用於高腳數、高功率及高效能的電腦上。在引腳數的發展上可達到 68～256 隻腳。

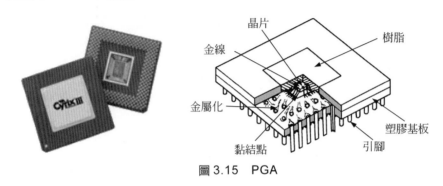

圖 3.15 PGA

■ 3-3-4 SOP

SOP 元件如圖 3.16 所示，這類封裝一般也常稱為小外形積體電路 IC(SOIC)。SOP 具有多變的腳數和封裝體尺寸，同時亦發展出較小、較薄的封裝稱為 TSOP(Thin Small Outline Package)。在引腳的發展上，它具有 1.27、1.0、0.8mm 三種間距，腳數則為 8～48 隻。

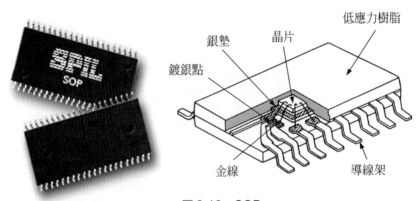

圖 3.16 SOP

◼ 3-3-5 SOJ

　　SOJ 元件如圖 3.17 所示，乃是以導線架為主體的塑膠封裝，而"J"的由來則是依據其引腳的結構來命名。這類封裝元件在應用上主要拿來當作 DRAM。在引腳的發展上，其標準的腳距定義為 50 mils，腳數則為 20～44 隻。

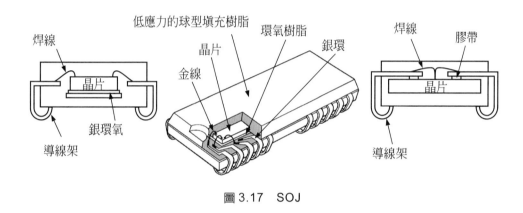

低應力的球型填充樹脂　環氧樹脂
焊線　　晶片　　　　銀環　　　焊線　　膠帶
金線　　　　　　　　　　　　　晶片
晶片
銀環氧
導線架　　　　　　　　　　　　導線架

圖 3.17　SOJ

◼ 3-3-6 PLCC

　　PLCC 元件如圖 3.18 所示，乃是最早發展在四周均具有引腳的組合件。在引腳的發展上，PLCC 的引腳總為 J 形結構，而其腳數最大上限為 84 隻。

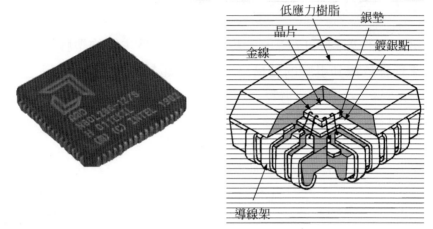

圖 3.18 PLCC

▪ 3-3-7 QFP

　　PQFP元件如圖3.19所示。其乃是利用表面黏著的方式,將引腳和印刷電路板固定。隨著封裝體尺寸和腳距的改變,在腳數的發展上,就有較寬闊的範圍,約為44～304隻。

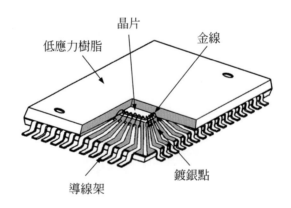

圖 3.19 QFP

3-3-8 BGA

BGA 元件如圖 3.20 所示，球腳陣列封裝(Ball Grid Array，BGA)技術乃是使用基板和錫球來取代傳統的導線架，其提供許多在微細間距的優點，包含較佳的組裝、較優異的電子成型性及較高的 I/O 密度。

 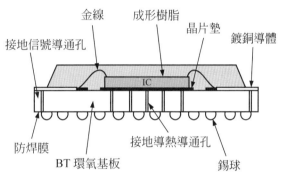

圖 3.20 BGA

3-3-9 FC

FC 元件如圖 3.21 所示，乃是定義晶片以不同的連線材料和方法來使晶片表面正向基板，完成電路的連線。覆晶的優點包含了高 I/O 數、低電子遲滯性、較小的基板、較低的封裝花費、較高的降伏強度和較高的可靠度。

CH3

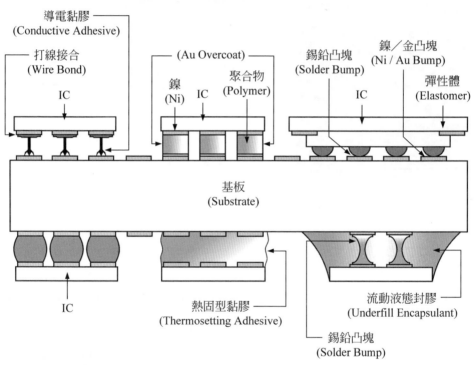

圖 3.21　FC

參考文獻

1. 郭嘉龍，"半導體封裝工程"，全華科技圖書公司，(1999)。
2. J. H. Lau, "Ball Grid Array Technology", McGraw-Hill, New York,1995.
3. R. J. Hannemann, A. D. Kraus and M. Pecht, "Semiconductor Packaging, A Multidisciplinary Approach", John Wiley & Sons, New York, 1994.
4. J. H. Lau, "Flip Chip Technologies", McGraw-Hill, New York, 1995.

習題

1. 當前訂定IC 標準化的機構有哪幾家？
2. IC 元件與電路板的接合方式有哪幾種？
3. IC 元件的引腳在外觀上有哪幾種又其在IC 的分佈型態有哪些？
4. 打線接合在應用上主要有哪幾種方法？
5. BGA 跟傳統封裝的差異在哪兒，又其優點有哪些？
6. 覆晶接合的優點爲何？

CH 3

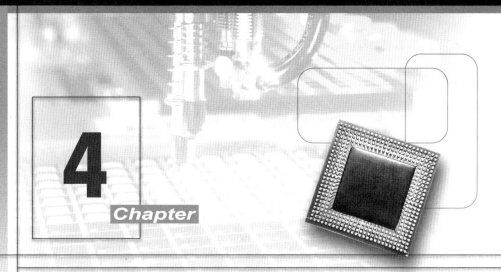

4

Chapter

封裝材料的介紹

在IC封裝製程中，由於封裝設計與封裝型態的不同，IC在內部的結構上亦有所不同，本章乃針對主要的IC封裝結構，以封膠材料、導線架與基板等三部份做其組成材料、相關的製造程序與特性分析的介紹。

■ 4-1 封膠材料

封膠的日的如第2-4節所述，乃是爲了保護晶片免於遭受污染或破壞，而在材料的選擇上，主要可劃分爲陶瓷材料、固態封模材料(Epoxy Molding Compound，EMC)及液態封止材料(Liquid Encapsulant)等三項。

■ 4-1-1 陶瓷材料

陶瓷材料具有優良的熱傳導與電絕緣性質，又可以改變其化學組成調整其性質，此外由於陶瓷材料的緻密性高，對水分子滲透有優良的阻絕能力，因此成為熔接性封裝主要的材料，在電子封裝中的應用極為廣泛。但由於陶瓷材料脆性較高，易受應力破壞，與塑膠封裝相比它的製程溫度高、成本亦高，因此陶瓷封裝僅見於高可靠度需求的IC封裝中。

■ 4-1-2 固態封模材料
(Epoxy Molding Compound，EMC)[1][2]

轉移成型製程是目前台灣與全世界代工封裝廠最普遍被應用的封裝製程，它以 EMC 來作為 IC 封裝時的材料。EMC 被廣泛的應用在以導線架或有機基板為載體之傳統半導體封裝元件，如 DIP、SIP、SOJ、SOP、QFP和PBGA等產品之封裝上。此外，隨著封裝技術薄型化和高密度化的發展趨勢，在LOC、CSP、Tape-BGA等先進半導體封裝元件上亦都採用以 EMC 為材料的製程。

在材料的組成上，固態封模材料的主要成份如圖 4.1 所示，包括環氧樹脂、硬化劑、觸媒、填充物、脫模劑、顏料、離子防止劑及其他添加劑等。

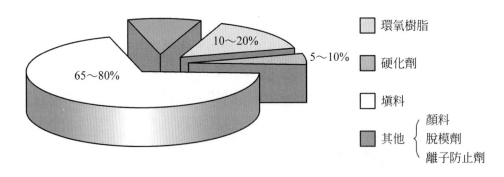

圖 4.1 EMC 的成份

在材料之硬化反應上，如圖 4.2 所示，則是以環氧甲酚醛(Epoxy Cresol Novolac，ECN)重合而成的高分子為主，讓含羥基之酚(Phenol)型之硬化劑發生作用，之後添加反應促進劑並加熱使其重合，以作成三度空間網狀。重合後所殘留下之羥基當做接合反應之極性基與模造對象之用。

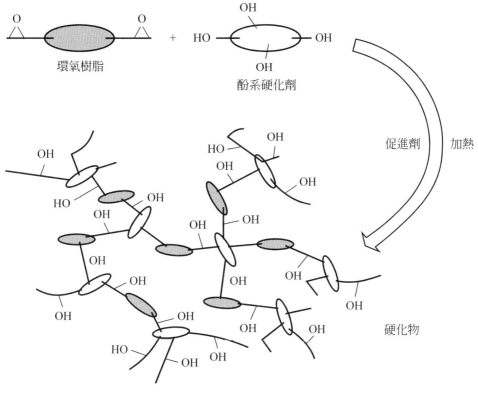

圖 4.2 環氧樹脂硬化加熱反應模型

1. 環氧樹脂

環氧樹脂的主鏈構造如圖 4.3 所示，主要由環氧基(-C-C-)所構成，而其製作方法則如圖 4.4 所示，乃將含有環氧基之環氧氯丙烷(Epichlorohydrin)之氯作為活性離子，與甲酚醛(Cresol

Novolac)分子的羥基作用,讓其開環結合。為去除附於鏈上之氯原子,並以NaOH做最終的處理,如此所得可鍵之氯才能結合再次製成環氧環。傳統所使用的環氧樹脂大多採用 Novolac Type 環氧樹脂,而近年來由於薄型化、低應力、低翹曲及高可靠度的需求,逐漸改成Bi-Phenyl、Dicyclopentadiene及Multifunctional 等種類之環氧樹脂。

2. 填充物

　　用於模造之環氧樹脂是混合著各種材料之混合物,如圖 4.1 所示,填料(Filler)是一種容積比佔 70～80%的矽玻璃(Silica Glass),這乃是因模造保護的對象是矽晶片,而矽是熱膨脹係數最小的種類之一($3×10^{-6}$/℃),由於模造用樹脂之環氧樹脂單體的熱膨脹係數大約為 $50～100×10^{-6}$/℃,基於熱膨脹係數的考量,故以熱膨脹係數接近矽晶片之矽玻璃作為填充材混合,而二氧化矽的添加,除了降低熱膨脹係數之外,還有增強材料機械強度之功能。

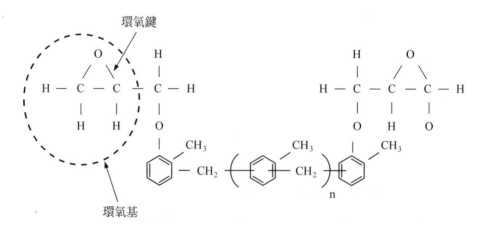

圖 4.3　具代表之環氧主鏈構造(甲酚醛 Cresol Novolac)

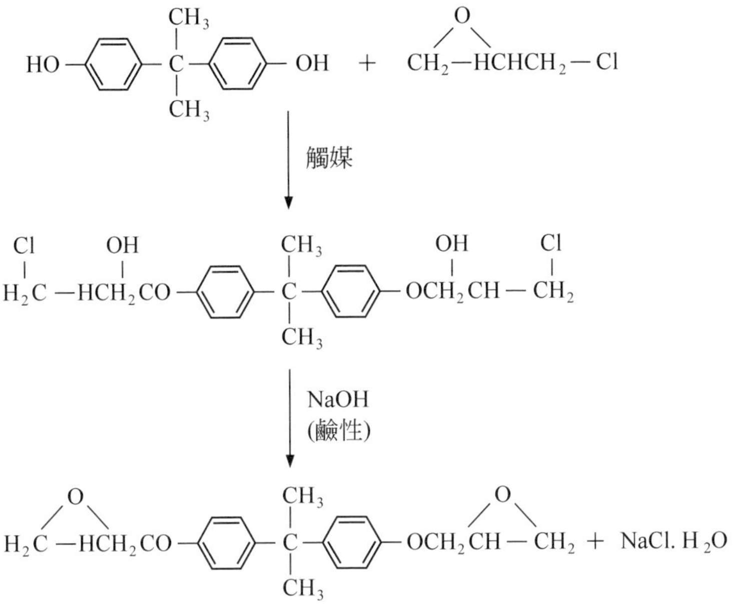

圖 4.4　具代表之環氧主鏈之製造方法(二對酚，Bisphenol)

3. 其他材料

　　其他尚有讓環氧樹脂重合而以酚醛類樹脂當作進行混入封裝體所需之硬化劑；促進重合反應與縮短模造時間所放入的反應促進劑；為讓樹脂以不透光來著色，因此放入顏料；當模造後，為使製品容易脫離模具，考量模封後之離型性以及各個界面間附著強度的影響所添加的脫模劑；此外尚有因應脫模劑加入後，減弱導線架(Lead Frame)與晶片(Chip)對環氧樹脂之接著性所添加的耦合劑；以及為彌補離子性之不純物再如何清除亦無法完全除去所混入的離子防止劑(Ion Trap)。

CH4

■ 4-1-3　液態封止材料(Liquid Encapsulant)[3]

除了使用封模材料的轉移成型製程外，另有一種半導體封裝製程為使用液態封止材料的封止製程(Encapsulation)。液態封止材料是一種在常溫下成液狀且具流動性的材料，在加工特性上與封模材料完全不同，而在應用上，過去大多使用在低階的 COB 產品上，但是近年來由於封裝技術多樣化的發展及材料本身可靠度的提升，液態封止材料已逐漸廣泛的使用於 DCA、CSP、MCM、TAB 及 Flip Chip 等新一代的封裝技術，如圖 4.5 所示。

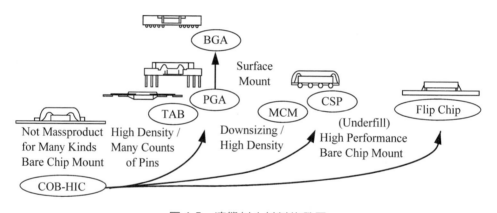

圖4.5　液態封止材料的發展

液態封止材料主要應用於新一代的半導體封裝技術，依應用於半導體封裝型態的差異，大致可區分為頂部封止(Glob Top)與底部充填(Underfill)兩大類，如Enhanced BGA、Ceramic BGA、CSP、TAB等封裝是利用Glob Top封裝方式；而覆晶(Flip Chip)封裝主要使用Underfill方式進行。

液態封止材料的加工形式可分為點膠製程及網印製程兩種，而利用點膠機進行液態封止製程是目前封裝廠最常使用的方式。

1. 點膠製程

　　就頂部封止製程而言，依需求可分為膠框(Dam)與充填膠(Fill)兩種點膠製程。膠框的製作重點在於精確度、膠框高度控制、流變特性、及與充填膠相容性的掌握；而充填膠製程主要是將膠框所圍成的區域以液態封止材料填滿，為了能完整地將晶片與金線封止完成，膠材在特性上需具備良好的流動性與平坦性，且材料的觸變指數值(Thiotropic Index)要低，越接近牛頓流體越好。

　　利用點膠機進行液狀封止材料的封裝製程具有不需模具、加工簡易、幾乎沒有材料損失等優點，但是也有表面不易控制、硬化時間長、產出效率遠低於模封製程等缺點，因此，為了克服點膠製程的缺點，近年來開始以網印製程取代點膠製程來進行液態封止材料的封裝製程。

2. 網印製程

　　網印製程方式分為一般常壓網印及真空網印兩種。一般常壓網印方式由於可以使用原有之 SMT 鋼板印刷設備，具有成本低廉、容易切入的優點，但是由於網印製程途中可能產生的氣泡問題不易解決，經真空除泡後又容易造成表面不平整的問題，在應用上限制較大；而真空網印方式則是利用真空製程的方式來解決液狀封止材料於網印製程途中可能產生的氣泡，此外，若經適切調整材料的流動性，同時兼顧脫泡性和形狀維持特性，真空網印方式可以不用膠框直接用充填膠完成頂部封止製程。

　　最近，日本 TORAY 公司與松下電工針對新型真空網印製程與材料，共同開發出新一代的加工製程觀念，其主要原理乃是利用真空二次壓力差的觀念提高製程脫泡性及表面平坦性，如圖 4.6

所示。該新製程技術由於具有高產出與良好外觀之特點，目前正在業界推廣使用中。

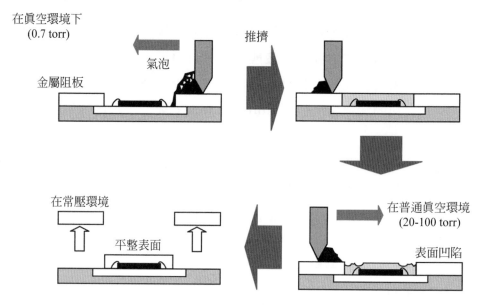

圖 4.6 二次真空壓力差網印製程原理

在覆晶封裝方面，Underfill的封膠方式一般多採用點膠製程，其原理為在晶片周圍的一邊或兩邊(L 型)注入一定量的膠材，利用毛細現象(Capillary Flow)使膠材流入晶片與基板之間的間隙，等到晶片下方充滿膠材，然後在晶片四周封上 Fillet。點膠路徑的選擇正確與否，對於在點膠過程是否會形成空洞有很大的影響。而影響 Underfill 材料流動速率的因素包括黏度、溫度、表面張力、膠化時間、晶片下的間隙高度及流動表面的溼潤性等。因此Underfill材料點膠製程技術的主要關鍵，則在於選擇正確的製程參數以增加製程速度及提高可靠度。

▪ 4-1-4　封裝材料市場分析與技術現況[4]

1.　市場分析

　　IC 封裝材料的原料主要包括環氧樹脂(Epoxy)及無機性的 Silica添加劑，一般概分為Cresol的Block系(泛用型)及Bisphenol 系(高級型)，然而隨著IC封裝的小型化及高密度集積化的發展，使得導線架及基板的封裝在耐高溫上的要求變得特別嚴格，便近一步發展至Disphenol系的EMC。未來亦將朝向減少對環境有極大影響的鹵素(Halogen)及銻(Sb)難燃劑使用以及促進液態模封材料的實用化。

　　在全球模封材料的市場中，目前主要的生產廠商皆為日商，市場佔有率高達 9 成以上，主要五大廠商依序為住友、日東電工、日立化成、信越化學及松下電子等五家企業，其他尚有日商 Toray、東芝及美商Dexter、Amokor、台灣長春化學等公司。而在液態封止材料上，主要的供應商有Dexter、Hysol、Ciba、Matsushita、Toshiba等公司。

　　在國內，目前我國 EMC 約有9成以上需仰賴進口，最大宗的低應力等級產品有住友及日東，低α射線產品以日立及信越為代表，值得一提的是目前最熱門的 PBGA 產品所用的 EMC 幾乎全是採用 Plaskon 的產品。雖然目前國內已有新投入的生產廠商(如表4.1所示)，但在利潤空間及技術考量上尚有關卡亟待突破。

2.　技術現況

　　目前模封材料在特性上著重於具備保護、機械強度、阻隔與絕緣的基本功能及能通過不同條件的可靠性測試，並在配方設計上選擇較低吸溼性、高耐熱性的化學結構材料，及加入組裝封裝基板時熱膨脹係數(CTE)差異較小的考量，避免翹曲變形的發生。

而在液態封止材料上，一般主要用於 COG、COB、FC 及 TCP 封裝，其下游應用領域主要在行動電話、IC 卡、LCD 及汽車零件 CSP 封裝上。

表 4.1 國內模封材料投資廠概況

新投入廠商	成立時間	技術來源	生產產品	產能規劃	量產時間
義典公司	1998/6	工研院、日本、美國	EMC	3,000 噸／年	1999 年底
長興化工		工研院	EMC		
永明泰	1997/9	工研院	液態	12 噸／年	2000 年初
川裕		自行研發	LED/EMC		
長春		Sumitomo	EMC	7,000 噸／年	1999 年 10 月
華利全來	1998/7	Plaskon	初期 BGA/EMC	初產量 1,000 噸／年 (全產能規劃 1,000 噸／月)	1999 年 Q3

資料來源：工研院材料所 ITIS 計畫(Aug. 1998.)

■ 4-2 導線架

在大型積體電路晶片中，提供晶片承載並與外部電路相連之結構體稱之爲導線架(Lead Frame)，如圖 4.7 所示。在整個IC的製造體系中，它肩負著晶片和下游印刷線路板的連結任務，並提供訊號傳送、精確定位與必要之使用剛性。

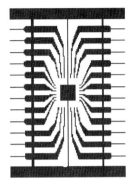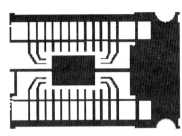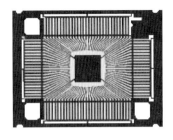

圖 4.7　各式導線架

■ 4-2-1　導線架的材料[5][6]

導線架的材料主要分為鎳鐵合金、複合金屬和銅合金等三大類。

1. 鎳鐵合金(含鎳 40~43 ％)

Alloy42(42 ％鎳-58 ％鐵)為最常使用的引腳材料，通稱 42 合金。因其有與矽及氧化鋁相近的熱膨脹係數(Alloy42：$4.5×10^{-6}/℃$；矽：$2.6×10^{-6}/℃$；氧化鋁：$6.4×10^{-6}/℃$)，再加上具有良好的強度與韌性及毋需鍍鎳即可進行電鍍和錫鉛沈浸製程等優點，因此在IC封裝中被廣泛的拿來當作導線架的材料。

2. 複合金屬

複合金屬材料通常是以高壓將銅箔滾軋在不鏽鋼片上再進行固熔熱處理接合製作而成，在機械性質上幾乎與Alloy42相近，但比其具有更優良之熱傳導性。

3. 銅合金

由於銅的機械強度較低，故必須添加鐵、鋯、鋅、錫、磷等元素使成合金材料以改善其機械性質，通常最常使用的銅合金為

CH4

由美國 OLIN 公司發展的 C194 合金(由鐵 2.4％、鋅 0.1％、磷 0.03％添加組成)與 C195 合金(由鐵 1.5％、錫 0.6％、磷 0.1％添加組成)。由於銅合金引腳具有良好的電鍍性、加工性與熱傳導性質(150 至 380W/m·℃)，且其熱膨脹係數(約 $16.5 \times 10^{-6}/℃$)和塑膠封裝中鑄模材料的熱膨脹係數(FR-4 鑄模樹脂的熱膨脹係數約為 $15.8 \times 10^{-6}/℃$)相近，因此成為塑膠封裝中常用的引腳架材料。

■ 4-2-2 導線架的製造程序

導線架的製造可分為兩類，一種是以衝壓(Stamping)方式在帶材上衝出成品後經電鍍而成，而另一種則是以化學蝕刻(Etching)方式在板材上蝕出成品後經電鍍而成。在這兩種方式的選擇上，雖然衝壓的產量大且成本較低，但由於開模製造不但耗時且價格昂貴，故衝壓方式通常用於已確定市場潛力的晶片封裝上，而化學蝕刻方式的模具製造(在此指光罩)雖然較衝壓模具的製作方式快且造價亦低，但由於生產的產量無法提升且成本也貴，故通常用於未確定市場潛力的新開發晶片封裝。

依據上述的介紹，本文將導線架的製造分為衝壓、化學蝕刻及電鍍三大製程加以說明。

1. 衝壓製程

基本上，積體電路導線架的衝壓和一般衝壓並無多大的不同，就是將成捲的帶材送入衝床內的連續衝模(Progressive Die/順送型)中進行衝壓，而衝出來的便是成品了。只是由於積體電路導線架此一產品的規格及品質要求已經非常接近衝壓能達到的最高極限，而且又被要求在高速下生產，因此在製造上除了對衝模、衝床及周邊設備有比較嚴格的要求外，更有以下的技術考量：

(1) 如何設計精準的定位結構，嚴格控制定位孔衝壓和定位梢的定位精度，避免因累積誤差導致所生產的導線架在全長的尺寸上無法符合品質的要求。

(2) 如何設計衝模，使衝壓成品的品質不受材料內應力的影響，避免衝切後因材料內應力的釋放造成腳的過大偏移，以提高衝模的生產力。

(3) 如何控制導線架在歷經眾多的衝壓站數及冗長的衝模時間後，上下模中的每隻腳都能維持平均的間隙，避免某一隻內腳的左右邊承受大小不同的衝壓力導致引發引腳偏位的誘因。

(4) 如何在模具的設計及加工上有效抑止因導線架內角的內圓腳及外圓腳受到衝壓所形成拉應力和壓應力的影響造成內腳發生偏位的現象。

(5) 通常積體電路導線架都有晶片座成型(Downset)的製程，而晶片座對於成型前後的長度平衡及引腳的變形具有重大的影響，因此如何設計製造出可以準確成型的晶片座亦是一個重要的關鍵技術。

2. 化學蝕刻製程

化學蝕刻的製程如圖 4.8 所示，乃是由一系列的製程組成，以下針對主要的製程概述如下：

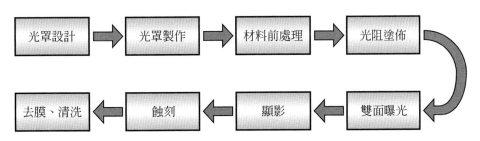

圖 4.8　化學蝕刻的流程

CH4

(1)　光罩設計

　　　　在蝕刻製程中，由於蝕刻作用是三軸向的反應，因此以蝕刻液蝕出縫的尺寸便要比實際光罩縫的尺寸要大，而這之間的關係便是所謂的補償值。補償值的設定除了和實際蝕刻過程中所設定的條件(如噴洗壓力、蝕刻液溫度、蝕刻液成份等)有關外，同時亦和導線架本身的尺寸分佈(尤其是在成品的轉角部份)有關，因此如何根據不同材質、不同形狀的成品確實掌握補償值的係數便是掌握蝕刻的關鍵技術之所在。

(2)　光罩製作

　　　　光罩的製作主要有兩種方法可供選擇，其一為將設計好的光罩數據以放大的型態使用紅模切割機切出放大數十倍的光罩圖形，然後再利用精密的照相機將其縮小翻拍成光罩；另一則是使用雷射繪圖機將光罩數據直接繪出光罩圖形。使用紅膜翻拍的方式雖可得到良好的光罩，但由於精密照相機的金額非常昂貴，再加上照相機的使用環境也非常嚴格，因此必須對相關的儀器及環境控制設備做不小的投資。而若使用雷射繪圖機，雖沒有龐大投資金額的問題，又有製程少、光罩製作前置時間短、容易修改等優點，但由於圖形是由雷射的點所組成，故由此種光罩所做出的成品會有在線條上呈鋸齒狀的問題。

　　　　不過，不論決定使用哪一種方式，在設計前必須先對成品規格及品質要求做詳細的了解，在製作過程中亦必須維持良好的環境條件，才是確保光罩製作品質與精度的不二法門。

(3)　材料前處理

　　　　由於材料表面的清潔與否將直接影響後續"壓膜"製程的品質，而壓膜的品質則是控制曝光及蝕刻的重要品質參數之一，因此針對不同材料做前處理的目的，主要在於去除原本附在材料表面的保護油膜。

(4) 光阻塗佈

　　光阻膜壓膜施工的方式主要可分為溼膜法及乾膜法兩種。由於溼膜法可以建立比較薄的膜厚，因此可以得到相當細微而正確的曝光效果，不過卻有操作不易、品質控制亦不易的缺點，故主要應用在需要特別精細的產品；而乾膜法雖然製程較易，但所建立的膜厚亦較厚，因此曝光效果略差，不過根據目前積體電路導線架的生產資料顯示，業界仍以採用乾膜法為主。

　　乾膜法在製程上必須特別注意環境的無塵度，因存在於光阻膜和材料間的微塵會造成膜的鼓起或破洞，而對蝕刻出的成品品質造成極大的影響。

(5) 曝光

　　在雙面曝光的過程中，必須要特別注意的是光源的平行度、曝光設備的無塵度、曝光設備的真空度和上下版對準系統的準確度等因素，如此才能確保曝光時的品質和精度。

3. 電鍍製程

　　由於送到電鍍製程的積體電路導線架，在型態上有片狀及捲狀的區別，而在材料上也有鎳鐵合金、複合金屬和銅合金的分別，基於這些差異，便有不同的生產過程和電鍍流程。

(1) 依型態區分的生產製程

　　片狀的導線架乃是先利用超音波溶劑清洗後，再送至「片對片(Strip to Strip)自動電鍍機」上，經一系列的工作流程即可加工完成電鍍成品。而捲狀的導線架乃是直接送至「捲對捲(Reel to Reel)自動電鍍機」上，經機上一系列的工作流程即加

CH4

工完成鍍成品，之後再送至「打座切斷(Downset-Cutting)機」製成片狀的導線架。

　　此外，在導線架的製程中，若是腳數為28隻腳(含以上)的導線架，通常最後尚須再經過貼布(Taping)製程以固定內引腳的位置。

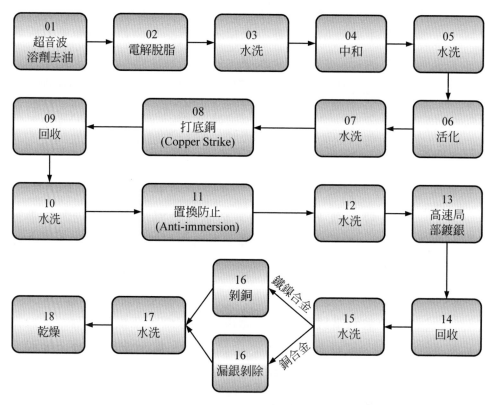

圖 4.9　不同材質的電鍍製程

(2)　依材質區分的電鍍製程

　　如圖 4.9 所示，分別為鎳鐵合金及銅合金的電鍍流程，其中在第 16 段的剝離(Stripping)製程部份，鎳鐵合金導線架是用以剝除局部鍍銀區外的打底銅鍍層，而銅合金導線架則是用以剝除在限定鍍銀區之外的薄銀層。

■ 4-2-3 導線架的特性與技術現況[7]

在塑膠 IC 封裝中，導線架的設計主要是作爲鑄模基地的骨架，同時也是整個 IC 設計元件散熱的途徑，故導線架在設計時應以考量引腳的形狀、間距、長度、寬度等的配置爲主，並求取封裝材料與金屬接觸面積的平衡，避免因材料的收縮效應造成上、下模穴的裂開分離。

目前導線架的封裝形式仍以 QFP 及 SOP 爲主，其需求根據一份粗估的統計資料顯示，至 1999 年蝕刻導線架約佔總市場需求的 20 ％左右，其他 80 ％則爲衝壓導線架。以供應廠商而言，目前仍是以日本生產廠商爲主，在全球約有 7 成以上的市場佔有率，主要有新光電氣(約佔 21 ％)、三井 Hi-Tech(約佔 18 ％)與日立電線(約佔 10 ％)三大公司，因此就全球導線架產業而言，不論產值或廠商集中度都相當高。

而在國內，我國生產蝕刻導線架的廠商主要爲旭龍、日月宏、慶豐、佳茂、中信及德輝等公司，除了致力提升製程技術與產品腳數外外，更積極擴充產能及發展高階產品，例如慶豐半導體便發展TBGA及 High Density 導線架來生產高腳數(208 腳以上)的高階產品，以便將產業轉型以因應整個大環境的挑戰，不僅創造更多的利潤，更吸引日商住友礦山及日商三井等導線架大廠紛紛來台投資。

目前國內的導線架業者在製程技術上，以衝壓製程而言，最高生產腳數已可達304Pin，而若以蝕刻製程則可達276Pin，如表4.2所示爲國內的製程能力比較。此外，由於製程成本降低及環保因應的考量，不論是在材料的開發或是導線架的型態上都有相當的變革，在針對高強度、低價格的新銅合金導線架研發上，以古河電器工業最具代表性；而基於

CH4

環保要求，爲了因應鉛規管制法的要求，PPF (Pre-Plated-Frame)類型的導線架漸受注意，而掌握鍍鈀(Pd)技術所有權的廠商則有古河電器工業、Texas Instruments 公司和新光電氣工業。

表 4.2　國內導線架製程能力變化

		1998 年	1999 年	2000 年
衝壓	最高腳數	208	208	304
	最小內引腳距(mm)	0.23	0.20	0.18
	最小厚度(mm)	0.13	0.1	0.1
蝕刻	最高腳數	208	256	276
	最小內引腳距(mm)	0.19	0.185	0.175
	最小厚度(mm)	0.125	0.125	0.125

＊統計數字以最高製程能力爲準

■ 4-3 基 板

基板(如圖 4.10、4.11 所示)主要應用在 BGA、CSP 與 Flip Chip 等新世代的封裝元件技術中，其主要功能乃是擔任承載晶片 Die 和電路板 PCB 之間的訊號相連爲主，開發的目的主要是爲了因應高 I/O 數的需求、獲得良好的電氣效能、可靠性與縮短訊號的延遲時間。

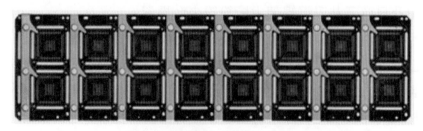

圖 4.10 基 板

圖 4.11　基板細部放大圖

4-3-1　基板的材料[8]

　　基板主要可以區分爲環氧基板、BT基板、Aramid纖維基板與陶瓷蕊基板等四大類，各基板的組成材料與相關特性詳述如下：

1.　環氧(FR-4)基板

　　　　以環氧樹脂爲主要材料的基板，其主要的優點爲具低吸溼性和易與環氧膠親和，且在高溫特性的利用上，可利用提升環氧的以使其在高溫的環境下操作，並具有安定的尺寸，在焊線接合的製程中，更能有效的阻止瓷嘴(Capillary)陷入基板。

　　　　在過去 15 年間，Tg 爲 140℃的環氧積層板已被大量應用在無引腳的晶片承載器(Leadless Chip Carrier)和塑膠 PGA 上，其效能也被認可。

2.　Cyanate ester (BT)基板

　　　　Cyanate ester 是三菱瓦斯化學公司於 1970 年代開始生產，也就是一般所稱的BT(Bismaleimide Triazine)基板。因爲Cyanate

CH4

ester具有非常好的電氣特性，故有良好的潛力可應用於高速信號元件上，且在特別潮溼的狀況下，亦能保有可靠性的優點，故在封裝基板的使用上獲得甚佳的評價，並將其應用在高效能塑膠PGA上已超過10年。

3. Aramid環氧基板

Aramid纖維的高溫特性優越，其熱膨脹係數約為−3.5ppm/℃，將Aramid用於環氧積層板，基板的熱膨脹係數變為6～8ppm/℃，約只有FR-4和BT基板的一半而已。

由於Aramid環氧的機械加工特性不佳，因此現今的Aramid環氧都採用無織布的 Aramid，以改良其加工特性。此外，雖然Aramid 比傳統的積層板與晶片的熱膨脹不匹配來得小，但卻有和印刷電路板不匹配的問題，因此並不適合BGA的應用。

4. 陶瓷蕊基板(Ceracom)

Ceracom 是一種積層基板，是以環氧樹脂注入多孔陶瓷基材，然後以銅箔疊壓，若用Cordierite作為陶瓷蕊，完成後的基層板其熱膨脹係數約為4ppm/℃，非常接近矽。

由於是使用多孔陶瓷，故其機械加工特性非常理想，在一般的印刷電路板製程(如乾式鑽孔)均可使用。在電氣特性上，則視注入的樹脂而定，而在應用上，則和 Aramid 環氧一樣，並不適合應用在BGA 元件上。

■ 4-3-2　基板的製造程序[7][8]

典型的基板製造程序主要可分為減成製程(Subtractive Process)和加成法製程(Additive Process)兩種。其中減成製程是今日塑膠封裝和PWB 使用最多的一種方法，而在未來高腳數和多晶片模組(MCM)的需求下，能達到最佳線路極限的加成法製程亦已成功的被開發出來且被工業界引用。

1. 減成製程 (Subtractive Process)

如圖 4.12 所示，減成製程主要有兩種形式，全板鍍銅(Panel Plating)是較簡易的製程且易於控制蝕刻的精度，對於線寬線距需求在 0.1mm 左右的製程是較廉價、有效的選擇。而局部線路鍍銅(Pattern Plating)雖較為複雜，成本也較高，但能鍍較薄的銅，因此在細線路的表現上便會優於全板鍍銅，亦成為 PWB 工業中常見的方式。

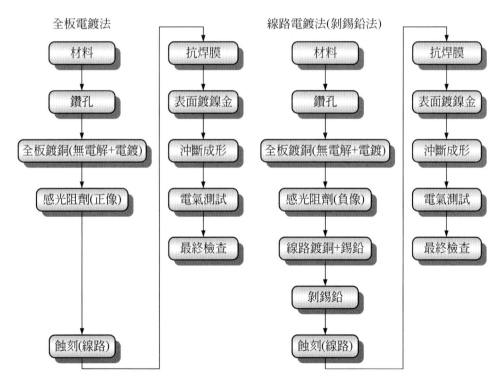

圖 4.12　減成法製程流程(雙面板)

CH4

2. 加成法製程 (Additive Process)

　　加成法是一種非常新的觀念，跟很久以前Photo Circuit所開發的 CC-4 技術類似。早期的加成法技術在膠合層中合成橡膠成份會有電阻的問題，同時由於能抗強鹼鍍浴的防焊膜材料有限，在細線路金屬化上有困難。

　　但最近有一些可靠的加成法製程已經被開發出，並將其用於細間距的應用上，如圖 4.13 所示即為加成法製程的一個例子，該製程在膠合層並沒有使用合成橡膠粒子，並且改善了在高溼環境下的絕緣阻抗。

　　目前在實驗室階段，加成法所能做的最小線寬線距為 0.05mm，遠優於減成法。為了因應高密度組裝的趨勢，加成法的重要性和必需性便愈來愈明顯。而在未來，估計最小線寬線距可到 0.025mm，最小孔徑和孔壁直徑則可分別為 0.1mm 和 0.125mm。

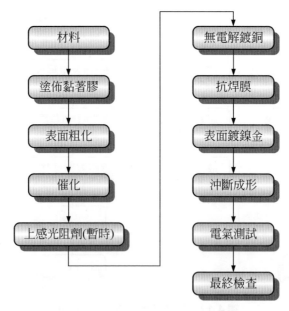

圖 4.13　加成法製程流程(雙面板)

■ 4-3-3　基板的特性與技術現況[4][7]

目前傳統基板的密度發展範圍從一般商用PCB的 $30\sim40$ Pads/in^2，到具盲孔(Blind vias)及埋孔(Buried vias)等較高層次的 140Pads/in^2，直到目前最高密度的基板(Sony Camcorder 的雙面基板密度超過 600 Pads/in^2)。

目前全球IC封裝基板有80％以上來自日本，主要包含BGA/FC基板、TAB載版、MCM-L、MCM-C和以新開發的Build-up技術為主的硬質 IC 載板、MCM-L。以 BGA 基板而言，主要有 JCI、Shinko、Ryowa、Canon、Fujitsu及Ibiden等公司，其中以JCI居領先地位。而自 1999 年起，由於資訊、通訊產品等領域的開發，使日本電子產業的經營不只侷限應用於民生用途，更將範圍擴大到工業用和車用電子設備，使許多IC基板廠商皆將主力由傳統的BGA基板轉往高階的增層式基板，更使日本的基板製作技術穩居全球領先的地位，在這方面，其前三大企業分別是Matsushita、JVC和Ibiden(參考表4.3)。

國內廠商乃是自1997年底開始才大舉投入封裝基板的生產(如表4.4所示)。以目前主要生產的BGA基板為例，依其使用基板的材質之不同可分為PBGA (Plastic BGA)、CBGA (Ceramic BGA)、TBGA (Tape BGA)及MBGA (Metal BGA)等四種。此外，並朝向高密度基板與Tape Type CSP的可撓式基板積極研發。

CH4

表 4.3　日本主要增層載板生產廠商技術現況

生產廠商	成孔方式	增層技術	線距／線寬	層數	產　　能
JVC	Laser(CO_2-YAG)	VB-2/VL	40/40	12	$15,000\sim25,000$ m^2/M
Matsushita	Laser(CO_2)	ALIVH	40(50)/40(50)	12	$10,000\sim15,000$ m^2/M
Ibiden	Laser/Photo	ABP	50/50	10	2000K 顆/M
NEC	Laser(CO_2-YAG)	DV-MLLT1	—	10	10,000 m^2/M
Fujitsu	Laser/Photo	—	40(50)/40(50)	12	500K 顆/M
Hitachi	Laser(CO_2)	HITAVIA	40/40		5,000 m^2/M
中央銘板	Laser(CO_2)	ALIVH、CLLAMS	—		5,000 m^2/M
東芝	PP-Bump	B^2it	—		
SONY	Laser/Photo	—	—		
Shinko	Laser(CO_2)	MFS/FCA	75/75		$1000\sim2000K$ 顆/M
IBM Yasu	Photo/Laser	SLC/FRL/ALT	50/50	12	

資料來源：JPCA；太陽油墨；Prismark；工研院材料所 ITIS 計畫

表 4.4　我國基板投資廠商概況

	技術來源	量產時間	產　　能	主要產品	未來規劃
華通	自行研發 Tessera	1998 年	200 萬顆／月	PBGA、CSP	大園廠將生產TBGA、PBGA 及 CSP，99 年 Q2 全產能 1400 萬顆／月
旭德	工研院、日本 Sumise Device	1998 年	250 萬顆／月	PBGA、CSP mini BGA	BGA：300 萬顆／月 CSP：1000 萬顆／月
日月宏	自行研發	1998 年	100 萬顆／月	PBGA	1999 年 Q1 起 100 萬顆／月

表 4.4　我國基板投資廠商概況 (續)

	技術來源	量產時間	產　　能	主要產品	未來規劃
全懋	(日)富士機電	1998 年	600 萬顆／月	PBGA	1999 年底 800 萬顆／月，全產能計畫 1200 萬顆／月 (PBGA、TapeBGA、CSP BGA)
群策	自行研發	1999 年	350 萬顆／月	PBGA、CSP	與欣興合作
南亞	自行研發	1999 年	1300 萬顆／月	PBGA、CSP	四廠於 1999 年中起生產
楠梓	工研院、日本住友	1998 年	600 萬顆／月	T-BGA、PBGA CSP	預計 1999 年 Q3 投產 57kft^2／月，及發展 PBGA／BUM、CSP
大祥	美商	1999 年	400 萬顆／月	PBGA	
耀文	(美)Prolinx	1998 年	800 萬顆／月	VBGA	1999 年產能 VBGA 爲 200 萬顆／月，PBGA 爲 600 萬顆／月
耀華	(美)Prolinx	1998 年	15 萬顆／月	VBGA	將擴產
金像	(美)ACI	1999 年		PBGA	計劃 1999 年起 Q4 起月產 460 萬顆／月以下(其中 30 萬平方平方呎生產高階 PCB)
力太	自行研發	1999 年	200 萬顆／月	PBGA	
台豐	(日)JCI	1999 年	1000 萬顆／月	PBGA	
欣興	自行研發	1998 年		PBGA	
雅新				PBGA	欲跨入
京茂				PBGA	欲跨入
敬鵬	日本大昌			PBGA	欲跨入
佳鼎		1999 年		BGA 增層板	增層法製程試產成功 1999 下半年開始量產
頎基	日本	1999 年	350 萬顆／月	PBGA、CSP	
慶豐		2000 年	新投入廠商	PBGA	

資料來源：工研院材料所 ITIS 計劃，1999/3 & 2000/3

CH4

參考文獻

1. 黃淑禎，李巡天，陳凱琪，"新世代半導體封裝材料技術與發展趨勢"，工業材料 170 期，頁 86-99，(2001)。

2. 郭嘉龍，"半導體封裝工程"，全華科技圖書公司，(1999)。

3. 李宗銘，"液狀半導體封裝材料技術與發展趨勢"，工業材料 151 期，頁 117，(2000)。

4. 范玉玫，"IC 封裝材料發展趨勢"，工業材料 151 期，頁 69-77，(1999)。

5. 葉政星，"引線架合金材料介紹"，工業材料 102 期，頁 63-69，(1995)。

6. 陸景頌，"IC 導線架模具之設計與製作"，機械工業雜誌 84 年 6 月號，頁 144-152，(1995)。

7. 范玉玫，"IC 封裝材料產業趨勢探討"，工業材料 163 期，頁 106-113，(2000)。

8. J. H. Lau, "Ball Grid Array Technology", McGraw-Hill, New York,1995.

習題

1. 試述封裝材料 EMC 的主要成份有哪些，添加各成份的功用又為何？

2. 試闡述覆晶封裝中所使用的封裝材料與應用的相關技術。

3. 試說明導線架蝕刻製程中的化學反應行為。

4. 通常積體電路導線架都有晶片座成型(Downset)的製程，試說明該製程的目的。

5. 當導線架在引腳數變得既多且引腳距縮小的發展趨勢下，如何在衝壓的製程中，避免引腳承受眾多的應力產生引腳偏位的情形。
6. 何謂增層式(Build-up)基板。

新世代的封裝技術

　　隨著電子產品在層次和功能上的提升，IC 元件可以歸納爲朝向多功能化、高速化、大容量化、高密度化和輕量化等輕、薄、短、小的趨勢發展，爲了達成這些需求，除了積體電路製程技術的進步之外，許多新穎的材料和封裝技術亦被開發出來。本節中我們將介紹這幾年新開發且常被應用的新型IC封裝技術：多晶片模組(Multi-Chip Module，MCM)封裝、引線覆蓋晶片(Lead-on-Chip，LOC)封裝、球腳格狀陣列(Ball Grid Array，BGA)封裝、覆晶(Flip Chip，FC)封裝、晶片型封裝(Chip Scale/Size Package，CSP)與三次元封裝(3-Dimensional Package)。

■ 5-1　MCM (Multi-Chip Module)

　　由於電晶體的速度持續增快且積體電路內電晶體的數目亦不斷增加，致使系統的速度不再受限於積體電路，而系統的瓶頸更移轉到了IC間的連線與封裝，為了彌補IC與PCB之間在聯線技術上的落差，多晶片模組(MCM)的概念便油然而生，其特徵為使用多層聯線基板來直接組合 IC 晶片與電路零件，使成為一具特定功能的系統組件，其最早的應用以1980年初美國IBM公司所開發的熱傳導模組(Thermal Conduction Module，TCM)為代表。

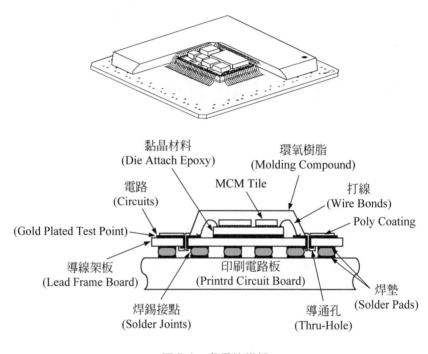

圖 5.1　多晶片模組

　　多晶片模組(MCM，如圖 5.1 所示)在觀念上類似印刷電路板，只是組裝在多晶片模組上的是未曾封裝的裸晶(Bare Chip)。由於採用 MCM 技術來進行封裝具有提升系統速度、縮小系統或模組的尺寸、使 IC 的 I/O數目不受外面封裝(DIP、QFP等)的限制，大幅提高電路聯線和元件組裝的密度和降低雜訊等優點，不僅使封裝元件更為輕、薄、短、小，並可增加成品的功能與可靠度，因此MCM封裝也成為近年來高密度、高性能的重要技術。如圖5.2所示是一個放在QFP封裝中的低階多晶片模組應用示意圖。

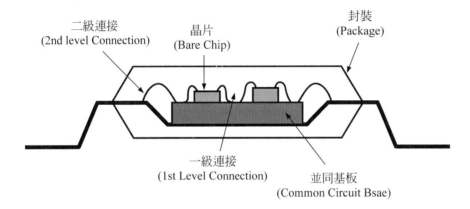

圖 5.2　多晶片模組示意圖

◼ 5-1-1　多晶片模組的定義與分類

　　MCM 封裝技術可區分為 IC 晶片連接與多層聯線基板製作兩大部分，在 IC 晶片與封裝基板的聯接部份，可以分為利用銲線接合、TAB 或 C4 技術完成，而在基板製作方面則是以基板製程特性來區別，根據 IPC-MC-790 的定義，將多晶片模組分為基礎的 MCM-C、MCM-D 和 MCM-L 三類(如表 5.1 為三種技術特性的比較)此外亦將介紹新開發的 MCM-S、MCM-O 和 MCM-V 等技術。

1.　MCM-C (MCM陶瓷基板)

　　　　"C"代表Ceramics，通常指的是共燒陶瓷基板，其特徵為該聯線基板的絕緣層為陶瓷，並運用網版印刷的方式來製作金屬導

線層及以厚膜金屬化的技術製成導體電路，最後再以共燒製程將
基板燒結而成。其多層陶瓷聯線基板的製作流程如圖 5.3 所示。

表 5.1　多晶片模組技術特性技術比較

基　　　　板	MCM-C Co-Fired Ceramic	MCM-D Silicon	MCM-L Low-K Dielectric
導體	W, Mo	Cu, Al, Au	Cu
厚度(μm)	15	5	25
線寬(μm)	100～125	10～25	75～125
線距(μm)	250～625	50～125	150～250
焊墊間距(μm)	200～300	100	200
最高層數	50 +	4～10	40 +
介電材料	Alumina	Polyimide	Epoxy/glass
介電常數	9.5	3.5	4.8
厚度／層(μm)	100～750	25	120
最小通孔徑(μm)	100～200	25	300
電氣特性			
Propagation Delay(ps/cm)	102	62	72
Sheet Resistance(mΩ/)	10	3.4	0.7
Line Resistance(Ω/cm)	0.8～1	1.3～3.4	0.06～0.09
Stripeline Capacitance (pF/cm)	2.1	1.25	1.46

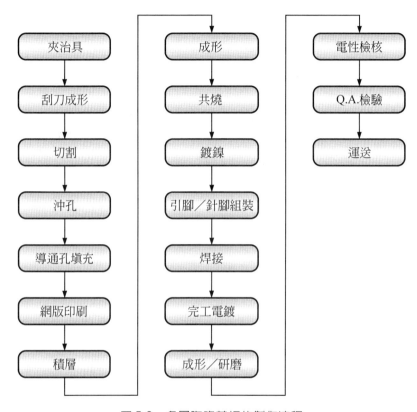

圖 5.3　多層陶瓷基板的製作流程

2.　MCM-D (MCM 沈積式薄膜基板)

　　"D"代表 Deposition，通常指的是沉積式薄膜基板，其特徵爲利用半導體製程的薄膜鍍著技術將導體與絕緣層材料交替疊合成多層聯線基板，由於它使用低介電係數的高分子材料當作絕緣層，再加上使用沉積式製程可以製作出的細線，故可以做成體積小但具有極高電路密度的基板，亦成爲目前微電子業者極力研究開發的技術。

3. MCM-L (MCM 層積式基板)

　　"L"代表Laminate，其特徵爲所製作的基板乃是以多層印刷電路板疊合技術製成，基板的絕緣板材乃是由高分子樹脂與玻璃強化纖維組成，由於 FR-4 環氧樹脂具有低廉價格與優良親和力的特性，故成爲最常見的高分子原料，其基本的製作步驟爲將數層製有電路圖形的織布疊片依設計需求熱壓黏合，再製作導孔以形成三度空間的電路聯線結構。當導孔製作完成後，將多層電路板最外層兩面的電路再以微影蝕刻技術製成，並電鍍增厚其外層銅箔電路以提升其承載強度，最後在其表面再附上一焊錫薄層作爲銅箔電路的保護層即完成整個製程。

4. MCM-S (MCM 半導體基板)

　　"S"代表以矽晶爲材料所做成的半導體基板，其技術特性乃是運用光蝕刻製程來形成非常細之導線。半導體的優點爲可以將一些元件(如電晶體和邏輯閘)直接製造在基板上，此外，由於矽基板的熱膨脹係數正好與 IC 的熱膨脹係數近似，故可以降低翹曲變形量。

5. MCM-O

　　"O"代表Optical，其特徵乃是利用系統頻率上升至微波頻帶時，將多晶片模組上的信號以光學傳輸的方式取代電流的傳導。而製作技術則是以薄膜製程的方式將導線做成光波導管。

6. MCM-V

　　"V"代表Vertical，意即層疊式多晶片模組或稱爲3D-MCM。其特徵爲直接將裸晶做處理，並將之堆疊成爲一立方體。其詳細內容亦將於5-6節 "三次元封裝(3 Dimensional Package)" 中作一完整的介紹。

■ 5-1-2 多晶片模組的發展現況

由於多晶片模組具有提升系統效能和縮小封裝尺寸的優點，故多晶片模組主要應用於無線通訊系統(如大哥大、呼叫器)和消費性電子產品(如筆記型電腦、PDA)等方面。然而，多晶片模組雖有許多技術的優點可以改善現有封裝技術的缺陷，但是也有幾項因素成為其發展的障礙，其中最主要的障礙便是良裸晶(Known Good Die，KGD)的供應。

雖然美國自1993年便成立KGD聯盟致力於KGD技術之開發，國際間亦有許多大廠成立特別的部門負責提供KGD的服務，讓要取得經過測試的裸晶不再是件難事，但目前似乎只針對技術成熟的IC，對於最先進的微處理器則不適用，此外，由於測試的成本必須附加在KGD上，導致KGD的價格相較於一般封裝IC仍偏高，亦是阻礙其市場成長的因素之一。

■ 5-2 LOC (Lead-on-Chip)

近年來，國內電子產業在市場需求和封裝技術的精進下，不斷蓬勃發展，尤其是在動態隨機存取記憶體(Dynamic Random Access Memory，DRAM)方面，在容量和晶片面積上更是以每三年分別做四倍和一點五倍增加，因此，在面對IC產品輕、薄、短、小之需求的同時，如何將愈來愈大的晶片封裝在最小的體積內，並保持良好的可靠度和電氣特性便成為電子封裝工程中的最大挑戰。

為此，引線覆蓋晶片(LOC)的封裝技術便可將塑膠封裝的面積縮小，使晶片面積佔封裝面積的比率達到85％，相較於傳統的塑膠封裝方式，約可縮小30%的封裝面積。

▓ 5-2-1 LOC 的封裝方式

　　LOC (Lead on Chip，如圖 5.4 所示)一詞最早見於 1988 年 5 月的日經期刊 Micro Device，由日立電線的村上元(Murakami)命名，顧名思義是引腳直接延伸到晶片上。此外，由於 LOC 技術具有導線架可在晶片上延伸及迴繞的特性，故此擺脫傳統結構的限制，即銲線墊(Bonding Pad)可以以中央、四周、混合或陣列等形式做配置，而不如以往般僅能分佈在晶片四周。

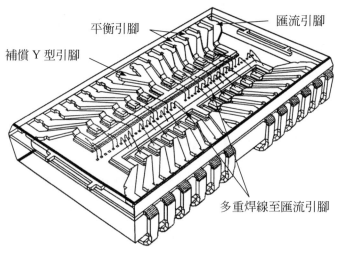

平衡引腳　　匯流引腳

補償 Y 型引腳

多重焊線至匯流引腳

圖 5.4　LOC

　　如圖 5.5 所示，傳統的封裝結構乃是在晶片載板上塗上黏膠，再將晶片固定在膠體上，最後利用銲線機銲線連接晶片上的銲線墊和環繞四周的內引腳；而 LOC 的結構則是以兩個附有拉著劑的膠帶(Tape)將導線架與晶片固定，並將引腳直接黏著在晶片上。

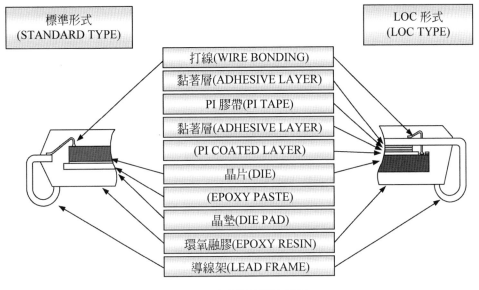

圖 5.5　LOC 結構比較圖

標準形式 (STANDARD TYPE)

LOC 形式 (LOC TYPE)

打線(WIRE BONDING)

黏著層(ADHESIVE LAYER)

PI 膠帶(PI TAPE)

黏著層(ADHESIVE LAYER)

(PI COATED LAYER)

晶片(DIE)

(EPOXY PASTE)

晶墊(DIE PAD)

環氧融膠(EPOXY RESIN)

導線架(LEAD FRAME)

5-2-2　LOC 封裝的製程

　　LOC 的封裝流程根據 HITACHI 在 1991 年所公開的資料顯示，其流程如圖 5.6 所示，其中膠帶乃是採用熱固型(Thermosetting)的材質，製程中並必須在黏晶動作的同時段間完成膠帶裁切與加熱黏著。而目前隨著技術的進步，膠帶多以熱塑型(Thermoplastic)的材質取代，以便預先(Pretape)裁切並黏貼在導線架上，以減少流程的步驟。

　　而 LOC 在黏晶動作上，機械的動作和功能可概分為下列五項：

1.　導線架處理：包含導線架取放、分度輸送、精密定位及引線架卸料。

2.　晶片處理：包含晶元處理、光學顯示、光學校正及晶片取放。

3.　膠帶應用：預貼膠帶(熱塑)、線上貼膠(熱固)。

4. 接合裝置：包含光學輔助式精密定位、晶片熱壓合及防止傾斜。

5. 機械彈性：容易換線及可選擇配備。

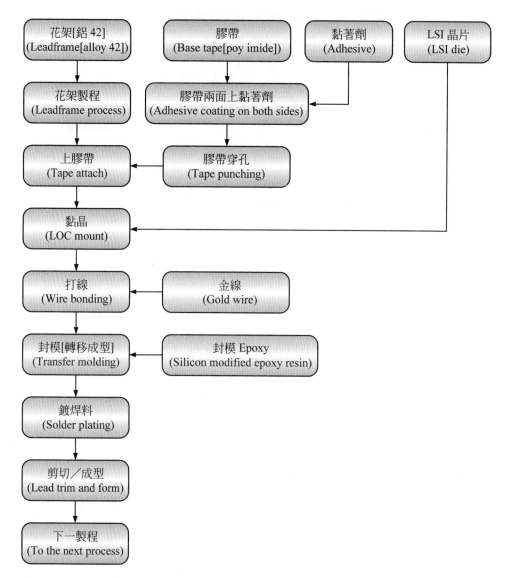

圖 5.6 LOC 的封裝流程圖(資料來源：Hitachi Review)

根據上述這五項基本功能，便架構出整個的黏晶動作，其詳細流程如下所述：

(1) 首先，取放導線架機構會將導線架與間隔紙(Spacer Sheet)分離，並將導線架放置於分度輸送帶上，先經過預熱(Pre-baking)烤箱後，再送至接合臺(Bond Station)上等待將導線架與晶片接合在一起。

(2) 另一方面，在晶片的處理上乃是先將切割(Dicing)完的晶圓黏著於晶圓膠帶(Wafer Tape)上，利用自動取料裝置將處理後的晶圓由料匣(Magazine)中取出，並放置在晶圓平台上供取放臂吸取晶片。

(3) 接著利用視覺辨識(Pattern Recognition)系統判讀晶圓上的記號[或是由晶圓辨識地圖(Wafer Mapping)判別好壞晶片]，經辨識後由取放臂將好的晶片取走。

(4) 在接合前再由視覺系統分別檢視接合臺上的晶片與導線架相關位置，確保接合時的準確性。

(5) 最後在接合的過程中，保持固定的接合溫度即可完成 LOC 的黏晶動作。

■ 5-3　BGA (Ball Grid Array)

在 90 年代初期，當時高腳數封裝的產品最主要仰賴 QFP 的技術，這乃是由於QFP封裝具有體積較小和有利產品的薄型化等優點，但當需進一步提升 QFP 的腳數時，便衍生出了許多的困難，由於 QFP 是周邊排列引腳的封裝，在不增加封裝尺寸的前提下，封裝腳數的增加只有靠縮小腳距的方式達成，由此，便導致 QFP 封裝技術面臨多腳化聯線技術、微細引腳成型技術、小腳距引腳的電路板銲接技術和散熱問題等發展上的挑戰。爲此，美國 Motorola 與日本 Citizen 公司爲了因應封裝多腳化的需求和解決 QFP 製程技術的問題便共同開發出新型態的封裝體-BGA (Ball Grid Array，球腳格狀陣列，如圖 5.7 所示)，其中和傳統單晶片之最大不同處，便是使用有機基板及錫球取代傳統之導線架(Leadframe)來作爲晶片的承載器及進行晶片 I/O 之再分佈。

圖 5.7　BGA

■ 5-3-1　BGA 的定義、分類與結構

所謂的 BGA 封裝乃是指單一晶片(或多晶片)以打線(Wire Bonding)、捲帶式(Tape Automated Bonding，TAB)或覆晶(Flip Chip)的接合方式和基板導線相連接(如圖 5.8 所示)；而基板本身具無引腳(Leadless)之錫球凸塊則以面積陣列分佈方式作爲 IC 元件向外連接的輸入／輸出端，最後 BGA 封裝可透過傳統 SMT 之迴焊(Reflow)製程和下一層之基板相連接。

(a) 打線接合(Wire Bonding)

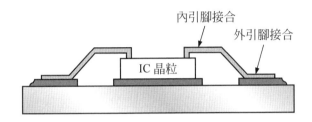

(b) 捲帶式接合(Tape Automated Bonding)

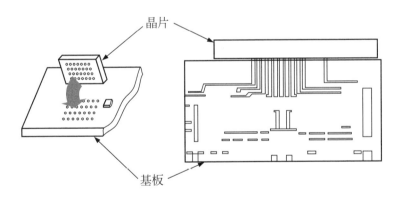

(c) 覆晶式接合(Flip Chip)

圖 5.8 BGA 晶片之接合方式

　　在分類上，BGA隨著使用基板(Substrate)材料之不同而有不同的稱呼，主要分為 PBGA(Plastic BGA)、CBGA(Ceramic BGA)、TBGA(Tape BGA)和MBGA(Metal BGA)四種。

1. PBGA (Plastic BGA)

PBGA 中的 "P" 乃是 Plastic 的簡寫，指的是剛性有機材料基板，目前大多數的PBGA基板是使用三菱瓦斯公司(Mitsubishi Gas Chemical Company)的 BT 樹脂(型號：CCl-HL832)。

PBGA 的開發，最早乃是由於 Motorola 有鑑於 BT 樹脂要比陶瓷材料價廉，且介電常數較低(故含有較佳的電器特性)，便以 BT 樹脂取代陶瓷基板，並與 Citizen 合作開發用於 BT 的模塑成型製程，稱爲OMPAC (Over Molded Plastic Pad Array Carrier；上覆式模塑焊墊陣列承載體)。

PBGA 的模塑成型方式主要分爲單邊模塑成型(One-Side Molding)和上覆式模塑成型(Over Mold)兩類。單邊模塑成型(如圖 5.9(a)所示)是目前大多數 BGA 所採用的型態；而上覆式模塑成型(如圖 5.9(b)所示)則是Citizen所開發設計，主要用於具有極高腳數多層基板的PBGA，優點在於能減少基板側面的吸水現象。

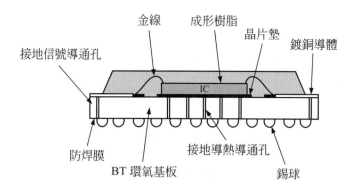

(a) 單邊模塑成型 PBGA

圖 5.9

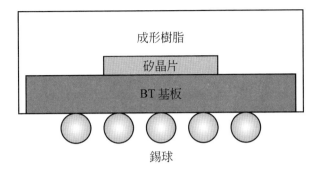

(b) 上覆式模塑成型 PBGA

圖 5.9 （續）

2. CBGA (Ceramic BGA)

CBGA 中的 "C" 乃是 Ceramic 的簡寫，指的是陶瓷基板。CBGA 的由來乃是因和 PGA (如圖 5.10(a) 所示) 相比，錫球要遠比合金 42 或銅針腳價廉且易於黏貼在晶片的承載體下方，及能解決 PCB 必須有貫穿孔以固定針腳 (不相容於 SMT)、100mils (2.54mm) 的腳距處理和針腳易彎不易安插等缺點，故 Motorola、IBM、Hitachi 及 NEC 等公司均將陶瓷 PGA 的針腳以錫球取代，並將之稱為 CBGA (如圖 5.10(b) 所示)。

CBGA 的結構以 IBM 50mils (1.27mm) 腳距無封蓋的 CBGA 為例 (如圖 5.11 所示)，可依多層 (Multi-Layer Ceramic，MLC，約為 9～20 層) 承載基板的不同尺寸來採用不同的焊接點：(1) 對於小於 28mm×28mm 的承載基板採用成份為 90％鉛／10％錫的錫球 (直徑 35mils 或 0.9mm)，稱之為錫球承載體／連接方式 (Solder Ball Carrier/Connection，SBC)，IBM 稱此為球腳格狀陶瓷封裝 (Ceramic Ball Grid Array，CBGA)；(2) 對於大於

CH 5

32mm×32mm的承載基板則採用相同成份的錫柱(8.7mils或2.2mm高，直徑爲 20mils 或 0.5mm)，稱之爲錫柱承載體／連接方式(Solder Column Carrier/Connection，SCC)，IBM 稱此爲柱形格狀陶瓷封裝(Ceramic Column Grid Array，CCGA)。其中，愈大的承載體可採用愈高的錫柱以增加其彈性和減少來自於陶瓷承載體($6×10^{-6}$m/m-℃)和 FR-4 環氧樹脂 PCB($18.5×10^{-6}$m/m-℃)兩者間因熱膨脹不匹配所引起的剪應變(Shear Strain)；此外，將錫柱植於 MLC 基板上有兩種方式，一種是以63％錫／37％鉛的焊錫熔焊，而另一種是將高鉛焊錫鑄(Cast)於承載體上，以增加熔焊時承載體的穩定性。

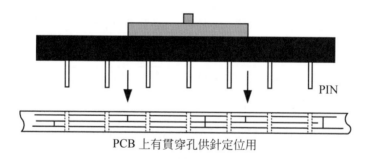

PIN

PCB 上有貫穿孔供針定位用

(a) 針腳格狀陣列陶瓷封裝(PGA)

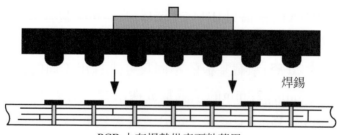

焊錫

PCB 上有焊墊供表面粘著用

(b) 球腳格狀陣列陶瓷封裝(CBGA)

圖 5.10

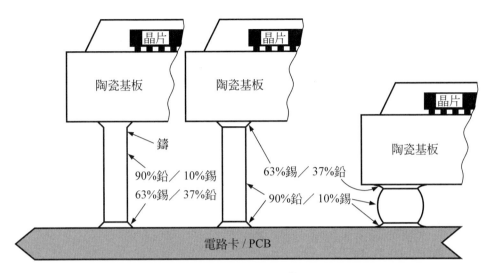

圖 5.11 CBGA 結構圖

3. TBGA (Tape BGA)

　　TBGA中的"T"乃是Tape的簡寫，指的是薄膜軟性有機材料基板。TBGA 的結構圖以圖 5.12 中使用面分佈陣列的 TAB 技術的 IBM TBGA 為例，其結構主要包含：基板含有接地層及信號層兩金屬層；晶片上利用 95％鉛／5％錫凸塊的 C4 技術；內引腳(將具焊錫凸塊的覆晶接合至具銅-鎳-金屬的捲帶上)可用脈衝加熱方式(Pulse-thermode)或熱風方式熔焊；填充底膠來解決晶片($2.5×10^{-6}$/℃)與銅箔($17.5×10^{-6}$/℃)捲帶間熱膨脹係數不匹配的問題；將供晶片和填充底膠置放的中空銅片貼在具兩金屬層的捲帶上，以保持封裝的平整度和剛性；基板下方焊有成份為90％鉛／10％錫的錫球(直徑為 25mils 或 0.65mm)，並以 50mils 的腳距做面陣列的分佈。

CH5

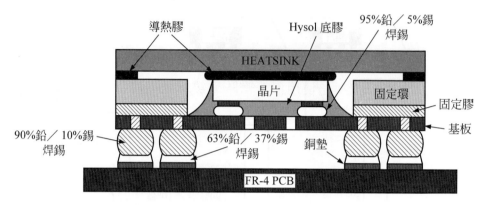

圖 5.12 IBM 的面分佈 TBGA

4. MBGA(Metal BGA)

    MBGA 中的 "M" 乃是 Metal 的簡寫,指的是鋁質基板。
MBGA 因 I/O 數可達 1000 以上,且具有低電感、低電容的優良
電器特性,故適用於做高傳輸的應用,其結構如圖 5.13 所示。

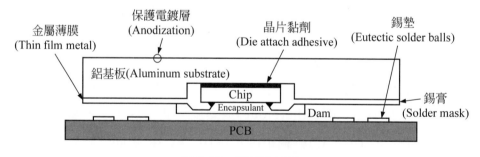

圖 5.13 MBGA 結構

■ 5-3-2 BGA 的優異性

    BGA 乃是為了回應市場低成本、高 I/O 數目、高運算速度、單位晶
片多功能和較小的元件尺寸而被發展出來的,因此,相較於傳統的細腳

距塑膠引腳封裝，PBGA具備了眾多的優異性，更成為近代封裝元件的主流：

1.　較小的封裝尺寸

由於 BGA 是使用面分佈陣列錫球界面接合而不是周邊引腳接合，使得IC擁有較高的接合密度和較小的腳位面積(Footprint)，再加上基材的外部暴露，使得封裝厚度小於 QFP 封裝型式約30～50％。

2.　無引腳化

BGA採用錫球來代替接腳(Lead)連接，減少因測試、彎腳、對位不準所造成之生產損失。

3.　高表面黏著組裝率

由於焊墊設計和共熔焊錫凸塊技術的使用，降低在傳統塑膠封裝上容易造成良率損失的三個主要因素：(1)由於扭曲或不良引腳的共平面度所造成的開路；(2)由於焊錫橋接所引起之接點間短路；(3)由於封裝置放錯位或移動所造成的開路或短路。

4.　高產能

因容許較寬鬆之置放準度和可重複之組裝製程，因而有較高之產能。

5.　低成本

由於和現有 SMT 製程相容，因此不須做額外主要設備的投資，再加上省去了導線架(Leadframe)和從基板到導線架間的界面接合製程，成本自然降低。

6.　電氣特性的改良

因較小的腳位得到較短的電子路徑(Electrical Path)，降低了電感、信號延遲，此外，並建立至電源／接地平面的較短路徑，使電流回歸路徑(Circuit Return Path)的長度縮短，降低層間的壓降和獲得非常低的電源/接地電感。由於信號和電源／接地路徑的變短，獲得較低的電阻，使得很多電路能在較低的電源水平運作。

7.　容易設計和建立電子模型

BGA 的結構簡單，僅有一個基板上方封裝結構來設計和建立模型，因此能縮短產品設計和分析的時間。

8.　可塑性強

具有未來展望之散熱強化設計及承載多晶片之潛力。

■ 5-3-3　技術趨勢和未來發展

BGA技術的發展除了帶動IC元件的革命外，在未來亦將與MCM、CSP、Flip Chip等新世代的封裝技術相結合，以進一步提升封裝密度和產品效能。

1.　I/O 數目的增加

I/O 數的需求在PBGA中已急速的增加，目前已量產之BGA封裝其 I/O 數在 120～580 之間，在研發中之封裝其 I/O 數在 600～1000 之間，估計在未來產品需求的I/O數可能達 1000 以上。

2.　PBGA 基板的技術

PBGA基板技術可從廣大的基盤(Infrastructure)和現存PCB工業上的投資中獲取優勢。目前除了集中在開發較低溼氣吸收的 PCB 材料、較乾淨的樹脂系統，改良清潔流程、介電層的黏著外，且朝向高速基板、增層式基板和有加強散熱的PBGA封裝設計努力。

3. 焊線接合

　　　　由於焊線接合的彈性和低成本，使得今日 IC 的界面接合有
96～97％仍採用焊線接合。

4. 覆晶技術的結合

　　　　結合電氣性能增益之較高密度趨勢是市場投資覆晶的主要原
因，此外，覆晶封裝的導入，亦能符合市場的需求，獲得較薄的
封裝元件。

5. Super BGA 的研發

　　　　對於高性能的運用，Amkor/Anam 已經發展出新的 Super
BGA™ (也稱為 SBGA™)技術，能用來幫助設計者解決最棘手的
電性和散熱需求。

　　　　SBGA 技術的主要優點是它的設計簡單、成本低、外型非常
薄、重量輕和具有優良的可靠性，適合高或低 I/O 數的運用，另
外內部的電源和接地層亦可以很快的合併在封裝內。

■ 5-4　FC (Flip Chip)

　　覆晶(Flip Chip，如圖 5.14 所示)技術起源於 1960 年代，當時 IBM
開發出以控制接點高度為精髓的技術，並將之命名為 C4(Controlled
Collapse Chip Connection)技術。雖然 C4 接點架構技術是一大突破，
但在當時由於內部技術不公開、專利之限制、高成本及市場需求尚未成
熟等的影響下，使其應用產品僅限於高階電腦，FC 並未能成為主流的
技術之一。然而近年來，由於專利保護已逐漸到期，再加上半導體技術
與產品的日新月異，為滿足高階技術的發展、低產品成本、元件整體封
裝效能與封裝尺寸的需求，以及在特定晶粒高 I/O、高時鐘頻率的要求，
FC 已成為最佳的選擇。這乃是由於 FC 與其他傳統的 Wire Bond 和 TAB
技術相比，除有如表 5.2 所列之優點外，更具有接合引線短、傳輸遲滯

CH **5**

(Propagation Delay)低、高頻雜訊易於控制、Self-inductance 低(為
0.1~0.4nH 而 Wire Bond 為 2.0~4.0nH)等特性。覆晶在封裝形式上有
FCIP(Flip Chip in Package，如圖 5.15 所示)及 FCOB(Flip Chip on
Board，如圖 5.15 所示)兩種，FCIP 比 FCOB 可重工性高，且匹配現有
的 SMT(表面黏著技術)製程，市場成長較快，主要應用在內部狹小的空
間及元件的 I/O 在 500 以下之產品，如行動電話、掌上型攝錄機、個人
數位處理器(PDA)等產品。

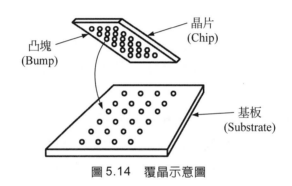

圖 5.14　覆晶示意圖

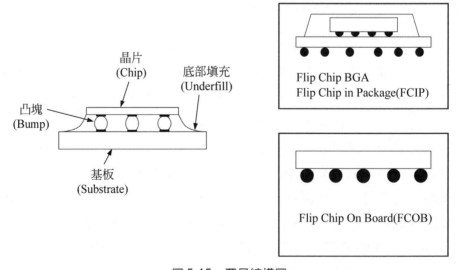

圖 5.15　覆晶結構圖

表5.2　打線接合、捲帶接合及覆晶接合之比較

	打線接合 (Wire Bond)	捲帶接合 (TAB)	覆晶接合 (Flip Chip)
面積比	1	1.33	0.33
重量比	1	0.25	0.2
厚度比	1	0.67	0.52
I/O	300～500	500～700	> 1000
矩陣接點間距(mil)	NA	NA	10
環列接點間距(mil)	4～7	3～4	8

　　所謂的覆晶技術(Flip Chip Technology)乃是指以金屬導體將裸晶以表面朝下的方法與基板(Substrate)連結的技術。其中金屬導體在應用上可以為金屬凸塊(Metal Bump)、捲帶接合(Tape-Automated Bonding)、異方性導電膠(Anisotropic Conductive Adhesives)、高分子凸塊(Polymer Bump)、Wire Bond…等物(如圖5.16所示)，其中以金屬凸塊為當前覆晶接合技術的主流。

　　當前覆晶的關鍵技術主要區分為 Bumping(凸塊接點製作)、KGD(裸晶測試)、Bonding(覆晶接合)、Underfill Dispensing(填膠)、Module Test(封裝模組測試)等數個單元。其中Bumping、KGD皆有專業代工廠接受委託，封裝廠跨入 FC 領域一般皆由覆晶接合及填膠工程等技術切入。本文將針對凸塊接點製作、覆晶接合、底部填膠工程等三部份作一介紹。

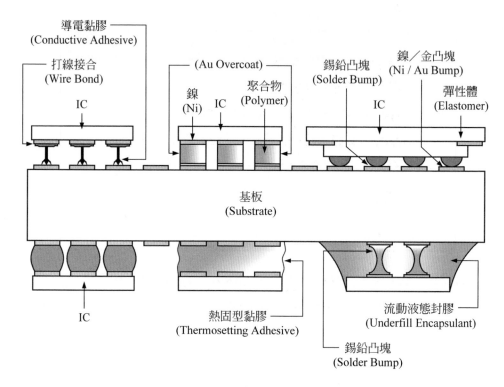

圖 5.16 各種形式之覆晶技術

■ 5-4-1 凸塊接點製作

錫鉛合金是目前最常被使用當作覆晶接合的材料之一。一個可靠性高的錫鉛凸塊(Solder Bump)接點，其結構主要是由兩部份(如圖 5.17 所示)所組成：一為Ball Limiting Metallurgy (BLM)，亦稱為Under Bump Metallurgy (UBM)；另一為錫鉛球(Solder Ball)本身。

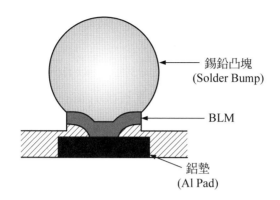

錫鉛凸塊
(Solder Bump)

BLM

鋁墊
(Al Pad)

圖 5.17　錫鉛凸塊的結構

其中BLM具備應力低、黏著性佳、抗腐蝕性強及沾錫性好等特性，且通常是由三層金屬所組成：

1.　黏附層 (Adhesive Layer)

以 Ti、Cr、TiW 等金屬為主，主要功能在於與鋁焊墊(Al Pad)及防護層(Passivation Layer)形成較強的黏著性。

2.　沾錫層 (Wetting Layer)

以 Ni、Cu、Mo 及 Pt 等金屬為主，由於此類金屬與 Solder 之潤溼(Wetting)程度較高，高溫重流(Reflow)時 Solder 可完全沾附於其上而成球。

3.　保護層 (Protective Layer)

以Au或其他貴金屬為主，其目的在於破真空時使Ni、Cu免於被氧化，以保持其對 Solder 之潤溼的效果。

而目前常被使用的 Solder 亦有兩種比例的錫鉛組成：

1.　5Sn/95Pb (或 3Sn/97Pb)

其熔點約為305～320℃，Reflow時所需的溫度約為360℃，以此組成做組裝時，所需搭配的基板通常為可耐高溫的陶瓷基板

(Ceramic Substrate)。

2. 63Sn/37Pb (或 40Sn/60Pb)

其熔點約為共晶溫度(183℃)，Reflow 時所需之溫度約為 215～230℃，可適用於有機基板(Organic Substrate)之組裝。在覆晶技術的應用上，我們可依產品用途、成本元素、環境考量及製程成熟度等因素來相互搭配(如圖 5.18 所示)，以完成傳輸速度快，可靠性高的接合(Interconnection)。

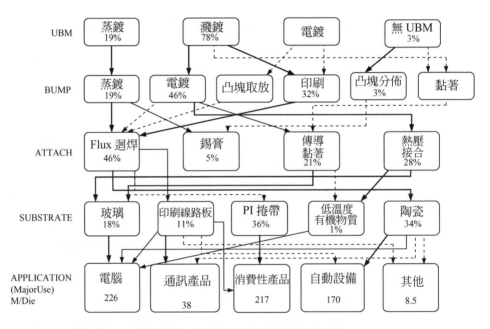

圖 5.18　覆晶技術之製程種類及應用

在凸塊的製作技術上，由圖 5.18 可知乃是以蒸鍍(Evaporation)、電鍍(Electro Plating)及印刷(Stencil Printing)三種技術為主，這三種技術的應用及特性如表 5.3 所示。

表 5.3　凸塊製作技術的比較

凸塊製作技術	技術特性與說明	應用此技術的廠商
蒸鍍 (Evaporation)	1. 已成功的驗證了 30 多年 2. 金屬罩對位的精確度限制了此技術在細微間距(Fine Pitch；＜150)的應用 3. 因其製程特性限制其產能為 10～12 片 8 吋晶片/hr 4. 適用蒸汽壓較高之材料	IBM Motorola
電鍍 (Electro Plating)	1. 以電鍍技術製作凸塊的價格約為用蒸鍍技術的一半 2. 其缺點在於因電鍍過程中電流密度的分佈不均勻、陽極與晶片之距離不適當及鍍液流動之方式造成凸塊高度及組成的均一性變差 3. 可製作兩種不同金屬組成的凸塊	Texas Instruments Motorola National Semiconductor Aptos Semiconductor OKI Electric
印刷 (Stencil Printing)	1. 目前成本最低、Throughput 最高的凸塊製作技術 2. 金屬成份控制精確 3. 可製作含多種金屬成份的凸塊 4. 受限於 Paste 中錫鉛粒子的大小(目前最小為 20～30μm)，而較難製作間距(Pitch)小於 150μm 以下之凸塊	Delco Electrics(DE) Flip Chip Technologies (FCT) Lucent Technologies PAC Tech

1. 蒸鍍(Evaporation)

　　IBM 是最早將蒸鍍技術應用於 BLM 和 Solder 沈積的公司，IBM 稱此技術為 Controlled Collapse Chip Connection(C4)技術，其製造流程如圖 5.19 所示。

(1) 晶片清洗

　　利用電漿以去除晶片表面之氧化物及殘留之光阻，並將防護層及鋁焊墊(Al Pad)的表面粗化，以增強其與 BLM 之間的附著效果。

CH5

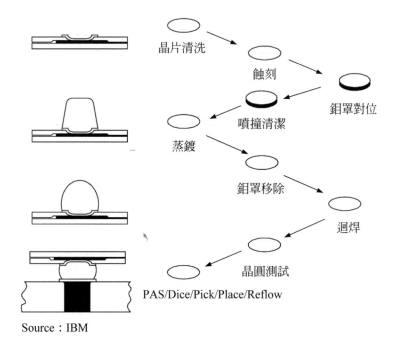

Source：IBM

圖 5.19　IBM 的 C4 蒸鍍製程

(2)　金屬罩

　　　C4 技術使用鉬(Molybdenum)當作金屬罩(Metal Mask)以定義 BLM 及錫鉛凸塊的圖形大小。其做法乃是將金屬罩對位(Alignment)放置於晶片的表面上，並以一組夾具將其固定。

(3)　BLM 沈積

　　　在蒸鍍機(Evaporator)中依次將適當厚度之 Cr-Cr/Cu-Cu-Au 分別沈積於晶片表面。一般而言，Cr = 1KÅ，Cr/Cu = 3KÅ，Cu = 4KÅ。

(4)　錫鉛蒸鍍

　　　先將鉛沈積在 BLM 表面，再將錫沈積於其上。此技術的關鍵在於藉由沈積時間、能量大小及材料的特性獲得組成不同的錫鉛比例以及利用金屬罩與晶片表面的距離及金屬罩本身開孔的大小來控制錫鉛凸塊的高度，一般而言，其高度約可達$100\sim125\mu m$。

(5) 成球

將晶片置於N_2的爐管中，當溫度高於錫鉛之熔點時，錫鉛凸塊將變為液態，並在冷卻的過程中因內聚力的作用而成球形。

2. 電鍍(Electro Plating)

電鍍技術在電路板工業已被使用多年，更由於其設備成本、製程成熟度及成本和其所佔有的空間考量，使其在覆晶接合技術上佔有一重要地位。其中 Cr-Cr/Cu-Cu-Au 之組合是目前 High Lead Solder(3～5 % Sn)製程中所採用之 BLM，此外，由於 Cu 與 Sn 的擴散現象，易產生 Cu_6Sn_5、Cu_3Sn 等介金屬化合物，對於凸塊的機械強度、結合強度、導電性及熱疲勞性質均有不良的影響，必須設法解決。典型的電鍍技術凸塊製造流程如圖 5.20 所示。

(1) 晶片清洗

利用電漿以去除晶片表面之氧化物及殘留之光阻，及將防護層及鋁焊墊(Al Pad)的表面粗化，以增強其與 BLM 之間的附著效果。

(2) BLM 沈積

依次將適當厚度 Ti、W、Cu(或將Cu電鍍增高)、Au 以濺鍍或蒸鍍的方式沈積在晶片上。BLM 在電鍍製程中有兩大功能，其一為當作Solder的黏附、溼潤及保護層，其二為當作電鍍時導通陰極的 Electroplating Bus。

CH 5

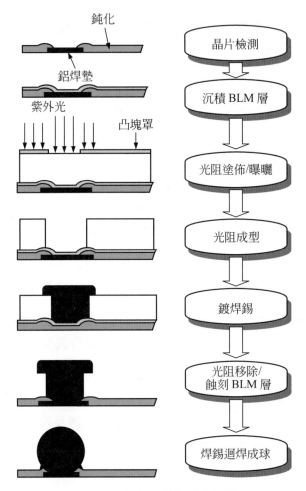

圖 5.20　錫鉛凸塊電鍍流程圖

(3)　微影成相

　　　以旋轉塗佈(Spin Coating)的方式將 45～70μm 厚的光阻均勻地塗佈在 BLM 表面上，再使用曝光／顯影製程將欲電鍍的圖案(Pattern)定義出來。

(4) 錫鉛電鍍

使用噴流式(Spin Coating)或掛架式(Rack Type)的電鍍技術，將適當組成及適當高度蕈狀(Mushroom)的錫鉛凸塊電鍍於(3)所定義的圖形中。

(5) 光阻去除/BLM 蝕刻

先用適當的溶劑或顯影液將晶片上之光阻完全去除，再使用適當的蝕刻液將裸露於凸塊之外的 BLM 蝕刻乾淨。

(6) 成球

將晶片置於N_2的爐管中，當溫度高於錫鉛之熔點時，錫鉛凸塊將變爲液態，並在冷卻的過程中因內聚力的作用而成球形。

3. 印刷(Stencil Printing)

印刷技術的製造流程如圖 5.21 所示。

(1) 晶片清洗

利用電漿以去除晶片表面之氧化物及殘留之光阻，及將防護層及鋁焊墊(Al Pad)的表面粗化，以增強其與 BLM 之間的附著效果。

(2) BLM 沈積

依次將適當厚度 Ti、W、Cu 和 Au(或其他適當的金屬)以濺鍍或蒸鍍的方式沈積在晶片上。

(3) BLM 蝕刻/光阻去除

以旋轉塗佈的方式將 2～4 厚的光阻均勻地塗佈在BLM表面上，之後使用曝光／顯影製程將凸塊的BLM區域定義出來，並使用適當的蝕刻液將裸露的 BLM 蝕刻乾淨，最後使用適當的溶劑或顯影液將晶片上之光阻完全除去。

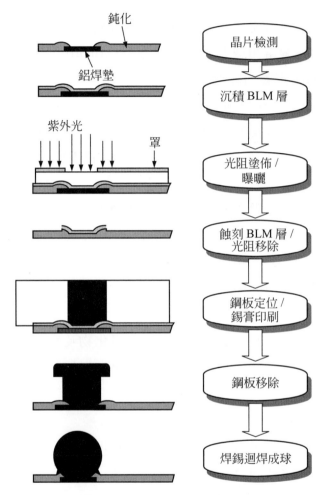

圖 5.21 鉛錫凸塊印刷流程圖

(4) 錫膏(Solder Paste)印刷

將錫膏以刮刀透過鋼板(Stencil)孔動均勻地轉印於已定義
出 BLM 區域的晶片上。

(5) 成球

　　將晶片置於N_2的爐管中，隨著溫度的上升，錫膏中的溶劑將揮發掉而變成固態，當溫度持續升高且高於錫鉛之熔點後，錫膏將變成液態，最後在冷卻的過程中，錫鉛凸塊將因內聚力的作用而成球形。

■ 5-4-2　覆晶接合

　　如圖 5.22 所示，標準的 FC 組裝製程可分為 10 大步驟，在整體製程中，技術的瓶頸發生在填膠時，由於 Underfill 乃是藉由毛細現象而自由流動，故對於流動時間無法準確掌握，再加上固化的時間亦長，導致產能無法提升。為此，Underfill 的材料業者將材料做進一步的改良，將助焊劑、Underfill 兩種材料合而為一，開發出新型的 Non Flow Underfill (簡稱 NFU)。在使用上，乃是在 FC 置放前先將 NFU 塗佈於基板，迴焊時 NFU 便能同時完成固化過程(有些廠牌的 NFU 需經過 30 分鐘的二次固化)，完全省掉填膠的步驟，將製程縮減為 8 大步驟(如圖 5.23 所示)。

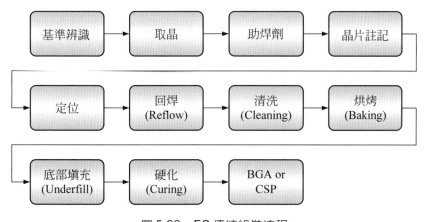

圖 5.22　FC 傳統組裝流程

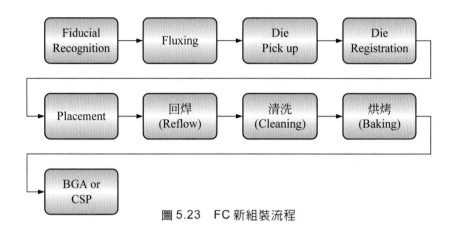

圖 5.23　FC 新組裝流程

　　圖 5.24 所示為 FC 傳統組裝製程和新組裝製程的比較圖。雖然 NFU 的開發改善了 Underfill 的缺點，省略熔膠流動和固化的時間，大幅提高產能，但亦有許多缺點和關鍵問題尚待改善：

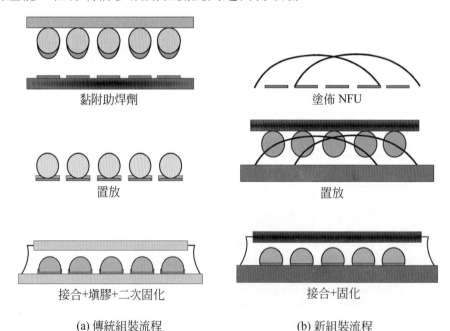

(a) 傳統組裝流程　　　　　　　(b) 新組裝流程
圖 5.24　新舊組裝流程示意圖

1. NFU塗佈的量要精確計算及控制塗佈範圍勿散佈至非組裝區。

2. FC置放後，FC和基板間易包住氣泡(尤其是中央部份)不易排出，要藉助真空系統抽出氣泡。

3. NFU的表面張力會將覆晶晶粒往上推，使其脫離基板，故晶粒置放後，必須保持下壓力量，待 NFU 填滿晶粒邊緣並確定每一接點都有接觸到，取置頭(Head)才能脫離晶粒(如圖5.25所示)。

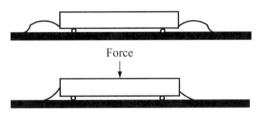

圖5.25　新製程置放後保持定位

4. 凸塊和焊墊(Pad)接面之間存在NFU，迴焊性仍待驗證。

5. 迴焊中FC浮離焊墊造成接點開路。

6. 為使氣泡散出，迴焊溫度需精確的控制，因而增加迴焊複雜度。

7. NFU阻礙晶粒移動，使自行對位(Self Alignment)效果不顯著，故對於晶粒對位置放的精確度便需提升。

8. 焊墊、基準點被NFU覆蓋，影響對位。

此外，在覆晶接合組裝製程中，相關的組裝參數(如晶粒、基板、助焊劑等各材料的性質，溫度、溼度等製程環境條件)環環相扣，會直接或間接影響產品的品質及可靠性，故在組裝時必須審慎的評估。

■ 5-4-3　底部填膠製程(Underfill)

如圖5.26所示，所謂的填膠製程乃是利用毛細現象填膠(Capillary)來完成基板和晶粒之間的晶隙填膠(Underfill Dispensing)，由於其所牽涉的理論層面包含熱力學、流體力學、化學和應力學等方面,故在填膠前必須先藉由DSC(差掃描熱分析儀)的分析圖來設定正確的工作溫度,並利用相關的理論公式來計算熔膠流動的時間及精確的點膠量,以確實掌握填膠製程。

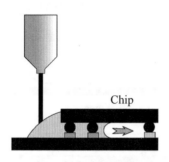

圖 5.26　毛細現象填膠法

通常在熔膠流動時間的計算公式上乃是利用式(5-1)來預估:

$$t(x)|_{x=L} = \frac{3 \cdot \mu \cdot L^2}{\Gamma \cdot h \cdot \cos\theta} \tag{5-1}$$

t：流動時間

μ：黏性係數

L：流動路徑長度

Γ：膠材表面張力

h：基板表面至晶粒表面之間隙高度

θ：角度(通常θ值廠商很少提供,且不易量測)

而在點膠量的計算公式上乃是利用

$$V = V_c - V_b + V_f$$

V_c：基板和晶粒之間空隙的體積

V_b：凸塊總體積(＝凸塊體積×凸塊數目)

V_f：晶粒邊緣膠量

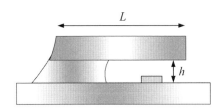

■ 5-5 CSP (Chip Scale Package)

IC封裝技術對現代電子產品的發展趨勢來說，為了達到小型化的需求並同時改善品質與降低成本，主要分為以下五個技術層次：

1. 標準 SMT (50 mil Pitch)

2. Fine Pitch (20～25 mil Pitch)

3. Ultra-fine Pitch (20 mil Pitch 以下)

4. Array (BGA)

5. Chip Scale Package (CSP)：Micro BGA

根據日本電子機械工業會(EIAJ)電子元件裝配技術委員會於 1995 年 6 月對 CSP 做了如下的定義：(1)封裝尺寸小於晶片尺寸20％以下之封裝總稱，(2)封裝型式為現有封裝品的衍生(例如 BGA、LGA、SON 型等)。而 CSP 能成為最具發展潛力的封裝技術，除了如字面上所述，能大幅縮小產品的尺寸外，最重要的是具有以下之優點：

1. 封裝體小型化，可以適用於各種短小輕薄的產品

2. 可以當作KGD(Known Good Die)在 MCM 的應用

3. 具有封裝(PGK)功能,也就是具備:
   (1) 晶片保護功能
   (2) 應力緩和功能
   (3) 尺寸匹配(間距變換)
   (4) 規格可以標準化功能
   (5) 操作安全且方便
   (6) 可以利用現有的產業基礎從出貨、測試、選別至 PWB 組裝,
       幾乎可以利用現有的產業設備為之

■ 5-5-1 CSP 的構造

CSP在構造上,如圖 5.27 所示主要可分為使用載體(Carrier)的介入物(Inter-poser)和使用樹脂密封成型的型態兩大類,其中載體的型態又可根據其使用的材料再劃分為以軟性之 TAB 技術為主的膠帶型式和使用硬性之陶瓷與樹脂基板的載體型式。另外,亦有根據所使用的裝配技術而劃分的打線(Wire Bonding)方式、TAB 結合方式所發展的穿孔(Through Hole)方式以及使用 FC 裝配技術等三種構造。

而對於CSP要決定採用哪一種構造設計,主要是依下列三點為考量(如圖 5.28 所示):

1. 與裝配基板的熱膨脹係數之匹配

   由於晶片材料基本上為矽(膨脹係數為 2.6ppm),與 PWB 的玻璃環氧樹脂(膨脹係數為 13〜18ppm)之膨脹係數有不小的差距,故在封裝時對於應力的緩和便會特別要求,一般而言,所採取的處理對策便是加入底膠(Underfill),以大面積分散應力,避免在錫球上產生應力集中的現象,造成破壞。

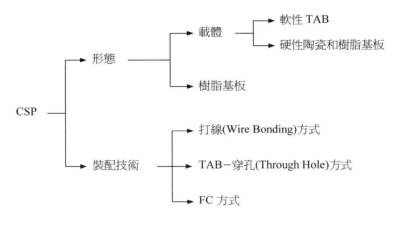

圖 5.27 CSP 的構造分類

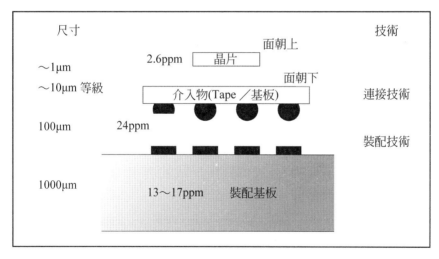

圖 5.28 BGA/CSP 的基本設計構成

2. 和晶片之連接技術

　　為了要讓元件標準化，就必須統一端子內容，而決定晶片的連接是採晶片向上或向下之方式，乃是受到電路構成的限制，為此亦成為製作上的一大課題。

3. 焊錫焊接技術

　　錫球焊接的技術，乃為 QFP 等 IC 元件所沒有使用過的新技術，錫球的直徑要小、強度要夠強、焊接時定位的精確性乃是該技術要求的重點。

■ 5-5-2 CSP 的製作方法

　　若依據在工程上的順序，CSP 的製作方法可以分為以黏晶(Mount)與結線(Bonding)為主的前工程 FEL (Front End Line)，以及以端子加工為主的後工程 BEL (Back End Line)等兩大類，針對不同的 CSP 種類其說明如下：

1. FEL(Front End Line)

　　(1) 載體型式

　　　　其載體為以陶瓷、玻璃環氧樹脂等介入物混合 BT 樹脂所製作而成的樹脂基板以及 PI 膠帶。此一載體型式的 CSP 其結構示意如圖 5.29 所示，包含在黏晶技術中使用銀膠，然後再做結線，也就是微精細間距(Fine Pitch)BGA 的方法，以及預先在晶片上形成由 Au 或焊錫所形成的突出焊點，也就是作成 FC 的型式，再將此和載體結合。

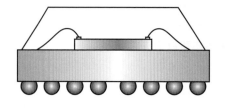
(a) 朝上型(結線)

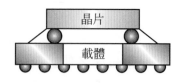
(b) 朝下型(覆晶)

圖 5.29　載體型式之 CSP

(2) 膠帶型

　　膠帶型式的 CSP 如圖 5.30 所示主要可分為金束結線型 (Beam Bonding Type)、穿孔結線型(Through Hole Type)和微細間距(Fine Type) TBGA 型等三種。就 PKG 的功能而言,膠帶型不論在保護功能和應力緩和上,都比載體型式要弱一些。在應用上,最常見的例子為 Tecera 的構造,也就是在 TAB 膠帶上設焊接凸點(Bump),使用 TAB 端子使其與晶片連接,並利用俗稱 Elastomer 的柔軟材料來形成鵝腳型的柔軟端子,以藉此吸收熱應力。

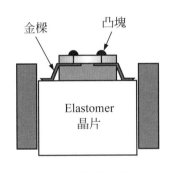

(a) 金束結線型

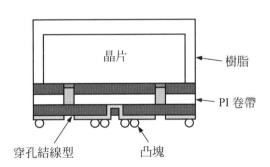

(b) 穿孔結線型

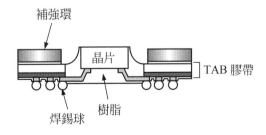

(c) 微細間距 TBGA

圖 5.30　膠帶型式的 CSP

(3) 樹脂密封型

　　樹脂密封型的 CSP 如圖 5.31 所示，主要可分為無端子型和覆晶型兩種，前者和現有的SOP一樣，只是沒有端子外露，後者顧名思義乃是採用覆晶的製程方法，將其模型化。

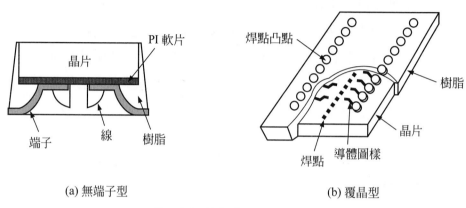

(a) 無端子型　　　　　　　　　　　(b) 覆晶型

圖 5.31　樹脂密封型式之 CSP

2. BEL(Back End Line)

(1) 焊錫球的形成

　　焊錫球形成的方法主要是利用治具將錫球並列裝載。

(2) 切斷工程

　　切斷時一般主要利用晶片切割時所使用的切刀設備或使用雷射加工方式來進行，而在膠帶型式的CSP上，由於不使用模具，亦可使用非接觸方式切斷來進行。

■ 5-5-3　CSP 的特性

　　為了滿足客戶的需求和時代趨勢的發展，CSP如圖 5.32 所示致力在功能、價格及可靠度三大項目上做努力，期能達到標準化的要求和技術的提升。

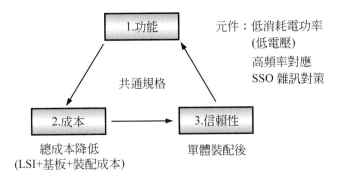

圖 5.32　CSP 的特性

1.　元件的功能

　　　CSP的功能重點著重在裝配密度、頻率特性、熱電阻和裝配技術的要求。

2.　成本

　　　爲了減少成本，必須將產品在企劃階段之初，從規格至裝配全盤加以考慮，並輔以製造的容易性、使用的便利性等觀點來檢討，期能使總成本(包含半導體元件成本、裝配成本和基板成本三項)大幅降低，以提升產品的競爭力。

3.　可靠度

　　　爲了使CSP的產品能被市場接受，因此根據實際封裝時的環境和元件所保證的溫溼度範圍，來訂定出一系列的測試條件(如表 5.4 所示)，以確保其符合可靠度的要求。此外，由實際的測試結果中可知影響CSP可靠度的最大因素爲接合部位的構造、材料本身的強度以及各材料間接合時的密著強度。

CH 5

表 5.4 可靠度測試基準

試驗項目	條 件
溫度循環試驗(TCT)	− 40～125℃，20 min 1000 cycles
高溫高溼試驗(HAST)	110℃，85 % RH 1000 hrs
高溫試驗(HSLT)	150℃ 1000 hrs
高溫高溼偏壓(HHBT)	85℃，85 % RH，Static 5V 1000hrs

■ 5-5-4 CSP 的發展現況

促使 IC 封裝元件發展的原動力乃是從電性的功能、空間的限制及成本上來考量，而和其他封裝型式相比，CSP 具有較佳的封裝特性(如表 5.5 所示)。

表 5.5 CSP 與其他封裝技術的特性比較

	PGA	PQFP	BGA	TBGA	CSP
I/O Count	208	208	225	224	313
Lead Pitch(mm)	2.5	0.5	1.27	1.27	0.5
Footprint(mm^2)	1140	785	670	530	252
Height(mm)	3.55	3.37	2.3	1.5	0.85
Inductance(nH)	3-7	3-5	3-5	1.3-5.5	0.5-2.1
Capacitance(pF)	4-10	0.5-1.0	1.0	0.4-2.4	0.05-0.2
ΘJC，℃/W	2-3	0.5-0.6	10	1.5	0.2-2.0
Pkg to Die Area Ratio	11	8	7	5	1
Density (mm^3/lead)	19.45	12.72	6.35	3.55	0.68

表 5.6　IC 製造商的組裝廠所研發的晶片尺寸封裝(CSP)

廠商	開發中之 CSP 尺寸、腳數	包裝之晶片	介層材料	晶片至介層材料之連接方法	外引腳	備註
松下電子	13mm 平方、165 腳(1.0mm)	微處理器			腳墊(Land)	試樣 1995、1 月
	13mm 平方、165 腳(1.0mm)	IC 晶片	陶瓷基板(2～4 層)	覆晶黏接使用金凸塊和 Ag Pd 膏	腳墊(Land)	
	13mm 平方、165 腳(1.0mm)	IC 晶片				
	13mm 平方、165 腳(1.0mm)	只有封裝				
東芝	13mm 平方、165 腳(1.0mm)	評估用晶片	陶瓷基板(1 層)	金-金固擴散使用金凸塊和陶瓷基板上鍍金	腳墊	
新光電氣	8.0mm × 9.0mm、100 腳(0.5mm)	A-D 轉換器	TAB 捲帶形或軟性電路板使用 TAB 製程	TAB 捲帶形成金引腳/軟性基板用熱壓至 IC 晶片上	Nu-Aa 或焊錫凸塊	樣品使用美國 Tessera 技術，不少式樣正在開發中
	14.0mm × 6.7mm、60 腳(1.0mm)	記憶體				
	18.4mm 平方、313 腳(0.5mm)	微處理器				
日立	6.6mm 平方、144 腳(0.5mm)	ASIC	TAB 捲帶或軟性電路板使用 TAB 製程	TAB 捲帶形成金引腳/軟性基板用熱壓至 IC 晶片上	焊錫凸塊	使用 Tessera 技術正在對 DRAM 應用做可行性研究
	3.0mm 平方、20 腳(0.5mm)	影像處理器				
NEC	7.0mm 平方、160 腳(0.5mm)	Gate Array	TAB 捲帶或軟性電路板使用 TAB 製程		焊錫凸塊	—
	10mm 平方、232 腳(0.5mm)	評估用晶片				
三菱電氣	6.35mm×15.24mm、96 腳(0.8mm)	評估用晶片	—	用晶圓製程在晶片上製作連接線路	焊錫凸塊	—
	6.35mm×15.24mm、63 腳(1.0mm)					
	6.35mm×15.24mm、32 腳(0.8mm)					
富士通	16.0mm×7.0mm、26 腳(1.0mm)	16M DRAM	導線架	打線連接	引腳	使用導線架，正在研究低腳數 Logic IC

CH**5**

此外，由於 CSP 封裝具有與表面黏著製程(SMT Process)相容的特性，除能提供產品包裝外並可做先前的修正和重工(Rework)，再加上不論在腳數(Pin Count)、尺寸、熱傳和電傳特性等方面皆類似 FC，卻沒有 FC 所面臨良裸晶 (Known Good Die，KGD)的問題，因此吸引眾多 IC 製造廠商投入 CSP 的組裝研發(如表 5.6 所示)。

■ 5-6 COF(Chip on Flex or Chip on Film)

對顯示器的驅動 IC 的封裝技術演進而言，以往都是倚靠自動捲帶式晶粒接合(Tape Automatic Bonding；TAB)的封裝技術，而隨著顯示器解析度的不斷提昇與微細化製程的發展，由 TAB 所發展出的進化技術 COF(Chip on Flex, or, Chip on Film)亦進一步受到重視。

覆晶薄膜(Chip on Flex, or, Chip on Film；COF)技術主要結合了晶片置放技術與軟性基板承載技術，屬於 IC 晶片與軟性基板電路接合的技術，由於 COF 技術可於軟性基板置放晶片，目前主要應用於顯示面板的驅動 IC 封裝製程，兼之因技術成長，帶動市場的高成長性，使得 2004 年 COF 的市場規模預估將達到 6.8 億美元的市場規模。

因 COF 最大的應用為顯示器的驅動 IC 封裝，所以 COF 技術的成熟與平面顯示器產業的成長有直接的關係。一般而言，COF 主要應用於較高階的顯示器，除了可以提高面板的表現外，還可以避免因驅動 IC 接合製程(Bonding)失誤造成面板的損失。而對於解析度要求較不高的中階面板多半仍採用 TAB 製程，這是由於 TAB 製程較無尺寸上的限制，同時技術上亦較為成熟。此外，若是小面板，為了降低驅動 IC 封裝佔面板成本比例的考量，目前大部分都採用 COG(Chip on Glass)的 IC 構裝方式，而講到 COG 的技術，他算是一種與 COF 製程觀念不同，但節省成本的驅動 IC 構裝方式，至於 COG 詳細的構裝技術與和 COF 構裝的

差異亦將於下一節爲各位做介紹，本節僅將針對 COF 構裝的優缺點與
發展爲各位作一介紹。

■ 5-6-1　COF 的優點

1. 撓屈性較 TAB 優良

   TAB因結構限制，在製程中可能發生承載TAB的Tape線路
   中斷的問題。而 COF 採用兩層無膠系的軟板基材，使 COF 軟板
   具有較佳的撓屈性質，且線路的可靠度和成品的量率都將較TAB
   大幅提昇。

2. 可細線化

   目前 COF 最大的應用在顯示器，其他如彩色手機用 COF 軟
   板的應用亦正在成長中，因此可以預期未來在彩色手機和大型面
   板高解析度的需求帶動下，COF技術將被廣泛的應用。這乃是由
   於在線路設計複雜度增加但體積縮小的市場要求下，COF較TAB
   技術有明顯的細線化優勢，且兩者在架構的比較上，如圖5.40所
   示，TAB結構不易承載較重的晶片重量。

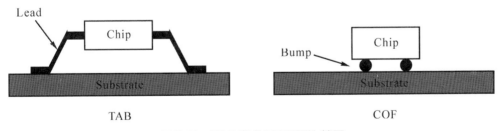

圖 5.40　TAB 與 COF 原理比較圖

3. 較 TAB 或 COG 更適合驅動 IC 封裝

   COF相較於COG而言，有減少因驅動IC貼附製程不良造成

整片面板報廢的風險,目前雖有良率較高的COG重工製程面世,但是卻有製程時間(Lead Time)過長的問題,對於量產而言是不利的因素。此外,COG 還有一缺點便是會佔用面板有效的顯示區域,且若驅動 IC 晶片與面板線路接合失敗,則面板的報廢率將大幅提高,成本的損失不貲,所以只適用於小型面板的驅動IC封裝製程,因此發展COF製程將是可行的解決方案。

而 COF 相較於 TAB 而言,由於 TAB 有晶片接腳懸空的缺點,無法將線距縮小至40μm以下,而發展COF製程將可為此提供一解決方案。三種構裝方式的優、缺點比較如下表 5.7 所示。

表 5.7　TAB、COG 與 COF 優缺點比較

	技術	所需空間	封裝應用	主要優點	主要缺點
TAB	成熟	中	各尺寸顯示器驅動 IC	技術成熟成本低	線寬極限為 40μm
COG	成熟	大	小尺寸顯示器驅動 IC	技術成熟成本低	無法縮小封裝體積
COF	未成熟	小	大尺寸顯示器驅動 IC	細線距化結合主動元件	成本過高

資料來源:工研院 IEK(2004/07)

4.　軟板具尺寸安定性

因製程的差異,COF軟板使用無膠系軟性銅箔基材(2-Layer Flexible Copper Clad Laminate;2L FCCL)作為原料,減少接著膠材料的變因,所以在尺寸安定性上具有較好的表現。但相對的,因為2L FCCL 的材料成本較高,亦造成 COF 成本較高。

5-6-2　COF 的缺點

1. 成本過高

   如前所述，COF 必須使用 2L FCCL 為原料，而 2L FCCL 的價格較傳統的有膠系軟性銅箔基材(3-Layer Flexible Copper Clad Lamination；3L FCCL)平均高出 50～150%(因材料不同而有很大的價格差異)，因此原料成本較高。另一方面，COF 的製程良率較低，故 COF 在成本上較為不利。

2. 技術尚未成熟

   由於細線化的製程需結合類似半導體黃光微影蝕刻的製程，與原先純為製造訊號連接的單雙面FPC製程有一定程度的落差，整體製程因細線化、IC元件、被動元件構裝的難度較高，故生產時尚需一段時機的磨合，使製程最適化(Fine Tune)的過程成熟。

5-6-3　COF 的現況與發展

1. COF 可支持平面顯示器驅動IC 的技術發展

   COF主要應用在平面顯示器(FPD)驅動IC的封裝，目前在大型化和高解析度、高色彩精度的顯示器，以及一般高階的 TFT (Thin Film Transistor)顯示器中被廣泛應用。此外，目前尚有一種較 TFT 驅動方式難度更高、表現較好的低溫多晶矽(Low Temperature Poly-Silicon；LTPS)驅動方式，其所使用的則是雙面覆晶薄膜軟板(Double Side COF)，是炙手可熱的產品，性能及價格皆較高，其成長性頗被看好，惟目前受限於製程技術的瓶頸尚需突破，估計約需至 2005 年才會有明顯的成長。

CH **5**

2. COF 的投入現況

　　COF 的投入生產廠商主要分為負責 IC 構裝的相關廠商與製造軟板、TAB 的廠兩大類，而這也說明了 COF 需求成長的主因為可以充分發揮IC、軟板與輕薄的特性。在COF的技術發展上，以日本發展的最早，主要廠商為 Sony Chemical、住友金屬、日東電工等。而台灣主要投入 COF 的生產者為 LCD 模組廠、軟板廠(如嘉聯益、毅嘉等)，以及原先生產 TAB 的廠商等。

　　另一方面，國內應用 TCP(Tape Carrier Package，指 TAB 後的 IC 封裝製程)、COF、COG 等技術的驅動 IC 封裝廠則有南茂、飛信等，其全球市佔率約達 75～80%(包含 TCP、COF 等技術)。

■ 5-7　COG(Chip on Glass)

　　LCD驅動IC的封裝技術為TFT LCD模組技術中重要的一環，為了提高 TFT LCD 的解析度及可靠度，國內外各大廠除了繼續使用捲帶式晶粒接合技術 TAB(Tape Automated Bonding)於一般產品外，也在高階產品上紛紛投入接合密度更高的薄膜覆晶接合技術COF(Chip on Flex)或玻璃覆晶接合技術 COG(Chip on Glass)。其中玻璃覆晶 COG 構裝乃是在玻璃基板上將驅動 IC 封裝於玻璃基板上的一種構裝技術，以往應用於小尺寸的顯示器上，如小型電子計算機與單色的小尺寸LCD，由於接合技術快速的發展，在許多的數位電子商品中也很容易可以發現COG應用在LCD構裝的部份。

　　目前全球生產大尺寸 TFT LCD 的廠商，部份朝向薄膜覆晶接合技術 COF 發展，部份廠商則朝 COG 的技術發展，並在未來將逐步取代TAB。其原因在於相較TAB而言，COG構裝採取直接玻璃覆晶構裝的方式，可省去捲帶的使用，更具有降低成本的競爭優勢；而 COF 在製程上，則較 TAB 更具有 Fine Pitch 及可撓性等優勢。在產品方面，以NB及個人行動電子產品使用COF的比例較高，而桌上型監視器及LCD TV 則朝向 COG 的低成本構裝技術發展。

隨著高解析度、高密度、高性能、低成本的封裝需求，低溫/低應力/高密度玻璃覆晶接合技術(COG)之研發，與其他構裝方式相比，不但有大幅降低封裝成本的優勢，而且應用新型的彈性複合凸塊取代原有的金凸塊方式，會比 COF 更具 Fine Pitch 的潛力。本節將介紹包含 COG 封裝技術在內的驅動 IC 構裝技術以及目前COG技術所使用的關鍵材料及未來發展作一介紹。

▣ 5-7-1 驅動 IC 構裝技術的介紹

目前驅動IC應用的構裝技術主要有TAB、COG及COF三種，如圖5.41所示為應用在產品上的封裝接合技術示意圖。

(a)TAB   (b)COG   (c)COF

圖 5.41 LCD 驅動 IC 封裝技術示意圖

TAB(Tape Automated Bonding)又稱TCP(Tape Carrier Package)，是目前大尺寸TFT LCD封裝技術的主流。一般是在晶圓上先長金凸塊，另外在 TAB 捲帶上設計內外引角，兩者完成後，把晶粒切割下來，將晶粒上的金凸塊與 TAB 上的內引腳對準，利用熱壓共晶(Eutectic)的方式將兩者接合起來，再灌入封膠即完成。由於材料在熱膨脹係數的差異太大(CTE Miss-Match)，使得在微間距(Fine Pitch)化上有所限制。

而 COF 的封裝技術則如前一節所述，克服了 TAB 的缺點，不但逐漸取代了 TAB 的市場，同時挾其具有更高度的可撓性及狹額緣的優勢，在對於產品尺寸、外型極為計較的中小尺寸手機、數位相機面板模組及中尺寸的筆記型電腦等產品的應用上，也大量採用 COF 的封裝方式。此外，近年來工研院電子所更發展出在 COF 構裝技術中採用非導電膜 NCF(Non-Conductive Film)或表面活化接合 SAB(Surface Active Bonding)工法，將間距極限往下推至 $30\mu m$ Pitch。

而相較於 TAB 與 COF 的封裝方式，COG 封裝技術在製程上便簡單許多，僅將切割下來的晶粒直接以覆晶的方式接合在玻璃面板上，跟 TAB 與 COF 的封裝方式相比，不僅省去了 TCP 及 Film Substrate 的成本，同時在大尺寸的節省成本上，由於使用數量的關係，使單一產品的成本節省上更為可觀，所以各大面板廠莫不將 COG 推往更大尺寸產品的應用發展。由於 COG 技術可對應高畫質、高解析度 TFT LCD 模組設計，並兼具有可微間距化的技術優勢以及簡化製程的成本優勢，所以目前為中小尺寸封裝技術的主流。

■ 5-7-2 COG 技術應用的關鍵材料

目前成熟的 COG 構裝大部分採用 ACF 接合膠材，在 IC 的 Pad 上製作金凸塊，以加熱加壓的方式固化膠材，使得異方性導電膜 ACF (Anisotropic Conductive Film)中的彈性導電顆粒受壓變形，達成凸塊與玻璃基板上線路得以連接而達到訊號傳遞的功能。以下將就 COG 中應用到的重要關鍵材料異方性導電膜(ACF)與金凸塊(Golden Bump)做一介紹。

1. 異方性導電膜(ACF)

對COG來說，目前業界最普遍使用的為ACF工法，以TFT LCD製程的應用為例，主要是將異方性導電膜(ACF)貼附於液晶面板(CELL)邊端ITO引腳位置，以使其與驅動電路(TCP)做電氣的連接(如圖5.42所示)。而在接合的過程中乃是在TCP-IC對位後，先利用TCP-IC假壓著(TAB-IC Pre-bonding)的方式將TCP-IC 暫時與 LCD 面板接合，然後利用 TCP-IC 本壓著(TAB-IC Main-bonding)的方式將 TCP-IC 與 LCD面板利用熱壓接著做永久性接合(如圖5.43所示)。

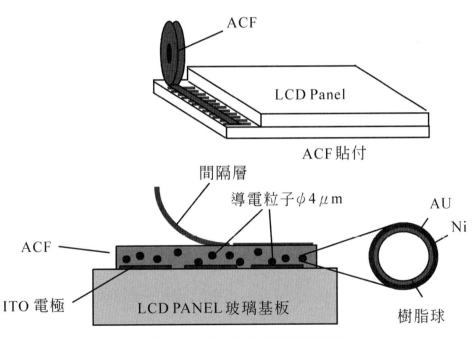

圖5.42　TFT-LCD 採用 ACF 製程示意圖

CH5

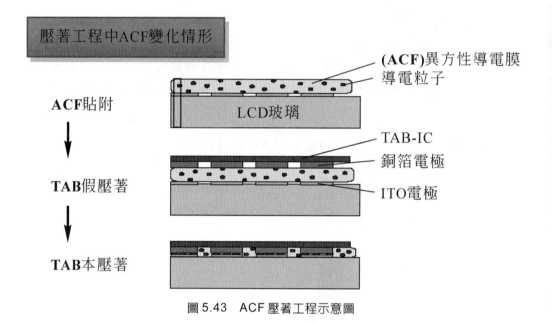

圖 5.43 ACF 壓著工程示意圖

　　ACF為一種內含導電粒子的絕緣性高分子薄膜，大多為Epoxy系列的熱固型樹脂，其接續的機制為同時維持熱源與壓力一段時間讓上下兩電極導通(僅上、下導通，左右未導通，因此稱為『異方性』)使樹脂硬化，再利用樹脂硬化時所產生的收縮力將上下兩個材料以機械力接合起來，並利用中間導電粒子的彈性變形來維持良好的電性導通。此外，ACF工法尚有許多優點，諸如ACF可以做成捲帶狀以搭配機台大量生產；內含的導電粒子，在經可靠度試驗後仍能保持穩定的接續阻值，不需點膠機與 Reflow，可簡化製程與設備；利用均勻分散的導電粒子設計，可達成高密度的接合要求；目前使用的極限 Spacing 約為 $10\sim12\mu m$，對應 Pitch 約為 $38\sim40\mu m$。

　　ACF內主要由均勻分散的導電粒子與接合膠體(Binder)混合

並部份固化成膜狀 B-stage。其中 Binder 主要具有可防溼氣、接著、耐熱及絕緣等功能，可分爲熱塑性(Thermoplastic)與熱固性(Thermosetting)兩大類。熱塑性樹脂雖具有低溫固化(130～150℃)及可重工等優點，但確有在高溫環境下容易劣化與熱膨脹係數較高等缺點，因此較少被使用，而熱固性樹脂則具有高溫安定性與CTE 較低等優點，雖固化溫度較高，目前仍爲市場主流。

　　而 ACF 中另一項重要的組成份子爲導電粒子，目前導電粒子(如圖 5.44 所示)主要有兩種，一爲表面塗佈金屬之樹脂粉體球，領導廠商以Hitachi Chemical爲代表；另一爲表面塗佈一層絕緣體的金屬粒子，領導廠商爲Sony Chemical，由於ACF的材料成本較高，因此光這兩家主要的供應商市場佔有率便已達九成以上。常見的導電粒子粒徑範圍爲10μm、7μm 與 5μm，而近年來爲了對應日益微小化的引腳間距，亦有廠商研發出4μm甚至是3μm導電粒子的ACF，以防止因粒徑過大，聚集在凸塊間隙而產生短路。

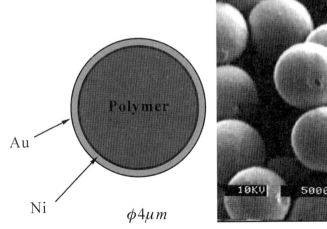
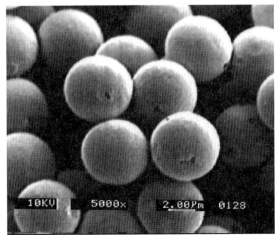

圖5.44　導電粒子型式

2. 金凸塊

　　金凸塊(Golden Bump)是目前 COG 技術最普遍的用法，一般製程如下圖 5.45 所示係由晶圓製造公司做出具有鋁墊線路的裸晶後，再送至凸塊廠，來製作金凸塊。在製作凸塊的製程中，會先在裸晶表面鍍上一層UBM(Under Bump Metallurgy)，用以增加表面附著力，同時亦當作擴散阻擋層(Diffusion Barrier)，防止金元素擴散到鋁電極上造成可靠性的問題。同時會在 UBM 上再鍍上一層薄金，以厚光阻加上電鍍的方式形成凸塊，然後去光阻將凸塊以外的UBM蝕刻去除，即形成完整凸塊結構(如下圖所示 5.46 所示)，其中凸塊的大小取決於各家廠商對於接合製程的設計，Bump Pitch目前多為 40μm、38μm以及 30μm，而少數幾家台灣廠商已經具有可以量產 20μm Pitch 的能力。

　　對單一凸塊而言，除了凸塊本身的純度(電鍍金凸塊)會影響導電品質之外，凸塊上表面的平整度、高度與均勻性更必須嚴格控制：表面過大的凹陷易使 ACF 導電粒子陷入其中，產生整體變形量不均一的現象進而影響接合品質。因此目前一般對金凸塊的表面平整性都控制到$\pm 1\mu$m，而對於COG製程而言，只要小於導電例子粒徑的 1/3 即可維持良好的機械式接合；對凸塊的高度控制除了必須小於 ACF 的厚度之外，彼此間的高度差亦必須要求小於導電粒子的粒徑才行；另外對硬度的要求則必須在40～70Hv(Micro Vickers Hardness)之間，接觸面積至少需要 1500～2500，凸塊表面才能捕捉足夠數目的導電粒子，以維持良好的電性導通。

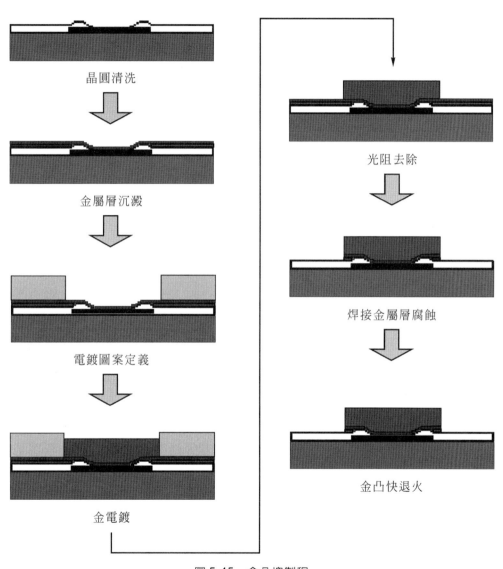

圖 5.45　金凸塊製程

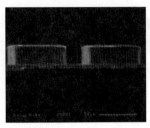

圖 5.46 金凸塊

■ 5-7-3 目前 COG 的發展課題

1. 狹額緣要求

　　在 LCD 面板中,上板與下板之間有一段稱之爲"額緣"的非顯示區的封裝區域。對 COG 而言,雖然在技術上具有省成本與簡化製程的優點,但和 TAB/COF 的技術相比(如圖 5.47 所示),由於 COG 所需額緣較大,同樣的玻璃尺寸若使用 COG 構裝技術的面板其顯示區域會相對比較小。如圖所示,採用 TAB 構裝方式的桌上型監視器在實品上會比經 COG 構裝方式的監視器狹小許多!爲解決此一問題,我們可以利用如圖 5.48 所示的方式來貼附 FPC,如此一來額緣將不會因 COG 構裝而放大,但是玻璃基板的佈線與跑線增長可能產生的信號延遲則需要系統端來克服。

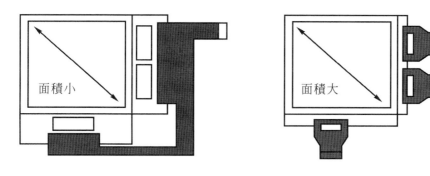

COG構裝方式   TAB構裝方式

圖 5.47 同樣的玻璃尺寸，構裝方式對面板顯示區域面積之影響

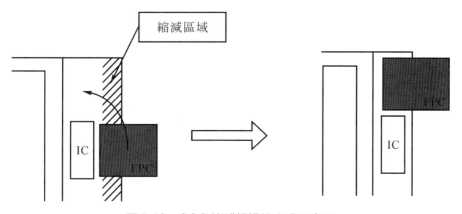

圖 5.48 COG 縮減額緣的方式示意圖

2. 低應力要求

　　COG 在封裝時會有應力問題的發生待解決，這乃是因為玻璃基板及驅動IC的溫度分佈不均以及兩者材料的膨脹係數不同，造成冷卻時產生基板收縮翹曲的現象這種基板翹曲現象將使液晶面板產生"Mura"的缺陷。針對此一問題，ACF 製造商已經開發出低溫ACF來對應，利用固化溫度下降至150℃的低溫製程特性來減少因熱應力所產生的翹曲現象。

3. 微間距要求

隨著 LCD 解析度越來越高，面板上的線路亦隨著增加，在成本的考量下，便希望能利用最少的驅動 IC 數量來達到最高的解析度，而提高解析度的方法就是將整體 TFT 面板的 I/O 數增加。根據工研院一份IEK的調查顯示，解析度未來將朝向SXGA與 UXGA 發展，在以 XGA 等級提升至 SXGA 時，I/O 數目將增加約25%，而若提升至UXGA等級的面板時，I/O 數目更將較原本增加60%以上，在面對 I/O 數目大幅增加及面板 IC 數目減少下，如此高密度的封裝挑戰，更是迫切需要微間距的封裝技術。

COG 的構裝由於其玻璃基板乃是應用半導體製程技術，Substrate 在製作上本身即具有微間距化的優勢，而凸塊的製作目前也已經達到 $20\mu m$ Pitch 的等級，因此目前唯一的問題在於接續工法的選擇。當使用 ACF 工法時，導電粒子可能因間距(Spacing)過小而造成短路，因此目前 ACF 廠商以粒徑較小的導電粒子、雙層型式 ACF(ACF+NCF)，以及具有絕緣層的導電粒子等方式來對應微間距的需求；另外，在凸塊的排列上也由原本的Peripheral方式改成Stagger(千鳥配)的方式，如圖 5.49 所示，使單一晶片內可以增加I/O 數，但必須注意的是，接合時膠材會因凸塊間距變小而流動性變差，容易導致導電粒子的聚集而造成短路。

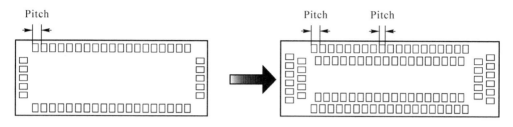

Peripheral Arrangement(外圍配)　　　　Staggered Arrangement(千鳥配)

圖 5.49　Fine Pitch 解決方案

■ 5-7-4　未來展望

1. 非導電膠膜 NCA/NCF 導入

    非導電膠 NCA(Non-Conductive-Adhesive)乃是由 NCP(Paste) 及 NCF(Film)所組成，這種膠材的特性在於具有非常強的收縮性，在固化後能提供上下電極彼此接觸的結合力；另外，NCA 製程必須使膠材反應達到 90% 以上才會有較佳的接合強度，而 ACF 只要 70% 以上即可，雖然製程條件嚴苛許多但與 ACF 製程相比，NCA 膠材中少了導電粒子，具有成本上的優勢且設備相容性與 ACF 相同(NCF)，極具發展潛力。

2. 新型凸塊結構導入

    以 Au Bump 使用 NCA/NCF 工法時，由於膠材中沒有導電粒子，因此沒有導電粒子造成 Bump 之間短路的問題，但是會因為膠材固化收縮時產生應力問題，或經過可靠度測試之後，無彈性粒子作為形變的緩衝，而形成斷路問題。為了使用 NCF/NCA 達到 Fine Pitch 的目的，在 Bump 發展上，國內目前已發展出複合式的彈性凸塊(Compliant Bump)來取代 ACF 中彈性顆粒的功能，以解決此一問題。同時因爲NCF/NCA較ACF成本上低了許多，加上具有搭配ACF低應力及搭配NCF/NCA微間距的優勢，故發展彈性複合式凸塊將是下世代 COG 發展的材料重點方向。

複合凸塊在製程上較爲複雜(如圖 5.50 所示)，乃是先在裸晶表面鍍上 UBM，再利用感光高分子(PSPI)以黃光微影的方式定義出 PI 凸塊，並在 PI 凸塊上濺鍍一層黏著層(如 Ti/W)，最後再鍍上一層金並去光阻即完成複合凸塊的製作。複合凸塊比金凸塊具有更好的彈性，應用在 ACF/NCF 製程中除了有良好的可靠度之外，並具有如導電粒子般之彈性特徵，將可有效改善ACF/NCF製程的可靠度問題。同時由於複合凸塊本身具有彈性變形能力，使得在接合過程中 Bump 與導電顆粒均可受到彈性變形。

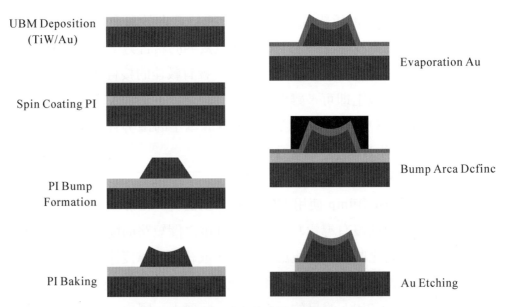

圖 5.50　彈性複合凸塊製程

此外在搭載複合式彈性凸塊所需要的 ACF 膠材上，因為複合 Bump 本身具有彈性且較為柔軟，故所需要的接合強度會比使用 Au Bump 時來的低，而膠材固化率也會比使用 Au Bump 低，故預期固化溫度將可降低。同時，因為彈性凸塊本身具有彈性變形的能力，在 COG 製程上之壓力範圍將可更大，預期亦將可解決因熱應力所產生的 Mura 效應；另外，對於設備平行度的調整上，彈性凸塊因為 Compliant Bump 可變形的程度較 Au Bump 大，在接合設備平行度不佳時將可更具包容力。

◼ 5-7-5　結論

由於台灣已成為 LCD 的生產重鎮，而國內各大面板廠亦投入相當多的人力及時間在 COG 的製程發展上並積極的開發相關的 COG 設備，因此 COG 的重工已經不再是問題，再加上各 ACF 廠商正積極發展低溫、低應力、能對應 $30\mu m$ Pitch($10\mu m$ spacing) 以下的 ACF 以及針對低應力及微間距化趨勢，開發出可搭載在 ACF/NCF 工法上的複合凸塊，這些努力都是為了致力能達成 "下世代低溫/低應力/高密度玻璃覆晶接合技術" 的目標，並期望 COG 構裝技術能在未來的大尺寸面板上扮演重要的角色。

◼ 5-8　三次元封裝 (3 Dimensional Package)

自 1958 年被譽為 IC 之父的德州儀器 Jack Kilby 發明了第一顆 IC 後，半導體製程技術一直依循摩爾定律在發展，而近年來卻有放慢的趨勢，主因在於目前半導體製程正處於 32nm 製程的時代，預估要到 2019 年左右才會進入 16nm 製程，這期間將近差距了 10 年，造成越來越多的業者試圖打破摩爾定律尋求提升技術效益的方法。因此在前段製程中尋

CH**5**

求綜合所有技術於一系統單晶片(SoC，System on Chip)的獨特設計方式與在後段封裝製程中著重於『厚度空間研發』的 3D 封裝方式便應蘊而生。

　　傳統電子元件的封裝主要仍以二次元封裝的 SMT (Surface Mounting Technology)製程為主，但隨著記憶卡、攜帶式電腦、行動電話等行動式通訊電子產品的高度需求，以及面臨多媒體網路時代來臨，對高速訊號傳輸所造成的訊號失真、延遲與消耗電力增加的困擾，使得傳統二次元封裝在封裝產品多元化(高速、高容量及小型輕型化)、半導體製程微細化和訊號配線電氣特性的提升等各方面面臨最嚴峻的挑戰。

　　為了解決上述的困擾，藉由三次元(3 Dimensional，3D)封裝方式的提出，將 IC 利用垂直堆疊的方式，把兩個以上的 IC 共築於同一封裝架構之上，不僅可提升封裝密度，節省電路板的使用面積，達到多功能化、封裝小型化及高速、高容量的要求，更重要的是可利用立體堆疊的方式縮短元件間之配線長度以改善電氣特性，並可將不同功能的 IC 元件組合於同一封裝體中。由於 SoC 所需之設計成本與時間相對較長，因此，在未來幾年，當單一晶片系統在 SoC (System on Chip)終極封裝的發展尚未臻成熟時，3D 封裝將是 IC 封裝的重要發展技術之一。

■ 5-8-1　三次元封裝的特色及封裝分類

　　三次元封裝也有人稱為積層式(Stack)封裝，除了堆疊 IC 元件具有增進封裝效率、節省封裝面積及改善封裝電氣特性等封裝特性外，最主要的特色便是可將數位與類比、CMOS 與 Bipolar 或基頻(Baseband)與射頻(RF)等不同型式的 IC 元件相互應用混合搭載在同一封裝結構之中(該封裝方式亦稱之為 SiP 封裝，System in Package)，目前最典型的 3D 封裝實例便是將微處理器(MPU)、控制器、DRAM 等晶片組合而成一

3D封裝。目前3D封裝發展迄今已有Sharp、Mitsubish Electric、Intel及Hitachi等四家公司一起加入制定3D積層型封裝的標準規格，以促進3D封裝的技術發展及產品的應用推廣。

在封裝的分類上，3D 積層式封裝主要是利用訊號聯接的方式或依封裝型態及層別兩方面來分類。一般來說，訊號聯接的方式有兩種：一種是利用IC Chip 訊號重分佈(Redistribution)的特性將IC Chip 或 Die垂直堆疊，使得上下層之 IC 電訊得以互相聯接導通，以利電子訊號在積層中流動；而另一種則是所謂的IC積層，即將IC晶片彼此堆疊後以打線的方式將各IC的I/O與封裝基板聯接，做訊號的導通。而另一種依封裝型態及層別來分類的方式，乃是目前較常被使用來作為3D 封裝的分類方式，如圖 5.51 所示，主要將 3D 封裝分為封裝層級(Package Level)、晶片層級(Chip Level)及晶圓層級(Wafer Level)三種型式，這

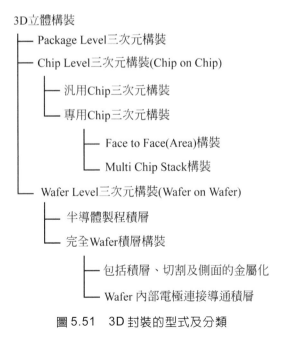

圖 5.51　3D 封裝的型式及分類

三種型式的封裝差異在於 Package Level 乃是將封裝好的 IC 晶片進行 3D 積層堆疊，而 Chip Level 及 Wafer Level 則是將尚未封裝成型的晶片直接以裸晶(Bare Chip)的方式進行 3D 的積層堆疊，而其主要的特徵在於對封裝密度的提升及大幅改善配線長度。

1. 封裝層級(Package Level)

Package Level 的封裝概念強調的是預先將封裝好的元件利用 3D 架構的觀念將元件堆疊起來，由於是將IC元件先封裝好再積層，因此具有可針對 IC 元件先進行預測、不會產生 Known Good Die 的問題、有較高的封裝良率等優點。但另一方面，卻也由於其訊號導線必須透過封裝體到外部和其他積層封裝體相互連接，造成導線長度較長、影響對速度的提升，但因其製程簡易且與現有封裝製程相容，使得成本較低，亦成為 3D 封裝方式中最先被量產的。

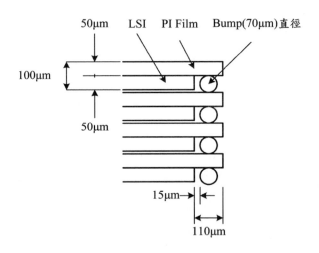

圖 5.52　Package Level 的 3D 封裝圖示

　　Package Level 的封裝示意如下圖 5.52 所示,而為了減少整個 3D 封裝完成後的高度及重量,達到厚度小、重量輕的目的,在封裝本體的使用上則採用以強調薄型封裝的軟式基板(Flex Tape Substrate)為主。

2. 晶片層級(Chip Level)

　　Chip Level 的 3D 封裝方式在製程上較為簡單,它乃是利用黏著劑直接將裸晶片相互貼合堆疊積層而成 3D 結構,再以打線方式將各個晶片的 I/O 連接到承載的封裝基板上。和 Pcakage Level 的 3D 封裝相比,它具有較短的導線距離、較佳的電性,再加上沒有晶片的預封裝,可以獲得更薄型化的效果。

　　在 Chip Level 3D 封裝實例中,最著名的就是 Sharp 公司所提出的 Wire Bond 3D 封裝(如圖 5.53 所示),它是用 PI 的 Tape 為承載基板(Flex Substrate),其上再積層堆疊 3 個 IC 晶片,整個封裝完成的 IC 元件最大高度只有 1.4mm,只比傳統單晶片之 CSP 封裝(典型高度為 1.25mm)高出 0.15mm。在使用上,Sharp 自 1998 年開始已開始量產,主要應用在行動電話上。

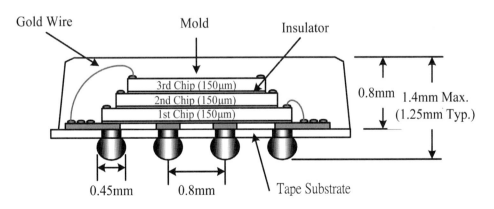

圖 5.53　Sharp 公司所提出以 Wire Bond 方式的 Chip Level 3D 封裝

CH**5**

　　不只是 Sharp，Mitsubish 公司也推出類似的 Chip Level 3D
封裝結構(如圖 5.54 所示)，它是將一個 16Mb 的 Flash 與一個低
功率 2 或 4Mb 的 SRAM 積層，具有 72 個 I/O，其 Access 速度可
達 90ns，主要應用在無線行動通訊及衛星定位系統(GPS)上。

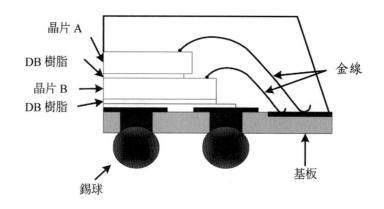

圖 5.54　Mitsubishi 的 Chip Level 3D 封裝結構

3.　晶圓層級(Wafer Level)

　　所謂 Wafer Level 3D 封裝乃是以 Wafer on Wafer 方式來達
到垂直積層的封裝方式，也就是直接將整片晶片進行封裝，然後
切割成單顆 IC。Wafer Level 3D 封裝法乃是藉由電路的重分佈
(Redistribution)技術來做上下晶元的電路導通，達到積層的目
的，亦因直接將晶元堆疊，所以擁有最短的訊號導線，不僅具備
晶片尺寸型封裝(CSP)、薄型封裝、封裝成本較傳統法低、可靠
性(Reliability)高、散熱性佳(熱傳導路徑短)、電性優良(封裝的
走線短，使得電感及電容低)、可運用現有的 SMT 設備、組裝上
板快速等優點，此外，晶圓層級封裝技術的開發能提供覆晶與電
路板間毋需填充底膠即能解決元件間熱膨脹係數不同所產生的應

力問題，提高產品的可靠度，因此，晶圓級封裝技術儼然已成為未來封裝技術發展的主力。

Wafer Level 3D 封裝根據製程的不同主要可分為兩大類(如圖 5.55 所示)，一是在矽基板上直接做製程基層，此種方式目前為松下電工及三菱電機所採行的方法，而另一類則是利用 Wafer 與 Wafer 在導通電路重分佈之製程完畢後，再將 Wafer 彼此垂直積層而成，其中由於其電極連接導通形成的方式不同，又可再細分為 Chip 側面電極通孔處理(以 Cubic Memory 及 Irvine Sensors 公司為代表)及在 Wafer 完成內部電極通孔連接(以美國 Ture-Si Technology 公司、日本電器公司及日本東北大學為研製代表的 Wafer 方式積層)兩類。

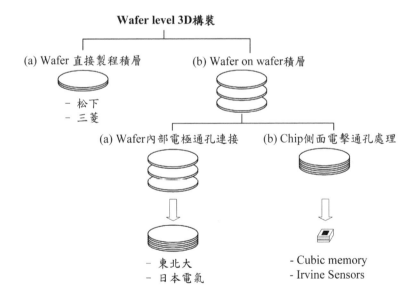

圖 5.55 Wafer Level 3D 封裝的分類及型式

　　　直接進行Wafer on Wafer積層的三次元封裝主要是在Wafer
上利用導通孔貫穿技術形成 Wafer 間相互導通之電擊 Bump，再
相互堆疊積層的封裝方式(如圖 5.56 所示)，由於其能達成最佳的
電性、封裝密度與效率，故成為目前最先進的 3D 封裝方式，該
技術亦稱為矽穿孔(Through-silicon vis ; TSV) 封裝。

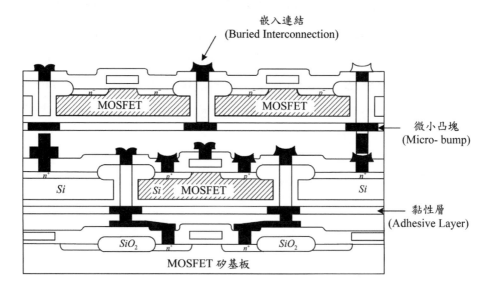

圖 5.56　Wafer on Wafer 3D 封裝示意圖

■ 5-8-2　三次元封裝技術的介紹

　　以目前最先進直接進行Wafer積層的三次元封裝來說，該封裝方式
包含了四項主要的技術(如圖 5.57 所示)，茲分別詳述如下：

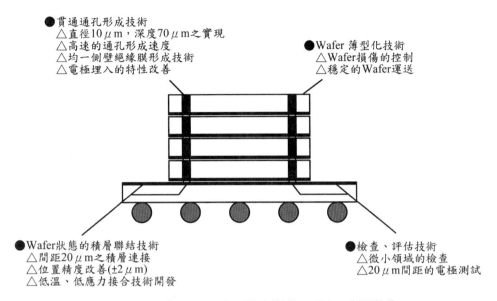

●貫通通孔形成技術
　△直徑10μm，深度70μm之實現
　△高速的通孔形成速度
　△均一側壁絕緣膜形成技術
　△電極埋入的特性改善

●Wafer 薄型化技術
　△Wafer損傷的控制
　△穩定的Wafer運送

●Wafer狀態的積層聯結技術
　△間距20μm之積層連接
　△位置精度改善(±2μm)
　△低溫、低應力接合技術開發

●檢查、評估技術
　△微小領域的檢查
　△20μm間距的電極測試

圖 5.57　Wafer on Wafer 3D 封裝的四項主要製程技術

1. 導通孔貫穿技術(TSV)

　　TSV封裝的優點在於提供了比打線接合架構更短的路徑與更低的電阻及電感，使其在訊號傳輸及電力的輸送上更具優勢。簡單的說，TSV(Through Silicon Via)是在晶圓上以蝕刻或雷射的方式鑽孔(Via)，再將導電材料如銅、多晶矽、鎢等填入Via形成導電的通道(即內部接合線路)，最後則將晶圓或晶粒薄化再加以堆疊、結合(Bonding)，而成為3D IC。

　　以目前開發的技術及製程的先後順序，又可將TSV製程分為先鑽孔(Via First)與後鑽孔(Via Last)兩大類；其中Via First製程又可分為CMOS前(Before CMOS)與CMOS後兩類。Before CMOS的Via First製程步驟是在進行半導體製程前，先行在矽晶圓基材上形成TSV通道，並填入導電金屬，導電金屬材質目前以較可承受後續CMOS高溫製程的多晶矽(Poly Silicon)為主要材料。而 After CMOS 的 Via First 製程步驟則是在完成半導體 CMOS 製程後，開始進行通孔形成製程並填入導電金屬，採用的導電金屬材料目前以導電特性較佳的銅(Copper；Cu)為多，而由於 Cu 在填孔時容易產生底部未填滿但頂部已封口的現象，導致通道內出現孔洞而失效，因此亦有部份廠商以鎢(Tungsten；W)金屬為導電材料，對於高深寬比(Aspect Ratio)的應用，將是較適合的導電材質。

總體來說，採用 Via First 製程均須在傳統後段(封裝)製程前進行 Via Forming 與 Via Filling 的步驟，而此類製程的 Via Forming 不論是 Before CMOS 製程或是 After CMOS 製程，均需要透過黃光顯影與蝕刻步驟形成 Via，目前則以深反應離子蝕刻(Deep Reactive Ion Etching；DRIE)技術為主，Via 孔徑(Diameter)多在 20μm 以下，受限目前技術孔徑一般最小僅能做到 2~5μm，技術發展持續朝 1μm 的孔徑持續微縮；而 Via 深度則在 15μm 至 25μm 不等。

而 Via Last 製程則主要是在傳統後段製程前以雷射鑽孔(Laser Drill)方式進行 Via Forming 與後續的 Via Filling 步驟，Via 孔徑則視應用產品的不同，一般分佈在 15μm 至 50μm 之間，由於孔徑規格較蝕刻製程孔徑為大，使得 I/O 間距(Pitch)無法達成太小的規格，也造成晶片所能容納的腳數有限，因而適用於如影像感測器或快閃記憶體(Flash)等較低腳數的應用產品。而由於 Via Last 製程是在半導體 CMOS 製程後才進行鑽孔的步驟，因此 Via 的深度需視晶圓薄化程度而定，目前在深寬比的部分，其範圍則分佈在 2:1 至 10:1 不等，又較 Via First 製程來得寬。在 Via Filling 的導電金屬材料部分，廠商則多以 Cu 為電極導通的材質。

2. Wafer 的薄型化技術

為使封裝體的整個厚度降低，必須進行適當的Wafer研磨，使其厚度降低。目前一般晶背研磨(Backside Grinding)厚度來說多介於150~200μm之間，而根據國際半導體技術藍圖(International Technology Roadmap for Semiconductor；ITRS)在2007年所提出的技術規劃(如表 5.8 所示)，由於有越來越多堆疊構裝需求出現，為了符合終端消費者對電子產品的輕薄需求，2010 年將朝向45μm 的厚度量產，此外針對特別薄化需求的產品，則將近一步達到晶圓厚度10μm 的規格。

表5.8 ITRS 近程技術藍圖(資料來源：ITRS_2007)

Year of Production		2007	2008	2009	2010	2011	2012	2013	2014	2015
# of terminals	low cost handheld	700	800							
	high performance (digital)	3050	3190	3350	3509	3684	3860	4053	4246	4458
	maximum RF	200								
# die/stack	low cost handheld	7	8	9	10	11	12	13	14	
	high performance		3			4			5	
# die/SiP	low cost handheld	8		9	11	12	13		14	
	high performance		6			7			8	
minimum TSV pitch (um)		10.0	8.0	6.0	5.0	4.0	3.8	3.6	3.4	3.3
maximum TSV aspect ratio		10.0								
TSV diameter (um)		4.0		3.0	2.5	2.0	1.9	1.8	1.7	1.6
TSV layer TK for min. pitch (um)		50	20	15			10			8
min. TK of thinned wafer (um) -- general product		50				45			40	
min. TK of thinned wafer (um) -- extreme thin pkg.		20		15			10			8

Manufacturable solutions exist, and are being optimized
Manufacturable solutions are known
Interim solutions are known
Manufacturable solutions are **NOT** known

由於晶圓變薄後，將導致晶圓薄如紙張般強度不足(如圖 5.58)，造成容易捲曲脆裂及在製程與運送過程中的難度，因此也有許多材料廠商紛紛提出在晶圓薄化前先行以具感光材質的特殊膠材(可在接收某波長的雷射光後，經由膠材自動膨脹的反應使得晶圓與Carrier間產生空氣縫細而自動剝離)在貼上一層玻璃或矽材質的承載材料(Carrier)作為固定、強化薄晶圓的承載支架之解決方案。但以雷射感光膠材自動剝離的方式處理薄晶圓與

CH5

Carrier的De-bonding時，由於雷射能量將與每個位置的膠材厚度相關，因此膠材塗佈的均勻度將是製程控制的重點之一。此外，針對薄化晶圓進行的承載材料設計與強化硬度以利搬運的方法中，除了利用膠材貼合於 Carrier 之外，亦有廠商發展出晶邊不磨薄的晶圓研磨方式來強化薄晶圓的硬度。

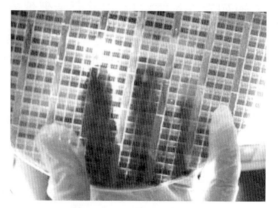

圖 5.58　薄如紙張的晶圓

(資料來源：Semiconductor International (2007))

3. 精密的積層技術

　　在晶片堆疊與Bonding的部分，主要又可分為Chip-to-Wafer (C2W)與 Wafer-to-Wafer (W2W)兩大類。雖然 W2W 製程可有較高速的產出，但由於 C2W 可藉由已知良好晶粒(Known Good Die；KGD)的挑選提高整體構裝的良率，因而較為目前業界發展所認為可行，並為 3D IC 投入廠商短期戮力開發的主要製程。除了C2W與W2W的選擇外，由於堆疊部分可能使用多顆晶片的堆疊，以ITRS的規格藍圖來看，堆疊的晶片個數至 2015 年可能到達 14 顆的目標，而 TSV 的孔徑大小又持續微縮，晶片與晶片間的電氣訊號傳遞又須透過 TSV 通道串聯，因此晶片堆疊時 TSV

通道的對準技術需朝向$\pm 2\mu m$的誤差挑戰，此外，低溫、低壓及低應力的積層接合技術和選用適合的接合材料及製程亦是相當的重要。

4. 檢查評估技術

隨著製程技術的微距化，KGD於$20\mu m$以下間距的微小電極測試技術、微小區域的檢查能力及其設備建立等都將成為另一挑戰。

■ 5-8-3 三次元封裝技術的應用和發展

目前三次元封裝主要的應用範圍可區分為無線(Wireless)產品和消費性電子產品兩大類。在無線產品上，以行動電話為例，強調的便是滿足體積小、重量輕和多功能(通話、上網、收發訊息)等基本特性；而在消費性電子產品方面，例如 MP3(MPEG Play 3)及 DSC(Digital Still Camera)所要求的便是重量輕及小尺寸，同時需要有很大容量的儲存記憶體來儲存所下載的音樂和影像資料。而 3D 封裝典型垂直積層的構造模式便創造了很大的發展及應用的空間。此外，3D 封裝亦應用在通訊衛星、網路伺服器及軍事定位系統等產品上，其訴求仍以高速、高容量及多功能之 3D 封裝特性為主。

而在發展上，由於目前半導體微細化的製程技術於二次元封裝中已屆臨技術的邊緣，無法靠現有的技術來解決高速、大容量資訊情報的傳輸等問題，可想而知在未來即將被三次元封裝的需求所取代。未來 3D 封裝除了持續在積層數和厚度上做發展外，亦將結合所謂微細加工(MEMS)、光電迴路及3D封裝於一體的技術，朝向多功能的目標發展，以實現System in Package(SiP)的整合性系統概念。

CH5

參考文獻

1. 簡瑞雯，"多晶片模組(Multi Chip Module)的應用"，工業材料 118 期，頁 150-157，(1996)。

2. G. Messner, I. Turlik, J. W. Blade and P. E. Garrou, "Thin Film Multichip Modules", ISHM, (1992).

3. A. J. Blodgett and D. R. Barbour, "IBM J. Res. Develop.", p. 30,(1983).

4. T. Tsuzumra et al., "Development of Leadframe for COL and Package", Proc 41th ECC, P.210, (1991).

5. 劉國景，"引線覆蓋晶片(LOC)之封裝技術"，機械工業雜誌 85 年 7 月號，頁 120-126，(1996)。

6. J. H. Lau, "Ball Grid Array Technology", McGraw-Hill, New York,1995.

7. 楊省樞，"明日之星-BGA 技術"，表面黏著技術 15 期，頁 1-14，(1996)。

8. 陳文彥，"單晶片封裝的明日之星-塑膠 BGA"，工業材料 116 期，頁 49-55，(1996)。

9. J. H. Lau, "Flip Chip Technologies", McGraw-Hill, New York, 1995.

10. 孔令臣，"覆晶凸塊技術(Flip Chip Bumping Technology)"，工業材料 139 期，頁 155-162，(1998)。

11. 楊省樞，"覆晶新組裝技術"，工業材料 163 期，頁 163-167，(2000)。

12. 楊省樞，"覆晶填膠技術"，工業材料179期，頁104-109，(2001)。

13. 林瑞衛，"晶片尺寸封裝簡介"，電子封裝聯盟通訊月刊第二十二期，頁1-7。

14. 劉秀琴譯，"取代裸晶的 CSP 實裝技術動向(上)"，工業材料134期，頁163-165，(1998)。

15. 劉秀琴譯，"取代裸晶的 CSP 實裝技術動向(下)"，工業材料135期，頁87-94，(1998)。

16. 陳志強，"高密度IC封裝-CSP技術封裝"，工業材料151期，頁92-99，(1999)。

17. 陳國銓，"IC封裝技術"，工業材料158期，頁78-83，(2000)。

18. 金進興，"三次元封裝技術介紹"，工業材料170期，頁100-109，(2001)。

19. 許根雄，"先進的封裝技術-晶圓級的封裝技術"，工業材料151期，頁86-91，(1999)。

習題

1. 新世代的封裝技術開發中主要包含哪些？
2. 說明並比較各種新世代封裝的技術特性和優點。
3. 說明以錫球取代針腳的封裝優點。
4. BGA封裝的開發，對IC元件發展的影響為何？
5. 覆晶技術中的凸塊製作和底膠充填的重要性為何？
6. CSP的定義為何？
7. 何謂三次元封裝，而其主要的技術特性為何？

CH 5

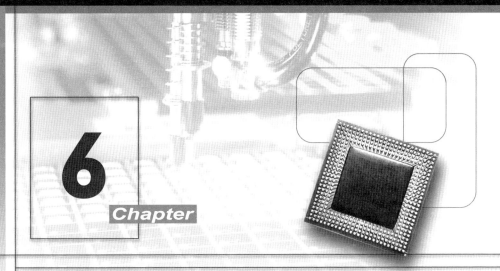

6
Chapter

IC 封裝的挑戰／發展

　　隨著半導體產業的高功能需求與高密度集積化發展，電子封裝亦面臨了封裝技術的挑戰，除了既有封裝缺陷的預防外，在其封裝材料、封裝製程以及封裝技術的發展上亦有極大的變革，再加上環保意識的抬頭，使得IC封裝的發展面臨了嚴酷的挑戰。

■ 6-1　封裝缺陷的預防

　　由於封裝技術的提升以及封裝元件輕薄短小的發展趨勢，本已存在於封裝製程中的缺陷問題，更顯重要。爲了提高產品的可用性與可靠度，了解封裝缺陷的問題癥結並加以改善才能延長產品的使用壽命、避免封裝缺陷的產生並提升封裝產品工作的效益。

■ 6-1-1　金線偏移問題

　　金線偏移(如圖6.1所示)是 IC 封裝製程中最常發生的問題之一，IC 元件常因金線偏移量過大造成相鄰金線相互接觸形成短路

(Short Shot)，甚至將金線衝斷掉形成斷路，造成 IC 元件的缺陷。一般而言金線偏移發生的主要原因如下：

1. 樹脂流動產生的拖曳力(Viscous Drag Force)：這是引起金線偏移最主要且常見的原因。在充填階段，融膠黏度(Viscosity)過大、流速過快，金線偏移量也會隨之增大。

2. 導線架變形：引起導線架變形的原因是上下模穴內樹脂流動波前不平衡，即所謂的"賽馬現象"，如此導線架會因為上下模穴模流的壓力差而承受彎矩(Bending Moment)造成變形，如圖 6.2 所示。由於金線是銲在導線架的晶片托盤與內引腳上，因此導線架變形也會引起金線偏移。

3. 氣泡的移動：在充填階段可能會有空氣進入模穴內形成氣泡，氣泡碰撞金線也會造成一定程度的金線偏移。

4. 過保壓／太晚保壓 (Overpacking/Latepacking)：過保壓會讓模穴內部壓力過大，偏移的金線難以彈性地(Elastically)回復原狀。同樣地，對於添加催化劑反應較快的樹脂，太晚保壓會使其黏度過大，偏移的金線也難以彈性回復。

5. 充填物的碰撞：封裝材料會添加一些充填物，較大顆粒的充填物(例如：$2.5\sim250\mu$m)碰撞纖細的金線(例如：25μm)，如此也會引起金線偏移。

此外，隨著高腳數 IC 的發展，在 IC 封裝製程中的金線數目及接腳數目亦隨之增加，換句話說，金線密度的提升造成金線偏移的現象更形明顯，為了有效的降低金線偏移量預防短路或斷線的狀況發生，謹慎的選用封裝材料及準確的控制製程參數，降低模穴內金線受到模流流動所產生的拖曳力，以避免金線偏移量過大的情形產生將是努力的目標。

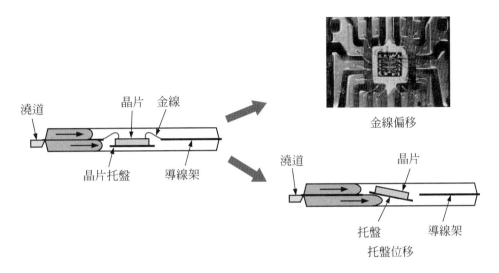

圖 6.1 金線偏移的發生

6-1-2 翹曲變形問題

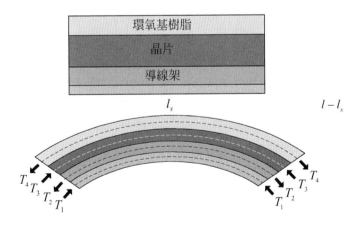

圖 6.2 翹曲變形示意圖

翹曲變形(如圖 6.2 所示)的發生，乃是因材料間彼此熱膨脹係數的差異及流動應力的影響再加上黏著力的限制，導致整個 IC 封裝體於封裝過程中受到外界溫度變化的影響，材料間為了釋放受溫度影響所產生的內力，故藉由翹曲變形來達到消除內力的目的，此即 IC 元件翹曲變化發生的原因。而隨著薄形封裝元件的發展，IC元件的翹曲變形問題亦變得更加明顯，為了避免因組成材料的熱膨脹係數不同及流動應力的影響，造成翹曲變形過大，降低元件結構的翹曲量將是一個需要努力的目標。

■ 6-1-3　其他封裝缺陷

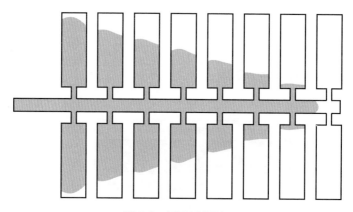

圖 6.3　聖誕樹現象

除了金線偏移與翹曲變形等兩項主要的封裝缺陷外，其他尚有因封裝時流道系統設計不當所產生的"聖誕樹現象"(如圖 6.3 所示)、模穴壓力不平衡所導致的"賽馬現象"(如圖 6.4 所示)、封裝時空氣排出不完全所產生的氣泡、封裝體內因溼氣在被蒸發時產生應力，造成封裝體爆裂開的"爆米花效應"(如圖 6.5 所示)、材料間彼此熱膨脹係數的不匹配再加上封裝體的吸溼性在烘烤後所造成的脫層(Delamination) 與氣泡(如圖 6.6 所示)以及導線架與晶片托盤的變形等都是 IC 元件在封裝製程中所容易產生的缺陷問題。

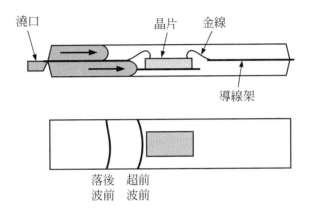

圖6.4 賽馬現象

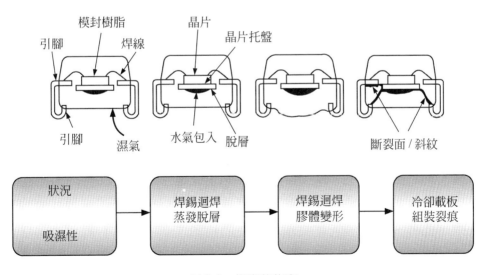

圖6.5 爆米花效應

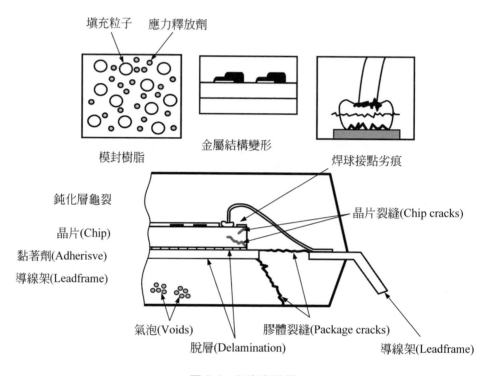

圖 6.6　氣泡與脫層

■ 6-2　封裝材料的要求和技術發展

隨著 IC 高性能與高密度集積化的需求發展，半導體封裝技術也朝向高密度化、薄型封裝等多樣性的趨勢發展，同時亦由於 BGA、CSP、Flip Chip 等高密度封裝技術的引入，亦是為了順應產品輕薄短小化的需求，因此提高封裝產品性能與可靠度更是對封裝材料不可或缺的特性要求。此外，更由於近年來環保意識的抬頭，新一代具有綠色環保概念之半導體封裝製程與材料技術亦不斷被要求；因此本節將針對封裝材料的要求和發展趨勢作一介紹。

■ 6-2-1 黏晶材料

黏晶材料主要功能在於將 IC 晶片黏貼於導線架或基板上，目前市場上最常見的黏晶材料主要以環氧樹脂爲基本樹脂，並塡充銀粒子作導電用，成份上亦會依需求加入硬化劑、促進劑、介面活性劑、耦合劑等，以達到各項特性之要求，此類混合材料亦常稱爲銀膠。

對於黏晶材料的要求，爲因應將來封裝技術不斷提升，除考量與晶片和載體之接著性外，將會朝向低應力、抗龜裂、快速交聯三方向進行，而未來黏晶材料發展重點將會著眼於材料的 Modulus、Strength、吸溼性、交聯時間等考量上。

目前大多數的研究多在於銀膠對於銅導線架的使用性上。銅導線架雖具有優異的電導性和熱傳導性，但卻有線性熱膨脹係數太大和高溫性質惡化的缺點，因此對於如何降低銀膠的熱應力就變得非常重要。目前業界在這一方面，也一直研究新的改良法，例如 Sumitomo Bakelite 發展用酚醛粒子包覆鎳、金做成有機充塡物，加上環氧樹脂、銀粉、γ-Glycidoxy Trimethoxysilane 等，製成具有低模數和優異塗佈性質的銀膠。

■ 6-2-2 封膠材料[2][3]

半導體封裝材料依製程方式大致可分爲兩大類，一是應用在轉移成型(Transfer Mold)製程的固態封模材料(Epoxy Molding Compound，EMC)；一是應用在點膠或網印製程的液態封止材料(Liquid Encapsulant)。

對固態封模材料而言，模封材料主要的功能是將晶片和打線區加以封裝保護，以避免外在環境對其造成影響。現今市面上的封膠材料以環氧樹脂(EMC)系列爲主，在產品的組成上如圖 6.7、表 6.1 所示，主要以

CH6

Silica為主，一般約佔65～75％左右，再以環氧樹脂做結合劑，並加入硬化劑、催化劑、耐燃劑、應力釋放劑等多種添加劑，以達到整體性的性能要求。近年來由於薄型化、低應力、低翹曲及高可靠度的需求，逐漸改成Bi-Phenyl、Dicyclopentadiene及Multifunctional等種類之環氧樹脂。

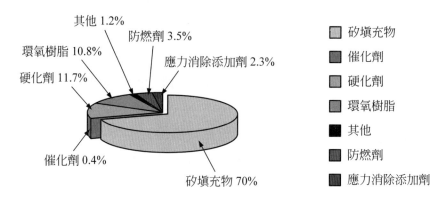

圖6.7　基本環氧樹脂封模材料之組成

　　而對液態封止材料而言[4]，液狀封止材料是一種在常溫下呈液態且具有流動性的材料，過去大多使用在低階的 COB 產品上，但是近年來由於封裝技術多樣化的發展以及材料本身可靠度的提升，液狀封止材料已逐漸廣泛地應用於 DCA、CSP、MCM、TAB 及 Flip Chip 等新一代封裝技術上。液態封止材料依應用於半導體封裝型態的差異，大致可區分為頂部封止(Glob Top)與底部充填(Underfill)兩大類。

　　半導體封裝材料在功能上除了必須要滿足各種封裝應用產品在製程加工特性之要求外，還必須要能通過各種環境可靠度的測試，因此材料的主要要求及開發技術，基本上包括下述各點[5]：

表6.1　半導體模封材料組成與功能

組成成份	重量百分比	固態模封材料	液態模封材料	功能
環氧樹脂	10-15 %	OCN Type Biphenyl Type DCP Type Multifunctional Type	Bisphenol-A Type Cycloaliphatic Type	硬化速率、耐熱性、電氣特性、模封特性、機械特控制接著特性、耐溼性、尺寸安定性控制
硬化劑	5-10 %	Novalak	Anhydride	硬化速率、耐熱性、電氣特性、模封特性及機械特控制
加速劑	0.2-0.3 %	TPP	Imidazole	
二氧化矽	65-85 %	Crash/Spherical	Spherical	降低 CTE、增加剛性、降低溢膠及流動性控制
耐燃劑	1 %	Sb203/Br Epoxy	—	難燃
脫模劑	0.2-0.3 %	Wax	—	脫模
著色劑	0.2-0.4 %	Carbon Black	Carbon Black	降低老化與文字印刷
應力緩和劑	2-4 %	Rubber or Silicone	Rubber or Silicone	降低彈性模數、防止翹曲與龜裂
稀釋劑	1-5 %	—	Reactive Type	黏度控制

1.　低應力材料技術

　　　低應力化材料的目的，主要是針對降低翹曲以及提昇產品可靠度的特性，特別是在封裝產品薄型化及晶片尺寸愈來愈大的趨勢下。

2.　低翹曲材料技術

　　　翹曲的發生，主要會影響到植球、切割及表面實裝等後段製程的加工性。翹曲變形的產生主要可以歸納爲封裝材料的熱應

CH6

力、製程加工參數、封裝產品型態等三個因素的影響。

　　從封裝材料設計的觀點來看，降低翹曲基本上可以從減少材料反應收縮、提高 及降低熱膨脹係數和彈性模數等來考慮。

　　從製程加工參數的觀點來看，在固態封模材料的考量上，模壓溫度和時間、模壓成形後烘烤溫度的時間以及成型收縮率等，都是影響翹曲的重要因素；而在液態封止材料方面，材料硬化條件(Curing Profile)的設定對翹曲有相當大的影響，特別是在低溫段的昇溫速率、溫度和時間以及在硬化完成後的降溫速率上，都有相當程度的影響。

　　此外，封裝產品的型態(如封裝材料厚度、基板厚度和材質、晶片尺寸大小等)和產品結構對稱性都是影響翹曲程度大小的主要因素。

環氧化物
(Epoxy)

在濕氣低的情形下，容易吸收成為結構緊密的狀態
(Low Moisture Absorption High Toughness)

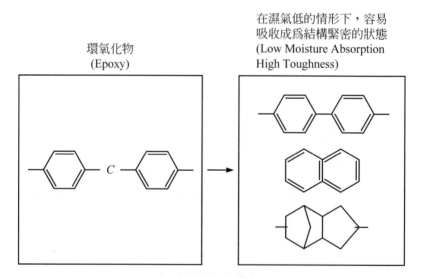

圖 6.8　環氧樹脂發展的趨勢

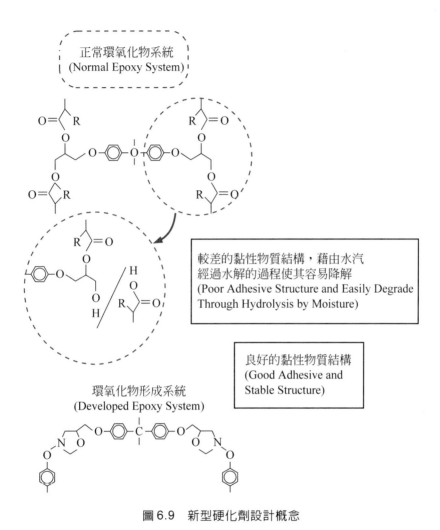

圖 6.9　新型硬化劑設計概念

3.　抗溼性材料技術

　　封裝材料的抗溼氣特性是為了提高產品的可靠度，特別是在
JEDEC標準的環境測試(Precondition Test)及可靠度壓力鍋測試
(Autoclave Test)上。在材料的設計上必須選擇低吸水性，高附

著強度及高純度(低離子含量)等特性，在材料技術上可以選擇低吸水性且高耐熱性的環氧樹脂(如圖 6.8 所示)、開發新的硬化劑(如圖 6.9 所示)、添加適當的 Adhesion Promotor、提高二氧化矽含量及選擇高純度材料等幾個方向來考量。

4. 高抗焊錫性材料技術

　　高抗焊錫性目的是由於封裝材料必須通過 JEDEC 標準的環境測試，在過迴焊爐測試時避免 Popcorn 現象的產生，特別是近年來金屬無鉛化的課題越來越受重視，而無鉛化金屬材料往往造成迴焊製程最高溫度的提升，因此封裝材料抗焊錫性也愈顯重要。

5. 低黏度材料技術

　　對固態封模材料來說，低黏度材料有助於減少 Wire Sweep 的現象；而對於液態封止材料來講，低黏度材料有助於產能的提升，特別是針對 Flip Chip Underfill 材料而言。再加上材料低應力化、低熱膨脹係數的趨勢需求，低黏度材料技術便愈形重要。

■ 6-2-3　導線架、基板的技術發展[6]

　　由於以往 QFP 型態的封裝會有引腳的共面性及體積太大的缺憾，導致近年來傳統導線架高腳數產品逐漸被 BGA 所取代，導線架的需求已不如以往般重要。但在高容量記憶體以及先進技術的發展上，所衍生出的 LOC 構造導線架、CSP 導線架及環保要求的鍍鈀導線架將是展望未來的需求。此外，目前國內導線架在產品品質上仍不如國外水準，因此以朝向 Stamping 及 Etching 導線架整合生產的策略發展，並致力提升封裝製程中的電鍍均勻度、Stamping(Etching)品質穩定度以及 Cutting 品質，同時提升中高腳數(200～300 腳)的技術層次，是未來國內導線架產業應努力的目標。

在目前基板的發展上，以BGA(Ball Grid Array)為例，依其使用的基板材質不同可分為 PBGA(Plastic BGA)、CBGA(Ceramic BGA)、TBGA(Tape BGA)及 MBGA(Metal BGA)；而在未來的發展中，則朝向高密度基板與 Tape Type CSP 基板的發展邁進中。

1. 高密度基板

對應未來先進封裝技術必須使用高密度基板規格的嚴格要求，所開發出新的製程技術-增層(Build-Up)高密度基板，(如圖6.10 所示)。其增層法主要用在製作多層基板的細微線路及最小微孔的基板迴路上，利用的相關技術包含增層絕緣層的應用(絕緣材料佔成本結構的 40 ％左右，包含液態樹脂、薄膜絕緣材料與被膠銅箔材料三種方式來製作絕緣層)、微孔製作技術(包括微影成孔、機械鑽孔、雷射鑽孔)與金屬化製程(分為全加成法、半加成法、減成法及導電膠)三部份。

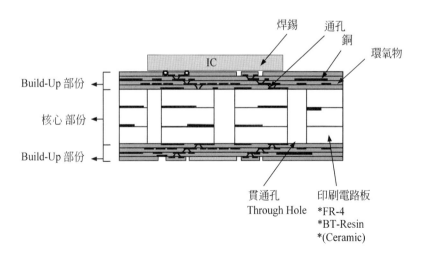

圖 6.10　增層基板示意圖(自 Prismark 摘錄)

2.　Tape Type CSP 封裝基板

　　在未來 CSP 的應用中發展最快且最被看好的便是可撓式中介物型(Flex Circuit Interposer)，其是以可撓性的有機基板作爲晶片的載體，並提供晶粒上的鋁電極(I/O)至封裝元件間內部線路的連通。以 Tessera 公司的 μBGA 所使用的軟性基板爲例，其乃是以 PI(Polyimide)爲材質所製造的產品，而其所用 TAB Tape 的微細配線技術可達線距/線寬 $25/25\mu m$，並已朝向 $20/20\mu m$ 發展，間距爲傳統 PCB 的 1/3 以下。

■ 6-3　散熱問題的規劃[7][8][9][10]

　　隨著電子產品的快速發展，對於功能提升以及縮小體積的需求越來越大，繼之而衍生的散熱問題也就愈形重要。其實熱一直是電子元件如影隨形且無法避免的問題，也是影響電子元件或系統可靠度的重要因素。而熱之生成主要是由於 IC 中百萬個電晶體運作時所產生的，這些問題雖然可由降低電壓的方式來減少，但是仍不能解決因功能提升及體積減小所產生發熱密度增加的問題。散熱問題如不能解決，會使 IC 元件因過熱而造成熱負荷的提升，進而影響產品的使用壽命與可靠度。而根據『10℃理論』：當電子元件每升高10℃，其壽命則相對減少一半；以及國外機構的預測：未來 2～3 年單晶片發熱量將由目前的 50-60W 增加至 150W 以上，因此，如何解決電子元件印刷電路板和系統的散熱問題，已是電子產業發展一個極爲關鍵的課題，而這也是爲何熱管理(Thermal Management)技術日益受到重視的原因。

　　所謂『熱管理』指的是電子電路中熱產生與熱控制的一門技術，它主要的目的就是維持電子元件的界面溫度(Junction Temperature)低於安全規範，以避免因過熱造成的性能衰退或不穩定。

由於『熱管理』本身涵蓋的範圍相當廣，除了基本的熱設計、熱模擬和熱量測技術外，還包括散熱片、熱管、界面材料、冷凝材料和熱電材料等材料的設計與加工製程技術，非單一領域所及。因此，本章將針對 IC 元件在熱管理相關的領域和散熱技術發展中一些比較重要的課題來做一介紹，其中包括 IC 熱傳的基本特性、IC 熱阻量測技術與應用、散熱片(Heat Sink)和熱管(Heat Pipe)等散熱技術的應用、印刷電路板(PCB)之散熱技術及未來新型散熱技術之發展等項。此外，將針對具有不同封裝形態卻容易產生散熱問題的 3 組高密度封裝元件(QFP、BGA、FC)，分別做熱傳改善的探討。

6-3-1　IC 熱傳基本特性

IC 的散熱主要有兩個方向，一個是經由封裝上表面傳到空氣中，另一個則是由 IC 向下傳到 PCB 板上，再由電路板傳到空氣中。當 IC 以自然對流方式傳熱時，向上傳的部份很小，而向下傳到板子則佔了大部分，由於封裝形式的不同，其詳細的散熱模式亦不同，其散熱方式如下：

1.　以導線架形式的封裝為例

如圖 6.11 所示，向下傳的熱又可分為兩部份，一部份是經由導線架及接腳傳到 PCB，另一部份則是由晶片經由封膠材料及下方空隙的空氣傳到 PCB 中。

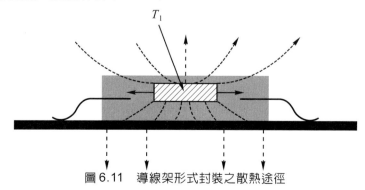

T_1

圖 6.11　導線架形式封裝之散熱途徑

2.　以 BGA 的封裝形式為例

　　　如圖 6.12 所示，BGA 形式的封裝則是藉由基板(Substrate)及錫球(Solder Ball)將熱傳到 PCB 中。

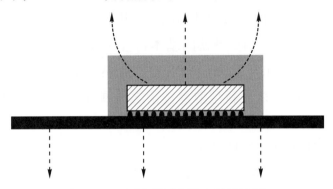

圖 6.12　BGA 形式封裝之散熱途徑

3.　以 FC 覆晶直接承載的封裝為例

　　　如圖 6.13 所示，覆晶直接承載的封裝形式則是經由下方錫球及底層填充材料(Underfill)將熱傳到 PCB 中。

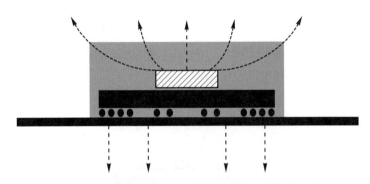

圖 6.13　FC 覆晶直接承載的封裝形式之散熱途徑

■ 6-3-2 IC 熱阻量測技術與應用

在電子元件熱管理技術中最常用也是重要的評量標準是熱阻(Thermal Resistance)，以 IC 元件而言，最重要的參數是由晶片接面到固定位置的熱阻，其定義如下式(6-1)所示：

$$\theta_{JX} = \frac{T_J - T_X}{P} \tag{6-1}$$

其中，T_J 為接面位置的溫度，T_X 為熱傳到某點位置的溫度，P 為輸入的發熱功率。由熱阻便可以判斷及預測元件的發熱狀況，熱阻大就表示熱不容易傳遞，因此元件所產生的溫度就比較高。電子系統產品在設計時，為了預測及分析元件的溫度，便需要使用到熱阻值的資料，因而元件設計者除了須提供良好散熱設計的產品外，更需提供可靠的熱阻資料供系統設計之用。而為了成功的將遍佈世界各地的設計及製造廠商成功地結合在一起，就必須在關鍵技術上設定工業標準。單就熱管理技術而言，就牽涉了許多不同的軟硬體製造廠商，因此便需透過一些國際組織及聯盟來訂定相關技術標準。本節中將就熱阻的相關標準發展、量測方式及在數值模擬的應用上做一介紹。

A. 封裝熱傳的發展、標準與定義

在 1980 年代，封裝的主要技術是利用穿孔(Through Hole)方式將元件安裝於單面鍍金屬的主機板上，當時 IC 元件的功率層級只有 1mw 左右，在 IC 封裝中唯一的散熱增進方式是將導線架材料由低傳導性的鐵合金 Alloy42 改為高傳導性的銅合金。而從 1990 年代開始，隨著半導體及電子封裝技術的提升，在構裝上為了增加組裝密度，元件的安裝方式採用表面黏著(Surface Mount)技術，雖然基板採用更多電源層的多層銅箔基板，然而所產生的熱傳問題卻日益嚴重,此時,為了增加封裝的散熱效能,開始將金屬的散熱片(Heat Spreader)插入封裝之中。而在 1990 年代的末期,以BGA(Ball Grid Array)為主體的封裝型式開始發展,由於面陣列的方式可以容納更多的錫球作為 I/O,使得封裝技術更進一步發展,封裝的體積大量縮小,而相對的在基板上的 I/O線路也越來越小,使得所產生的熱傳問題也較以往更為嚴重。

而在電子熱傳工業標準的發展上,早期主要是依據 SEMI (Semiconductor Equipment and Materials International)標準,該標準定義了 IC 封裝在自然對流、風洞及無限平板等測試環境下的測試標準。自 1990 年之後,JEDEC JC51 委員會邀集廠商及專家開始發展新的熱傳工業標準,而在熱管理方面所提出的標準上,如表 6.2 分佈所示,包含了已出版的部份、已提出的部份及已建議提出的部份。和SEMI 相比,雖然基本量測方式和原理相同,但內容卻更為完整,定義也更清晰。

由於熱阻值可視為熱傳效率的表現,因此在SEMI的標準中便定義了兩種熱阻值,即θ_{ja}和θ_{jc},其中,θ_{ja}如圖 6.14(a)所示,是量測在自然對流或強制對流條件下從晶片接面到大氣中的熱傳,該值主要用於比較封裝散熱的容易與否;而θ_{jc}則是如圖 6.14(b)所示,指熱由晶片接面傳到 IC 封裝外殼的熱阻,由於在量測時需接觸一等溫面,故該值主要用於評估散熱片的性能。

而隨著封裝型式的改變,在新的JEDEC標準中則增加了θ_{jb}、Ψ_{jt}、Ψ_{jb}等項,其中θ_{jb}如圖 6.14(c)所示,假設為在幾乎全部熱由晶片接面傳到測試版的環境下,由晶片接面到測試板上的熱阻,該值可用於評估PCB的熱傳效能,而Ψ則為熱傳特性參數,其定義和θ的定義相似,所不同的是Ψ是指在大部分熱量的傳遞狀況

表 6.2　JEDEC JC51 會議訂定之已發表標準、提出之標準及建議提出之標準

OVERVIEW JESD51					
Thermal Measurement	Thermal Environment	Component Mounting	Device Construction	Thermal Modeling	Measurement Application
Electrical Test Method JESD51-1	Natural Convection JESD51-2	Low Effective Thermal Cond. Thermal Test Bd. JESD51-3	Thermal Test Chip Guideline (Wire Bond.) JESD51-4	Detailed Model Guideline	Application of Thermal Standards Guideline
Infrared Test Method	Forced Convection JESD51-2	Hi Effective Thermal Cond. Thermal Test Bd. JESD51-7	Thermal Test Chip Guideline Flip Chip DCA	Submerged Detail Jet Impingement Conduction Mode Validation Method	Specification Guidelines for Package Manufactures
Test Method Implementation for Active Die	Heat Sink Junction-to-Case	Area Array Thermal Test Bd. JESD51-9		Dual Cold Plate Conduction Model Validation Method	Specification Guidelines for PCB Tolerance Verification
Transient Test Method	PCB Junction-to-Board JESD51-8	Direct Attach Thermal Test Bd. JESD51-5		Compact Model Guideline	
Thermocouple Measurement Guideline		Through Hole Thermal Test Bd. Array and DIL			
Interface Measurement Method		Chip Size Package Direct Chip Attach Thermal Test Bd.			

已提出之標準

已發表之標準

(In Committee Work Group)

建議提出之標準

下，而 θ 則是指全部的熱量傳遞。由於在實際的電子系統散熱時，熱不一定會由單一方向傳遞散出，因此，Ψ 之定義較符合實際系統的量測狀況。而 Ψ_{jt} 則如圖 6.14(d)所示，是指部分的熱由晶片接面傳到封裝上方的外殼，該定義可用於實際系統產品藉由 IC 封裝後外表面的溫度來預測晶片接面溫度。而 Ψ_{jb} 則和 θ_{jb} 類似，但是指在自然對流及風洞環境下，由晶片接面傳到下方測試板部分時所產生的熱阻，可用於由板溫來預測接面溫度。

CH 6

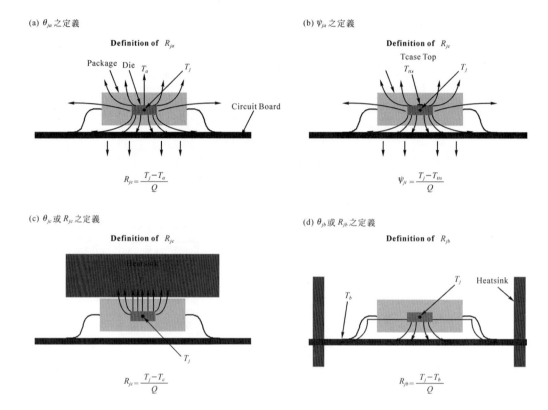

圖 6.14 熱傳方向及熱阻值示意圖

B.　熱傳量測方法的介紹

　　由於一般 IC 封裝時晶片接面會被封裝材料蓋住,而無法直接量測晶片工作時其接面發熱的溫度,因此,熱阻量測所採用的方式一般是利用元件的電性特性透過熱測試晶片(Thermal Test Chip)的採用來進行封裝的熱阻量測,以求出 θ_{ja}、θ_{jb}、θ_{jc} 等所需的熱阻值。

　　θ_{ja} 的量測過程主要分為溫度敏感係數的校正以及自然和風洞測試環境的量測兩個部份。其步驟為先將封裝體置於恆溫箱中加熱到固定溫度，藉由紀錄二極體電壓輸出(TSP)值來決定溫度敏感參數及找出介於溫度與電壓值的溫度校正曲線中的斜率，該斜率稱作 K 因子(K Factor)。接著將其放入自然對流的測試箱中，輸入固定電源加熱晶片並紀錄輸出電壓，最後利用式(6-2)將溫度校正線換算成晶片接面的溫差值 ΔT_J 及式(6-3)計算出熱阻值 θ_{ja}。

$$\Delta T_J = K \times \Delta TSP \tag{6-2}$$

$$\theta_{ja} = (T_{a0} + K \times \Delta TSP - T_{ASS})/P \tag{6-3}$$

θ_{jb} 的量測則是利用環形冷板(Ring Cold Plate)，將測試板及封裝夾於中間，利用水冷的方式冷卻銅板，待溫度達到平衡，良側板溫及 TSP 值，最後利用式(6-4)計算出熱阻值 θ_{jb}。

$$\theta_{jb} = (T_{b0} + K \times \Delta TSP - T_{BASS})/P \tag{6-4}$$

θ_{jc} 的量測方式主要是利用溫度的散熱片或是溫度控制的流體槽方式，使熱由單一方向傳遞，利用熱傳的暫態趨近方式將暫態所量得的熱阻分為 3 個部分，即由晶片接面到封裝外殼之熱阻 θ_{jc}、介面材料之熱阻 θ_i 及散熱片或冷板(Cold Plate)之熱阻 θ_{CP}，最後利用式(6-5)計算出熱阻值 θ_{jc}。

$$\theta_{jx} = \theta_{jc} + \theta_i + \theta_{CP} \tag{6-5}$$

C. 利用熱阻建立模擬模型

由於電腦運算速度的進步，計算流體力學(CFD Computational Fluid Dynamic)模擬軟體的發展已有很大的進步，並已成功大量的應用於由封裝到系統的電子熱傳分析及設計。而目前利用所量

測之熱阻值來做數值模擬的方法如圖 6.15 所示，主要有 3 種。在
模擬的過程中，常遇到的問題便是封裝層級的熱傳分析和系統層
級的熱傳分析在要求和規模上都不相同。例如在隔點的數量上，
如果在系統層級的模擬使用封裝元件層級的分析格點去做模擬，
所使用的格點數目就會很多，因此就必須做簡化或兩種層級介面
偶合的工作，目前比較簡單的作法就是採用簡化的數值模擬來模
擬封裝，並將結果代入系統模擬中。

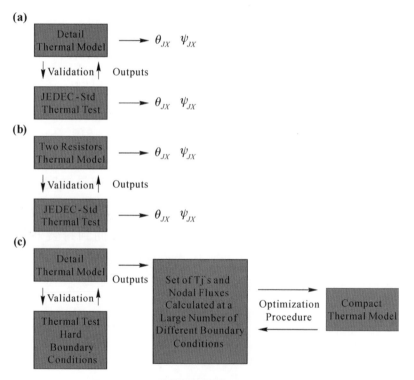

圖 6.15　三種利用熱阻做 CFD 模擬的方法

　　目前簡化模型的建立有兩種標準的方法，一種是採用雙熱阻
模型(Two Resistor Model)，利用 θ_{jb} 和 Tba/P 呈線性關係的原理，

將封裝表示成θ_{jc}及θ_{jb}兩個參數所構成的簡化模型，再應用於系統模擬，如圖 6.16 所示，此種方式的模擬其最大的誤差約在 30% 以內。

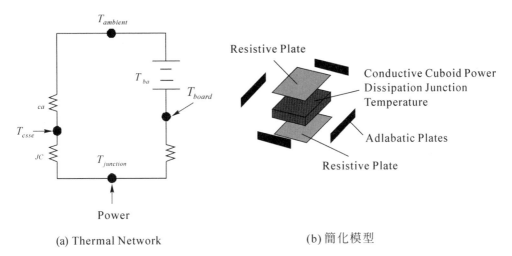

(a) Thermal Network   (b) 簡化模型

圖6.16　利用 Two Resistor Model 計算簡化模型

　　另一種較準確的模擬方式是用數個節點所構成的網路所組成的簡化模型，稱為內熱阻法(Internal Thermal Resistors Method)或是簡化模型法(Compact Model Method)，如圖6.17所示。其作法為將封裝的熱傳狀況用數個節點所組成的網路來分析，而各節點的值便稱為內熱阻，其作法為先藉由實驗方式來改變不同之邊界以產生在不同邊界條件下之實驗熱阻值，再以驗證過的詳細數值模型產生其他更多不同邊界條件下之節點熱阻值，最後將在各種不同邊界條件下節點熱阻值的結果經由最佳化過程產生內熱阻值，再組成簡化之內熱阻模型。

CH **6**

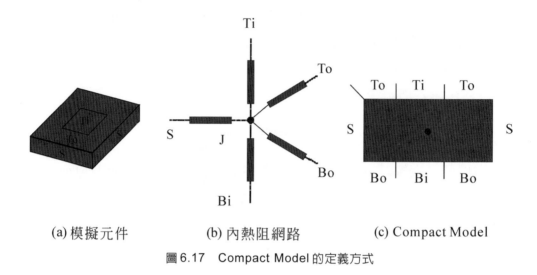

(a) 模擬元件　　　　(b) 內熱阻網路　　　　(c) Compact Model

圖 6.17　Compact Model 的定義方式

■ 6-3-3　散熱片(Heat Sink)的應用

　　散熱片(Heat Sink)是一種固定在電子元件表面的材料，主要是用來將元件表面所產生的熱量傳導至外界。散熱片通常是由一底板(Base Plate)和許多鰭片(Fins)所組成，底板直接與電子元件接觸，負責將熱快速傳導出去並擴散開來，以避免熱過度集中；而鰭片則用來增加散熱片之散熱面積，以便進一步傳遞底板擴散出來的熱，並藉由鰭片表面與環境的熱對流作用，將熱散溢至周圍環境中。典型的電子元件散熱方式，幾乎所有的熱(90 %)是靠散熱片將熱散出，少部份則是靠封裝基板傳遞出去，由此可見散熱片在電子散熱上的重要性。

　　大體而言，散熱片之熱傳導率(Thermal Conductivity)愈高，散熱面積愈大，其散熱效率便愈佳，因此如何提升散熱片的材料熱傳導率與增加散熱片的散熱面積來提升整體的散熱效率便是當前極待突破與克服的問題。為了因應電子產業的相關散熱需求，本節中將就散熱片的材料及製程以及未來的挑戰作一介紹與比較。

在散熱片的材料及製程上，由於散熱片的發展已久，從早期的鋁擠型與鋁壓鑄傳統製程發展到今日的折彎、黏結、鍛造、焊接、刨床、改良式壓鑄和精密式機械加工，乃至金屬粉末射出等創新能力製程上都有極大的進展。這些製程各有其技術特性和能力限制，因此在選擇上可依其熱性能(Thermal Performance)、量產性與生產成本等方面作一考量，將其應用在不同的電子產品市場上。目前各種散熱片的製程能力限制與優缺點比較如下表6.3、表6.4所示，而其製程技術則詳述如下。

表6.3　各種不同散熱片製程之能力限制

參　　　　　數	傳 統 製 程		新 式 製 程					
	擠出	壓鑄	金屬粉末射出	折彎	改良式壓鑄	鍛造	刨床	機械加工
鰭片最小厚度(單位 mm)	1.0	1.0	0.75	0.25	0.2	0.4	0.3	0.5
最大鰭高／鰭片間隔	12：1	10：1	60：1	40：1	＞50	50：1	25：1	50：1
最小鰭片間隔(單位：mm)	3.2	2.0	0.8	1.25	0.2	1	2	1
材　　　料	鋁	鋁,鋅合金	鋁,銅,鎂	鋁,銅	鋁,鋅合金	鋁	鋁	鋁,銅,鎂

1.　鋁擠型製程

鋁擠型製程係將鋁擠型錠預熱至 520～540℃後，在高壓下流經400℃的擠型模具，做出連續平行溝槽的散熱片初胚，接著再二次加工，將條狀初胚裁剪、剖溝成一個個散熱片。鋁擠型散熱片(如圖6.18所示)由於具有資本投資與生產成本適中、技術門檻低、模具費用低和開發週期短等優點，且其使用的鋁擠型材料具有良好的熱傳導率(160～180W/m·K)與加工平整度，因此是目前最被廣泛使用的散熱片製程，並普遍被使用於較不受空間限制的桌上型電腦與伺服器上。

CH6

表 6.4 各種散熱片製程之優缺點比較

材料種類	材料製程	優　　　點	缺　　　點
A6063	鋁擠型 (Extrusion)	成本低廉 開發期短	細長比＜15 形狀單純
1070, ADC12, A356, A6061, 銅	壓鑄 (Die Casting)	可做複雜形狀 散熱面積大 量產性佳	開發成本高 開發時間長 模具費用高
鋁合金	改良式壓鑄 (Modified Die Casting)	可插入超薄的鋁或銅 鰭片	量產性較差 有介面阻抗問題
1xxx, 7xxx 鋁	鍛造 (Forging)	材料致密高 高細長比 可變化形狀	模具費用較高 需二次加工
鋁，銅	接合型 (Bonding Fins)	高細長比 重量輕、散熱面積較 大適用於不同材料之 接合	有介面阻抗 可靠度較差
鋁，銅	折彎型 (Folded Fins)	高細長比 重量輕、散熱面積大 可接合不同材料	介面阻抗大 形狀單純 製程多、量產性較差
鋁，銅	機械加工型 (Machining)	容易自動化 適合銅散熱片	材料耗損快 量產速率慢
6063，銅合金	刨床 (Skiving)	散熱片面積大 底座與墊片一體成型 重量輕	鰭片無法太高 限於單純之 Pin-fin 結構
銅鎢合金	金屬粉末射出	一體成型 適用於銅合金	原料成本比較昂貴 良率較其他的製程低

圖 6.18 典型的鋁擠型散熱片

2. 鋁壓鑄型製程

　　鋁壓鑄型製程係將鋁錠熔解成液狀，利用壓鑄機將鋁液快速充填入金屬模穴內，直接成型出散熱片。壓鑄型散熱片(如圖6.19所示)因可作成複雜形狀，並可搭配氣流的方向而設計出具導流效果較佳的散熱片及成型出薄且密的鰭片，以增加散熱面積，因此普遍被用於較受空間限制的筆記型電腦上。

　　基本上，以上兩種傳統的散熱片製造製程(鋁擠型或鋁壓鑄型)都有其細長比的限制(< 15)，因此無法在相同體積下藉由提高鰭片厚度來增加整體散熱面積。為了突破細長比的限制以因應電子元件日益增加的散熱量，便有如下幾種革新性的散熱片製程被開發出來。

圖6.19　筆記型電腦用的壓鑄型散熱片(具導流設計)

3. 接合型製程(Bonding Fins)

　　接合型製程係先利用鋁擠型製程擠出有溝槽的散熱片底板，同時將鋁板片或銅板片(厚度< 1mm)做成一片片的鰭片，並將鰭片插入散熱片底板的溝槽上，再利用導熱黏膠或焊錫將兩者接合起來。其優點為散熱片之細長比可突破傳統的限制，達到 60 倍以上，同時鰭片可選用不同的材料(Al、Cu、Mg)；缺點則是利用導熱黏膠或焊錫做接合會存在界面阻抗問題，且其接合強度亦

會影響到產品之可靠度。

4.　折彎型製程(Folding Fins)

　　　折彎型製程係先將薄板片(Al、Cu)以一體成型方式折成鰭片式的排列形狀，再利用硬焊或錫焊方式與擠型過或機械加工過的底板相結合成一散熱片。該製程的優點和接合型製程(Bonding)一樣，適合做高細長比的散熱片(＞40)，且鰭片部份是一體彎折成型，有利用熱傳導之連續性，同時散熱片之鰭片與底板具有不同散熱材料組合的彈性，如銅和鋁；而其缺點則為成型步驟較多且複雜，會增加製造上的成本，此外這種彎折再焊接的製造方式，亦會產生額外的界面阻抗及不易建構緊密排列之細間距散熱片。

5.　改良式壓鑄製程(Modified Die Casting)

　　　改良式壓鑄製程係一般壓鑄原理的延伸，它的最大特色是將許多細密的沖壓鰭片(鋁板片／銅板片)先插入一留有微小間隙的金屬心內，壓鑄前將此金屬心置入模具內，再利用鋁液快速充填入金屬模穴內，進而將插入之鰭片與散熱片底板結合在一起，如圖6.20所示。該製程的優點為其界面熱阻抗要比 Bonding Fins 和 Folded Fins 來得低、鰭片之細長比相當大(＞60)、可採用熱傳導率較佳的材料做鰭片，必要時還能在底板插入銅板片以增加熱擴散速率，同時亦能配合熱管的使用，以提供更有效率的熱解決方案；而其缺點則為鰭片插入金屬心內相當耗時，無形間增加人工成本，並影響其量產性。

圖 6.20　改良型壓鑄散熱片

6.　鍛造製程(Forging)

　　鍛造製程係經精密的風道設計後，於模具上開具適當的鰭片排列，再將鋁塊加熱至降伏點後，於模穴內利用高壓使鋁材充滿模穴而形成柱狀鰭片。該製程的優點為鰭片之高度可達 50mm 以上，厚度可薄至 1mm 以下，且鰭片之高度對間隙比可達到 20 倍以上，因此可於相同的體積內達到最大的散熱面積，且整體重量亦相對減輕，達到最經濟的效益；而其缺點則為鍛造材料在模穴內由於底板厚度與鰭片厚度有明顯之肉厚差，因此當塑性流變時會出現頸縮現象，產生鰭片高度不均的現象，此外，鍛造模具的費用相當高，除非大量生產，否則成本會太高。

7.　刨床式製程(Skiving)

　　刨床式製程係先以擠型方式做出長條狀帶有凹槽的初胚，並利用一特殊的刀具將初胚削出一層層帶點彎曲的鰭片出來。該製程的散熱片(如圖 6.21 所示)其鰭片厚度可薄至 0.5mm 以下，同時鰭片與底板是一體成型的，沒有像 Bonding Fins 和 Folding Fins 界面阻抗的問題，因此具有高鰭片密度、高散熱片的面積與高熱傳導性為其特點。

CH6

圖 6.21 國內廠商所開發的刨床式散熱片

8. 機械加工製程(Machining)

機械加工製程簡言之係直接將金屬塊材料加工成具有鰭片間隙的散熱片型式，通常是在 CNC 機台上以具有多重精密排列鋸輪的 Gang Saw 刀具來加工製造散熱片。該製程目前雖有在加工過程中易造成鰭片損害與變形，須進一部整形的問題及容易產生大量廢料與材料耗損而不具生產性等缺點，但由於具有可適用於高性能散熱片的製造、容易自動化等優點，因此未來仍有很大的發揮空間。

9. 金屬粉末射出成型(MIM)製程

金屬粉末射出成型(MIM)製程應用在散熱片的製造上主要著眼於有些高熔點、高熱傳導的材料(如 Cu、Cu-W)不易用上述幾種製程予以一體成型而最近發展的技術，係用金屬粉末射出的方式直接作成散熱片型式的初胚，接著再利用高溫燒結成具有高強度與高密度的成品。該製程的優點為可以將高熱傳導的銅粉末直接一體成型出高效能的散熱片，頗適合用於高發熱密度並受限於空間限制的電子元件上。如圖 6.22 所示為一種用於 VGA 上的金屬粉末射出成型散熱片，其優點為熱阻抗值要比用鋁材低很多，而其缺點則是原料成本較昂貴，產品良率較其他製程低很多。

　　在未來的挑戰上，由於散熱片係爲了改善熱傳的效應而製造的，因此必須先了解散熱片的各種製程能力與限制後，才能針對各種電子元件的散熱需求設計出符合規格及具價格競爭力的散熱片。因此，散熱片在設計前必須先考慮電子元件的最大散熱量(P)、最大環境溫度(T_a)、容許的最大界面溫度(T_j)、散熱片之熱阻抗值要求、自然冷卻或強制冷卻(Passive Cooling or Active Cooling)、須強制對流時之風量與風扇選用、容許之壓力降、最大散熱片尺寸、選用何種散熱片製程及散熱片的外觀與成本等因素，並在進行散熱片設計時加入鰭片高度(Fin Height)、鰭片長度(Fin Length)、鰭片厚度及間隙(Fin Thickness/Spacing)、鰭片數目及密度(Number/Density of Fins)、鰭片形狀(Fin Shape/Profile)、底板厚度(Base Plate Thickness)、扣具之扣接槽型式(Cross-Cut Patterns)、散熱片材料(Heat Sink Materials)等因素的考量，同時再配合熱模擬的技術先行預測設計散熱片的熱阻抗值，才能避免設計上的失誤，減少不必要的錯誤，同時達到最佳化之設計。

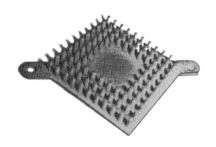

圖 6.22　金屬粉末射出(MIM)之銅散熱片

CH6

■ 6-3-4 熱管(Heat Pipe)的應用

熱管是一個利用兩相變化(液、汽)及蒸汽流動的一種熱傳遞裝置，由於其能夠在很小之溫差的條件下，將熱快速傳遞某一距離之長度，並具有高熱傳的特性，因此成為一廣泛被應用於傳熱用之重要元件，特別是在筆記型電腦的散熱模組方面。本節將從熱管的工作原理與熱管的應用(RHE 的概念)兩方面作一介紹：

1. 熱管的工作原理

    熱管在運作時(如圖 6.23 所示)，工作流體在蒸發段吸收熱量蒸發，流向冷凝段放出熱量後凝結成液態，藉由毛細現象所提供之毛細力流回蒸發段。因此，由其工作原理可知熱管具有較大的熱傳能力、較高的等溫性、具有熱流密度變換功能、重量輕、無可動件等特性。

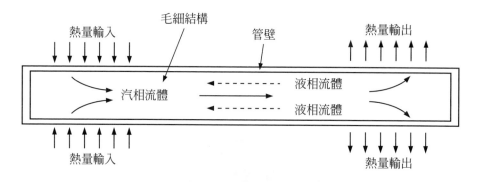

圖 6.23　毛細熱管之工作原理

熱管在設計與使用時必須考慮到材料的相容性、操作之溫度範圍、尺寸、熱阻、操作方向及加熱功率等因素。其中熱管的高等溫性只有在長距離傳熱時具有優勢，因此若是在傳熱距離很短時便必須審慎考慮了，因為利用傳統金屬傳熱將更具有簡單與價廉的優勢，而其傳熱效果之差距卻非常有限。

2. 熱管的應用(RHE 的概念)

　　熱管目前的應用主要以筆記型之 CPU 的散熱為主，在散熱設計上，Intel發展出Remote Heat Exchanger (RHE)的概念，其精神在於散熱模組中散熱片與風扇位置之擺設，與 CPU 的位置無關。因為散熱片、風扇與 CPU 之間，是利用熱管作為彼此熱量傳遞之用，也就是高溫 CPU 的熱量是藉由熱管傳遞至較低溫的散熱片再藉由風扇鼓動將熱移出系統。如此之設計理念，表示CPU可放至於系統內任一位置，而散熱片及風扇則可放在其他位置上，因此系統在設計上具有相當大的彈性，同時利用 RHE 的觀念，可以發展出模組設計之方法，亦即設計出一個散熱性能優異之模組，日後只要將其擺設空間空出來，此模組即可套用在其他的產品上，而不需要針對不同機型做個別之設計。目前 RHE 較常使用之設計則是將散熱片、熱管、風扇結合成為一體，如圖6.24 所示。

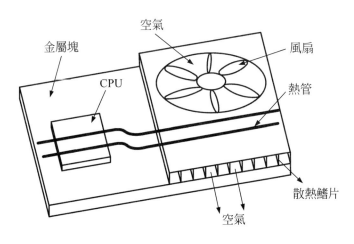

圖 6.24　RHE 示意圖

雖然熱管較適合解決以導熱熱阻爲主要障礙的傳熱過程，但不能期望使用熱管處理所有的傳熱問題。雖然熱管的熱傳導係數遠高於金屬，但這個優點只有在大的熱傳距離才明顯。此外，受工作流體性能的限制，每種熱管只能在一定的工作範圍內工作，也必須考慮到最大熱傳量與熱流密度的使用限制以及加工對於最大熱傳量的影響。

■ 6-3-5　印刷電路板(PCB)之散熱技術

由於電子裝置的性能提升，模組化和電腦速度高速化的結果造成電子產品發熱密度的不斷提升，PCB的功能已不只是單純的作爲元件機械支撐及電性連接之用，對於材質的散熱需求也越來越受到重視，本節除了介紹 PCB 的發展外，更將詳細介紹各種 PCB 材質對於熱傳特性的影響以及各種增進基板之散熱技術，供散熱設計之思考。

A.　PCB 製程技術的發展

在 PCB 的發展趨勢上，如圖 6.25 所示，在層數的發展上其主流由 30 年前的單面板到 20 年前的雙面板到 10 年前的多層板開發，而如今更朝向高層板化的技術邁進(3 層>4 層>6 層>8 層>10 層…>20 層>…>…50 層>…)。除了高層板的技術之外，PCB 也朝向薄板化發展，一般 PCB 的板厚標準爲 1.6mm，然而隨著裝置體積的縮減，開始採用更薄的 PCB(1.6mm>1.0mm>0.6mm>…)。此外，隨著封裝設計的內部連接間距越來越小，資料傳輸速率的提昇要求越來越高，基板電路相互的連接也越來越精細，由傳統的玻璃/環氧基樹脂製程到跨進到如 ALIVH 及雷射鑽孔等技術的發展，使得繞線和空間的間距設計由 1996 年的 $100\mu m$ 降到 2000 年的 $50\mu m$。

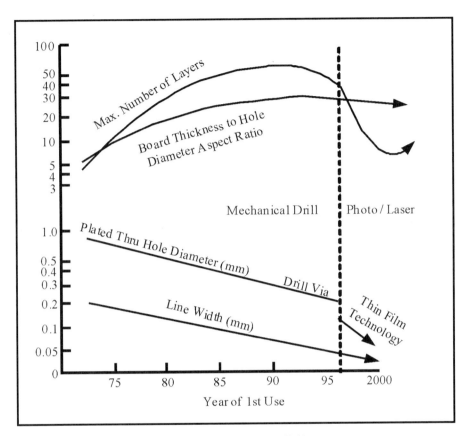

圖 6.25　PCB 的發展趨勢

　　而電路板發展迄今，主要包括了六種不同的電路封裝製程技術，包括印刷電路板(PCB)、陶磁板(Ceramic Board)、晶片直接承載基板(Direct Chip Attach Carries)以及多晶片模組(Multi-chip Modules)、可撓性電路板(Flexible-Circuit Board)、金屬芯板(Metal-Core Boards)以及射出成型電路板(Molded Circuit Boards)，而各製程技術的特性則如下表6.5所示。

CH **6**

表 6.5 六種 PCB 製程技術的特性比較

	製程特性
印刷電路板 (PCB)	常使用的 PCB 材料爲有機之玻璃布基材環氧樹脂銅箔積層板(GE)及紙基材苯酚樹脂銅箔基層板(PP)，是用途最廣的基板製程，而元件間電路的連接則是利用照相印刷(Photoprint)以及鑽孔等方式來做元件間電路的連接，適合大量生產。
陶磁板 (Ceramic Board)	陶瓷板的材質爲陶瓷材料，如 Al_2O_3、SiC、AlN 等，電路的連接則是利用篩選(Screening)及衝壓(Punch)等方式來做電路的連接，亦可以低溫共燒(Cofired)的方式製作出多層的複雜線路，和有機材質 PCB 相比，其缺點除了韌度較差之外，價格高是其最大缺點。
晶片直接承載基板 (Direct Chip Attach Carries) 多晶片模組 (Multi-chip Modules)	晶片直接承載的基板則是作爲晶片直接承載支用，如 COB、FCOB 及 DCA 等之用，特性是 I/O 數目高、連接密度高。
可撓性電路板 (Flexible-Circuit Board)	可撓性電路板比 PCB 更薄，只有一層 Polyimide 或 Polyester，而電路的連接則是將銅箔以光蝕刻法(Photo lithographically)製程線路。
金屬芯板 (Metal-Core Boards)	金屬芯板則是以壓合的方式將金屬板和有機板材質結合，主要的目的是增強散熱，對於機械強度也有幫助。
射出成型電路板 (Molded Circuit Boards)	射出成型電路板則是以射出成型的方式將熱塑膠材料，如 Polysulfon、Polyetherimide 等射入模中成型，再以電鍍的方式將電路設置在板上，價格低、適合量產。

B. PCB 基板材料之熱傳特性需求

1. 高熱傳特性

PCB 是由絕緣基板及導電材料所組成，而 PCB 的性能及可靠度主要是由絕緣材料所決定，而目前應用最廣的乃是以有機材料製成之 PCB，而以陶瓷材料製成的 PCB 也有增加的趨勢。

在有機材料方面，現在常用之玻璃布基材環氧樹脂積層板(GE)及紙基材苯樹脂積層板(PP)和其他材料相比幾乎是不導熱的材料，然而隨著零件發熱密度的提升，使得單靠元件表面散熱的方式更為困難，而增加PCB的熱傳導性將有助於元件的散熱，因此在樹脂材料使用時，都會增加熱傳導率高的銅箔以增加等效熱傳性，在 GE 材料製成 PCB 的製程上，也藉由利用單層PCB>雙層PCB>多層PCB的順序以增加熱傳導性。表6.6所示為常用的各種無填充物有機基板熱傳導性的整理。

表6.6　有機材質熱傳導性一覽表

無填充有機材料熱傳導性(W/mK)		
Acrylonitrile-Buta-Styrene	ABS	0.14-0.21
Acetal	Delrin	0.23-0.36
Cellulose Acetate	CA	0.16-0.36
Diallylphthalate	Dapon	0.31
Epoxy		0.19
Ethylcellulose		0.23
Ethylvinylacetate		0.08
Phenolic		0.17
Polyamide	Nylon 6-11-12-66	0.24-0.3
Polyaramide	Kevlar, Nomex Fibers	0.04-0.13
Polycarbonate	PC	0.19-0.22
Polytetrafluorethylene	PTFE, Teflon	0.25
Polyethylene Terephthalate	PET, Polyester	0.15-0.4
Polyethylene L	Low Density	0.33
Polyethylene HD	High Density	0.45-0.52
Polyimide	Kapton	0.10-0.35
Polymethylmethacrylate	PMMA, Acrylic,Perspex, Plexiglass	0.17-0.19
Polyphenylene Oxide	PPO, Noryl	0.22
Polypropylene	PP	0.1-0.22
Polystyrene	PS	0.1-0.13
Polysulfone		0.26
Polyurethane	PUR	0.29
Polyvinylchloride	PVC	0.12-0.25
Polyvinylidene Fluoride	Kynan	0.1-0.25

CH 6

　　而在陶瓷材料方面，一般常用純度 92～96%的氧化鋁
(Al_2O_3)，陶瓷材料在熱傳導性上一般比金屬材料爲低，但比樹
脂材料高兩位數，如表 6.7 所示，此外在機械、電性和物理上
之特性也較優異，因此常用於高發熱密度之PCB，例如多晶片
模組(Multi-chip Module)以及高頻元件之基板或光電模組。

表6.7　陶瓷材料的熱傳導性

Materials		Thermal Conductivity (W/mK) at 20℃
AIN	Aluminum Nitride	140 ~ 220
Al2O3 96%	Aluminum Oxide	21
Al2O3 99.5%	Aluminum Oxide	37
BeO 99.5%	Beryllium Oxide	250
BN(Hex)	Boron Nitride	60
BN(Hot Press)	Boron Nitride	12 ~100
BN(Single Crystal)	Boron Nitride	1300
SiC	Silicon Carbide	270
LTCC		3

2.　高玻璃轉換溫度

　　爲了達到能夠符合在高溫下連續使用的條件，就必須使用
高玻璃轉換溫度的材料，尤其是應用在大型電腦或太空航空用
的電子機器更是需要使用高玻璃轉換溫度的材料。目前市售高
玻璃轉換溫度的樹脂材料，如Polyimide樹脂、BT樹脂等都是
受矚目的焦點。圖6.26所是爲各種PCB材料之玻璃轉換溫度值。

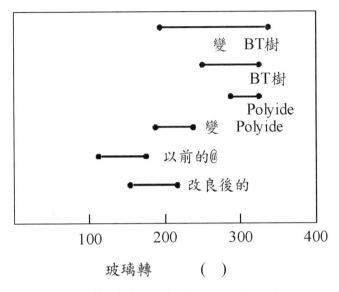

圖 6.26　各種樹脂材料之玻璃轉換溫度

3.　低熱膨脹係數

　　PCB所使用的絕緣基板材料主要是玻璃布等纖維補強的積層板，因玻璃之熱膨脹係數比樹脂材料的小，平面方向的膨脹係數便受到限制，只有厚度方向的膨脹量有增加的趨勢。又因當溫度大於T_g時，Z 方向的膨脹係數將急速增加，因而會造成在可靠性測試中溫度循環試驗時產生破壞的主要原因。而在表面組裝時，絕緣基板在平面方向的熱膨脹係數則是重要的問題，由於組裝時會在接合部份產生熱應力，因而造成在產品內部有迴路斷裂的危險。圖 6.27 為各種材料的熱膨脹係數(X-Y方向比較)，目前 PCB 的材料在開發時較著重於和組裝元件材料(矽或氧化鋁)的熱膨脹係數相近的材質，陶瓷PCB的熱膨脹係數則比有機材質的要低很多，因此可靠度亦較高。

CH 6

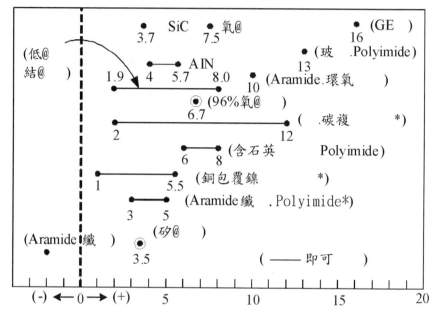

圖 6.27 各種材料之熱膨脹係數(X-Y 比較)

C. PCB 之散熱設計

1. 考慮 PCB 焊接線路的影響

在製作 PCB 時，除了考慮元件本身發熱、PCB 傳熱性質的影響外，焊接線路(Pattern)對於散熱也會有顯著的影響。一般常用的作法是於PCB的元件安裝側，設計銅的線路(Pattern)來緊密接觸發熱元件以降低溫度。此外，尚需注意的是焊接線路的寬度設計，這是因為焊接線路本身也有電阻，因此當電流通過時也會發熱，一般而言，當溫度上升較環境溫度高達85℃時，絕緣基板本身便會變色，此時電流雖仍可流動，但溫度若繼續上升時，便會造成基板劣化，喪失支撐零件的功能。尤其是多層PCB之內層銲接線路因為周圍被樹脂包圍，使得熱阻值增加，假若導體線路寬度設計不夠時，當溫度上升，便會導致有斷線的危險。

2. 使用金屬材料製 PCB

由於發熱的問題越來越嚴重，金屬基板在如 CMOS 和 Bipolar 等高效率晶片的封裝製程中越來越重要，因其比起其他的 PCB 可提供更好的散熱。金屬基板的熱擴散性很好，其散熱性能約為 80mW/mm²，因此也常取代許多需要散熱片應用的場合。除了具有良好的散熱性外，金屬基板亦提供線路板上對於機械強度的要求，此外在高頻的運用上亦提供了大塊的金屬面積，可作為接地及屏蔽之用。目前，金屬基板在構造上主要分為單面及雙面兩種，單面金屬板只有一面有電路，另一面為金屬，主要是應用表面黏著(SMT)的方式來組裝元件，其熱阻值僅有約 0.8℃/W 左右，是鋪銅層 FR4PCB 的 1/6。而雙面金屬板則是兩面有線路，金屬夾於中間，也稱為金屬蕊基板，上下兩層透過通道(Via)相互連接，以提升組裝密度。目前最新的技術乃是將有機絕緣材料以及導體以連續沉積(Sequential Deposition)的方式製造於金屬板上，藉此可以擴展到更多層的金屬基板，同時其具有十分優越之散熱功能，其熱阻值大約只有傳統板的 1/2。

3. 使用熱擴散板

一般可在 GE 製 PWB 及高熱元件之間放入高傳導性之材料(例如鋁板或銅板)，將此板和發熱物品緊密接合固定，藉由熱擴散板的迅速傳熱以降低元件溫度，如圖 6.28 所示。

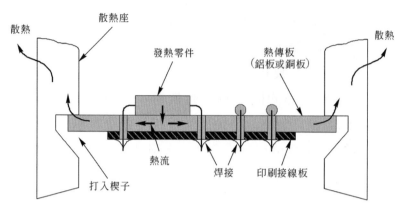

圖 6.28　熱擴散板之應用

4. 使用熱管

　　當PCB在設計上有高度的考量時，可以考慮將熱管一端皆處發熱量大的元件，另一端則接觸散熱片以降低元件溫度。熱管在使用上需注意接觸端應減少熱阻的產生，同時減少彎折以免降低效用。

5. 於高發熱量的元件裝置散熱器

　　當元件熱量過高時，可採用散熱片貼於個別或數個發熱元件上以協助散熱，若是溫度仍過高，則可用風扇所產生的強制空氣來冷卻。散熱元件在使用時需注意的是環境的散熱效果，為減少散熱片和元件的接觸熱阻，需選用傳導性高的介面材料。

6. 以水冷方式冷卻 PCB

　　水冷型式的設計主要有兩種型式，一種是裝於元件的上方，以冷卻元件溫度，而另一種則是在基板中間或是下方設計流道，使流體流過基板下方，以帶走元件的溫度。水冷式在使用上需注意的是雖然其散熱比強制空氣冷卻的方式要有效率，但是需要加裝水槽及防止流體流出。

■ 6-3-6　新型散熱技術之發展

　　電晶體的發明，帶動電子工業一日千里的發展，尤其是產品微小化之後，相對伴隨而來的是對元件、系統所帶來的影響。因為在原有晶片功能及 I/O 大幅增加但晶片面積卻增加不大的情況下，使得在有限空間中需容納更多的電晶體並產生與日俱增的熱量，以目前市面上的電腦 CPU 為例，P4 桌上型 2GHz CPU 的發熱量即高達 75.3 W，因此如何解決高熱所引起的問題，即成為相關領域工程人員極大的挑戰。這幾年由於微機電技術的推波助瀾，促使將微型加工技術應用於電子散熱裝置的製造，更使得發展迷你、微小型的散熱裝置有了些許的成果。

A.　迴路型熱管(Loop Heat Pipe)

　　　　迴路型熱管最淺顯的觀念即是將熱管蒸氣通路與工作液返流通路分離，蒸發端所產生的蒸氣透過獨立的蒸氣通路進入冷凝端，冷凝後之液體再循著冷凝液通路流回蒸發端，毛細結構只須擺置於蒸發端。此方式可排除蒸氣流與液流間之相互干涉，無攜帶界限(飛散界限)或是溢流界限存在，因而可增高最大熱傳量。因此，影響迴路型熱管性能最主要的兩項原因即為毛細界限的輸入與輸入蒸發端表面的最大熱通量。

B.　低溫冷凍冷卻技術(Low Temperature Refrication Cooling Technology)

　　　　自 1960 年代開始，低溫冷卻技術即已研究應用於強化電腦的性能，這是因為在低溫的環境下半導體元件具有較快的開閉次數、較快的線路傳輸速度等優點，而經過數十年的發展，以發展為較具雛形規模的技術為 TE Cooler、Vapor Compression Cooling、Stirling、Pulse Tube等。其中，近年來教受眾人矚目的則是蒸汽壓縮冷凍循環(Vapor Compression Cooling)，其大

CH **6**

致由如下四個步驟程序構成：壓縮機內之等熵壓縮值過程、冷凝器中之等壓排熱過程、膨脹閥元件中之節流過程以及蒸發器中之等壓吸熱過程，工作原理如圖 6.29 所示。

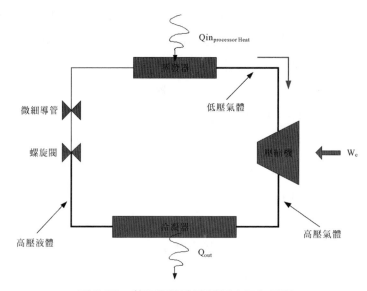

$Qin_{processor\ Heat}$

蒸發器

微細導管

低壓氣體

螺旋閥

壓縮機

W_c

高壓液體

冷凝器

高壓氣體

Q_{out}

圖 6.29　蒸氣壓縮冷凍循環之工作原理

C. 兩相流熱交換器(Electrokinetically-Pumped Two-Phase Heat Exchangers)

　　兩相流元件是現行具有極佳散熱特性的機制(如熱管、微渠道、微噴射器、蒸氣壓縮冷凍機…)。然而上述這些元件除熱管外極少大量生產應用，其原因在於需較高之壓力(>5atm)來推動液相流體。因此，目前由史丹福大學 Dr. Goodson 與 Intel 及 Sandia 國家實驗室現正進行合作計畫，發展一種以電動能推動的兩相流熱交換器(Electrokinetically-Pumped Two-Phase Heat Exchangers)，其目標以微機電的技術製作一具電動能驅動之高壓熱幫浦(ElectrokineticEK)，由於它是使用電場以電子滲透方式推動做功，因此與其它需做動元件技術相比，具有較輕巧的重量與可靠的品質。這項研究是利用先前其團隊所發展的 EK 幫浦當作推動源，經過高壓推動使晶片上所產生的熱在微渠道中作用進入冷凝器，釋放熱量後冷凝之液態流體再由其 EK Pump 推進蒸發器中進行循環作用，如圖 6.30 所示。

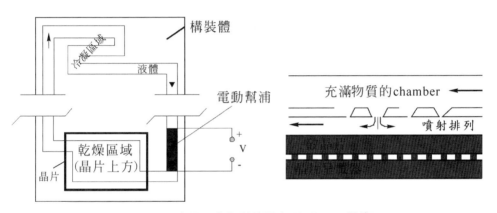

圖 6.30　史丹福大學所發展之 EK Pump 技術

■ 6-3-7　3 組不同封裝型態的高密度元件熱傳改善探討

A.　QFP 熱傳改善的探討

　　對於使用導線架封裝的 QFP 而言，為了增進散熱能力，提出了許多的改良，如圖 6.31 所示。

CH **6**

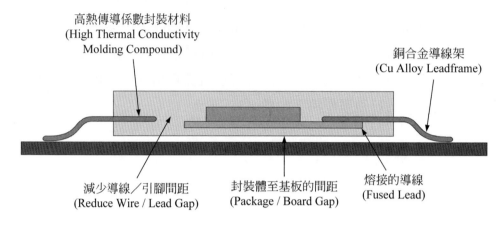

高熱傳導係數封裝材料
(High Thermal Conductivity
Molding Compound)

銅合金導線架
(Cu Alloy Leadframe)

減少導線／引腳間距
(Reduce Wire / Lead Gap)

封裝體至基板的間距
(Package / Board Gap)

熔接的導線
(Fused Lead)

圖 6.31 QFP 各種散熱改善方式

1. 採用高熱傳導係數的模塑複合材料

傳統的模塑複合材料的熱傳導性約為 $0.6 \sim 0.7$ W/m-℃，可使用傳導性高的模塑複合材料使傳到導線的熱量增加，而使熱阻值降低。

2. 使用熱傳導性高之導線架

使用導熱性質高的銅合金來取代鋁合金(Alloy-42)，將可以使導熱性質改善。

3. 減少導線及支撐墊的間隙

這是花費最少的熱性能增強方式，減少導線及支撐墊之間的距離，可使經由前述散熱路徑散去的熱量增加。以 14mm×20mm 之 PQFP 的 IC 元件為例，熱阻約可降低 10℃/W。

4. 降低 IC 到 PCB 的間距

將 IC 到板之間的間距降低，可降低空氣間隙的熱阻。

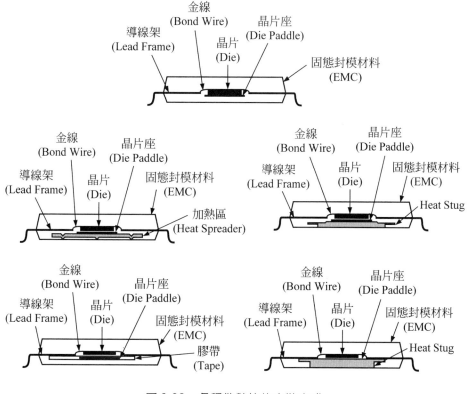

圖 6.32 各種散熱片的安裝方式

5. 熔接的導線

　　所謂熔接的導線是指導線直接接在晶片墊上，此種方式有助於熱傳，使得熱可以直接經由導線傳到板子上。然而此種方式的缺點是必須避免導線架熱脹冷縮的問題，同時為了和模塑複合材料接合，也需有特殊之設計。

6. 加裝散熱片

　　在 IC 中安裝散熱片乃是最有效率的散熱方式，散熱片的加裝主要有兩種方式，其中一種安裝方式是裝入一個厚的散熱

CH 6

片，一面暴露在空氣中，這種QFP又稱爲HQFP(Heat-spreader enhanced Quad Flat Pack)，另外一種方式則是在IC中裝入一片薄的散熱片。加裝散熱片的目的是要增加熱傳量，因此決定適當的散熱片形狀是很重要的。如圖6.32所示爲各種散熱片的形式，一般而言，散熱片設計之準則爲增加散熱面積要比增加厚度來的重要。

B.　BGA 熱傳改善的探討

如圖6.33所示，BGA元件在熱傳改善的應用說明如下：

1.　使用散熱球(Thermal Ball)及散熱通道(Thrermal Via)以協助散熱

增加 BGA 散熱的最好方法是使用散熱用錫球，散熱用錫球是指直接安裝在晶片下方的錫球，可以藉著錫球直接將熱傳到PCB上，一般爲了使散熱更迅速傳遞到錫球，常利用散熱通道穿透基板。

2.　嵌入式的散熱片(Cavity Down)以及散熱片

在接合面向下(Cavity Down)形式的BGA可以加裝散熱片以幫助散熱，而主要的散熱路徑爲 IC ＞散熱片＞基板＞錫球＞PCB板，使用此種方式的散熱，熱阻將可減少14℃/W。而嵌入方式的散熱片則可用於接合面向上(Cavity Up)形式的裝置，將晶片直接安裝在嵌入的散熱片上，再藉由錫球裝置於板上，同樣的熱阻約可有14℃/W的改善。

3.　採用多層的基板

就如同PCB一樣，可藉由增加銅含量來減少基板的擴散熱阻，也就是所謂的多層 BGA。

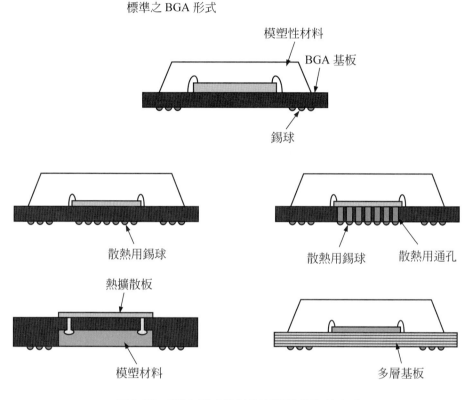

圖 6.33　BGA 形式的封裝在散熱的改善方式

C.　FC 熱傳改善的探討

　　　對於 Flip Chip 而言，由於元件傳到 PCB 的熱量只佔元件傳到空氣部份的 5％以下，因此除非考慮加裝熱擴散片或從板階層考慮，否則對於散熱的改善有限，因此將從分析各種元件本身對散熱方式改善的效益來探討。

1.　連接系統的影響

　　　DCA 的連接方式又包括了焊接凸塊(Solder Bump)、非等向性黏著(Anisotropic Adhesive Attach)以及等向性黏著(Isotropic Adhesive Attach)三種。對於焊接凸塊的形式而言，可以藉由減少凸塊的體積及增加散熱凸塊的數量來增加散熱特性。而接著劑的連接方式則和材料有密切關係，以 5.8mm 的覆晶尺寸為例，和焊接凸塊相比，等向性黏著方式的熱阻約可降低 9℃/W，而以非等向性黏著的方式則約可降低 18℃/W。

2. 增加散熱用球的影響

對於封裝體而言，錫球數越多即代表所增加的散熱面積越多。以 8mm×8mm 的封裝元件為例，下方佈滿錫球和只有周圍長球的形式相比，熱阻約減少 3.4℃/W。

3. 採用高熱傳導係數的 Underfill 材料

改用高熱傳導係數的材料亦可改善熱傳，但效益其實不大。就高熱傳導性的材料而言(傳導性 2.5W/mK)，其熱阻值比起一般的材料(傳導性 0.5W/mK)約只降低 1.5℃/W。

4. 加裝熱擴散片

在覆晶外加裝熱擴散片乃是最有效率的方式，其目的為增加散熱面積，並增加熱傳量。以 12mm×12mm 的封裝元件為例，加裝 50mm×50mm×3mm 的散熱片約可使熱阻從 21.3℃/W 降低至 11℃/W。

■ 6-3-8 結 論

對各種封裝體而言，由於構造不同，因此對於散熱的應用方法及效果亦不同。對於熱傳的改善，大致包含了結構的改善、材料的改變及散熱裝置的安裝三種。

1. 在結構的改善上

對於以導線接腳及球腳連接形式的封裝元件在熱傳改善上有顯著的影響。

2. 在材料的改變上

依據不同的材料做改善則會有不同的改善效果。像是導線架及基板的改善效果就很明顯而封膠材料或 Underfill 材料在改善上的影響就較有限。

3. 在散熱裝置的安裝上

散熱裝置的安裝雖是改善熱傳最有效的方法但是有時亦必須與成本、製程及相關可靠度做配合的考量。

大體而言，要改善 IC 元件的散熱，就必須了解各種材料、結構及散熱裝置對於熱傳的影響，並針對各種不同的封裝形式來做最佳化的考量及設計。

參考文獻

1. 吳生龍，"IC封裝之發展趨勢"，機械工業雜誌，頁 110-119,(1996)。

2. 郭嘉龍，"半導體封裝工程"，全華科技圖書公司，(1999)。

3. 李宗銘，"新世代半導體構裝技術對封裝材料的技術需求"，工業材料 175 期，頁 107，(2001)。

4. 李宗銘，"液狀半導體封裝材料技術與發展趨勢"，工業材料 151 期，頁 117，(2000)。

5. 黃淑禎、李巡天、陳凱琪，"新世代半導體封裝材料技術與發展趨勢"，工業材料 170 期，頁 86-99，(2001)。

6. 范玉玟，"IC構裝材料發展趨勢"，工業材料 151 期，頁 69-77，(1999)。

7. 陳立生，"談塑膠 IC 封裝的散熱設計"，工業材料 123 期，頁 89-93，(1999)。

8. 劉君愷，"IC構裝之散熱對策"，工業材料171期，頁123-129，(2001)。

9. 黃振東，"電腦散熱片材料與製程技術介紹"，工業材料171期，頁 130-138，(2001)。

10. 簡國祥，"熱管在電子散熱方面之應用"，工業材料 171 期，頁 145-148，(2001)。

■ 習題 ■

1. 造成金線偏移的主因為何？
2. 翹曲變形發生的原因為何？
3. 未來封裝材料發展的趨勢有哪些？
4. 各種散熱片的製程優缺點為何？
5. 解決散熱問題的方式有哪些？

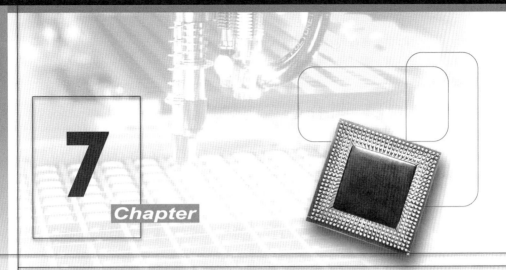

7 Chapter

CAE在IC封裝製程的應用

　　隨著半導體技術的發展，塑膠IC封裝在材料及封裝技術上持續進步；由於IC功能日漸強大，接腳數也隨之增加，而IC封裝體積相反的卻朝著輕、薄、短、小趨勢進行，所以在製程上也面臨前所未有的挑戰。例如模具的設計、封膠製程中金線偏移的問題以及封裝完成之IC元件的可靠度問題等等。這些問題若還是像以往單靠工程師之經驗或試誤法(Trial-and-Error)的方式來解決將極為耗時且缺乏效率。而電腦的進步與普遍使用以及CAE軟體的發展為此提供一條解決之道，藉由CAE軟體的使用，在產品開發初期將可利用CAE軟體來進行產品的設計變更，以縮短產品設計週期，在生產過程中，亦可利用CAE軟體的分析來預防封裝缺陷發生，降低模具開發的生產成本，及對設計出的產品進行可靠度的分析，提升產品的良率。因此，本章將針對CAE工程在IC封裝製程上的應用做一介紹，以了解目前CAE工程在IC封裝製程上的應用和發展。

■ 7-1 CAE 簡介

電腦輔助工程分析CAE(Computer-Aided Engineering)乃是藉由電腦軟體來做工具，進行成形品的分析。主要係提供使用者利用模擬的結果來進行成型製程的狀況預測或可靠度分析，以發現加工時可能出現的問題及避免缺陷的產生，同時作為選擇加工物料、調整製程條件、修改模具和模具設計之參考，以降低生產成本及產品開發的週期。

目前 CAE 在 IC 塑膠封裝製程主要的應用範圍有封膠製程的模流分析與成品的可靠度分析兩方面；其中在模流分析方面主要有 C-MOLD [2][3]、Moldflow 及 Moldex 等 CAE 軟體，而在可靠度分析方面則以 ANSYS[4][5][6]、ABAQUS、NASGRO 及 MSC-FATIGUE 等 CAE 軟體為主。

■ 7-2 CAE 的理論基礎

有限元素法是目前解決複雜工程問題運用最廣泛且受肯定的數值分析方法，而有限元素之分析最主要的精神就是將複雜的模型以細小的元素模擬，將模型各個區域的變數以節點(Node)所在位置之值表示，所以在分析前必須將模型先行網格化，依照組合件的材料性質及元素模型等，以適當的網格密度將組合件網格化，而網格的外型區分為 2D、3D 的型態，且其中2D元素的型態又分為矩形與三角形，如圖 7.1 所示，而3D元素的型態則分為四面體與六面體，如圖 7.2 所示，可依照分析模型的外型變化來選用，此外元素的節點數及自由度也都關係到分析結果的準確性。

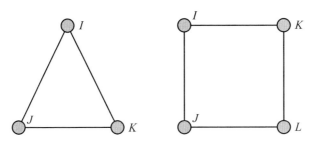

圖 7.1 2D 元素之矩形與三角形型態的示意圖

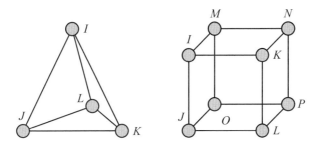

圖 7.2 3D 元素之四面體與六面體型態的示意圖

　　由於 CAE 的發展是用來解決複雜的工程問題的電腦輔助軟體，因此有限元素法理所當然成了解決數值分析的最佳選擇。CAE軟體進行分析通常有兩道步驟，一為前處理，另一為後處理[4][5]。所謂前處理就是建立工程問題的幾何模型，並利用網格產生器將模型分割為有限個網格。這些網格資料會被儲存於檔案中，資料內容則包含網格形狀、編號及節點座標、編號等，CAE可以讀取此檔進行數值分析。分析結果同樣由有限元素網格表現出來，大多數 CAE 軟體會以圖形、顏色顯示網格內場變數的變化，以方便觀察分析結果，這便是所謂的後處理。

■ 7-3　封裝製程的模具設計

由於 IC 封裝製程繁瑣，過程中涉及的因素繁多，且電子產品生命週期日短，使得模具設計的方式面臨了極大的挑戰。若仍依傳統的模具設計方式，藉由設計經驗的累積來開發模具，並利用現場試模的方式對模具進行修改，不僅會因試誤法(Trial-and-Error)的方式造成時間及金錢的耗費，同時經驗累積不易，較難就生產缺陷逆推影響因素並改善之。而經由 CAE 軟體的使用，將可改善傳統模具設計的方式，並縮短設計的週期、提供較良好的模具設計。

模具設計的良好與否直接影響到封膠過程的進行及封膠件品質；其中封裝模具的重要設計參數包括模穴數目、流道配置、流道及次流道尺寸、澆口大小、進澆位置及角度、加熱管配置等。藉由良好的模具設計可以提供較廣的加工視窗(Processing Window)，生產較富彈性，同時產品品質亦較穩定。

在模具設計的應用上，藉由流道的平衡(Runner Balance)可以避免充填不均的聖誕樹流動現象(如圖 6.3 所示)，防止造成過度充填及毛邊問題；而由流道尺寸及澆口尺寸的設計、進澆角度(Gating Angle)及澆口位置的調整可以避免賽馬效應(如圖 6.4所示)，防止包風現象(Air Trap)及導線架的翹曲變形；同時，適切的加熱管配置可維持模溫均勻，降低產品的殘留應力和翹曲變形。此外，如排氣位置的決定、頂出位置的設計及自動化的考量等都是模具設計時須加以考量的。

■ 7-4　封裝製程的模流分析[7][8][9]

藉由 CAE 軟體探討封裝材料的加工特性，模擬融膠在模穴中的充填流動行為，其中加工特性取決於封裝材料的熱物性質、流變特性以及硬化反應特性等三個方面,而在模擬融膠的流動行為上,為了考量金線密度對融膠流動所造成的阻力,加入形狀因子的控制法則;其詳述如下:

1. 在熱物性質方面

   如熱容量(Heat Capacity)、熱傳導係數(Thermal Conductivity,TC)、密度(Density)、熱膨脹係數(Coefficient of Thermal Expansion,CTE)等,決定封膠過程中熱傳及流動間的相互影響關係,以及成型件的收縮翹曲行為。

2. 在流變學(Rheology)特性方面

   須了解黏度(Viscosity)隨溫度、壓力、剪切率(Shear Rate)、轉化率(Conversion)以及填料含量(Loading Level)的關係。此外,填充劑(Filler) 的顆粒大小與形狀亦會影響填充材的黏度。

   如式(7-1)所示為相關 CAE 軟體應用流變行為數學模型所使用的黏度計算公式:

$$\eta(T,\dot{\gamma},\alpha)=\frac{\eta_0(T)}{1+\left[\frac{\eta_0(T)\dot{\gamma}}{\tau^*}\right]^{1-n}}\left[\frac{\alpha_{gel}}{\alpha_{gel}-\alpha}\right]^{(C_1+C_2\alpha)} \tag{7-1}$$

其中 $\eta_0=B\exp\left(\frac{T_b}{T}\right)$,當 $\alpha\geq\alpha_{gel}$ 時 $\eta(T,\dot{\gamma},\alpha)\approx\infty$,此式中各項參數意義為

η :黏度(Viscosity)

η_0 :零剪切率黏度(Zero-Shear-Rate Viscosity)

$\dot{\gamma}$:剪應率(Shear Rate)

τ^* :臨界剪應力(Critical Shear Stress)

T :溫度(Temperature)

T_b :溫度靈敏度因子(Temperature-Sensitivity Factor),此

CH7

項是曲線擬合常數

α　：融膠硬化度(Resin Conversion)

n　：幕次律指數(Power-Law Index)

B　：指數擬合常數(Exponential-Fitted Constant)

C_1，C_2：曲線擬合常數(Fitted Constants)

α_{gel}：融膠停止流動時的硬化程度(Conversion at Gelation)

而圖 7.3 所示則為某一材料黏度在不同溫度下所對應的剪應率圖形。

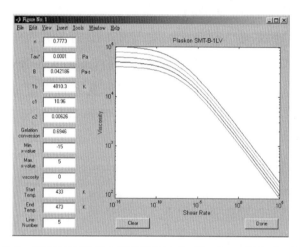

圖 7.3　黏度 V.S 剪應力圖形(EMC 為 Plaskon SMT-B-1LV)

3.　在硬化反應特性上

由於熱固性塑膠在充填過程伴隨化學反應導致分子結構形成交鏈而發生硬化，因此填充材料的硬化反應機構(Reaction Mechanism)決定其硬化反應速率，進而影響轉化率及硬化程度的大小。如何使封裝材於充填過程中不致因轉化率過高，造成黏度迅速提升而影響加工特性，以及充填完畢後迅速硬化以縮短成型週期的考量，均是和硬化反應特性有關。

如式(7-2)所示則為其硬化反應的數學模型，而圖 7.4 則為在不同溫度下硬化程度對時間的關係圖。

$$\dot{\alpha} = (K_1 + K_2 \alpha^{m_1})(1-\alpha)^{m_2} \qquad (7-2)$$

其中

$$K_1 = A_1 \exp\left(\frac{-E_1}{T}\right)$$
$$K_2 = A_2 \exp\left(\frac{-E_2}{T}\right)$$

上式中，$\dot{\alpha}$ 為硬化率，m_1，m_2，A_1，A_2，E_1，E_2，皆為曲線擬合常數。

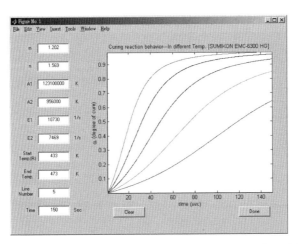

圖 7.4　硬化度 V.S 時間圖形(EMC 為 SUMIKON EMC-6300 HG)

4.　在形狀因子的控制上

在 IC 模穴的充填過程中，融膠的流動並不是完全依黏滯流體的流動理論去進行，這乃是因為 IC 模穴中存在著已經打好的金線，當融膠充填通過金線時，會因金線幾何形狀的不同對融膠

CH7

產生不同程度的流動阻力，因此參考金線的幾何線弧，發展出形狀因子的控制理論來代替以往單靠工程師的經驗或試誤法的方式來進行 IC 封裝的模流分析。

　　為此在架構模穴的分析模型時，必需將有金線的區域依據金線的幾何形狀一併規劃出來，分析時，藉由先求取各邊界的形狀因子，再平均邊界值作爲設定各金線區域的形狀因子來模擬融膠充塡時，遭受不同金線密度所產生的流動阻力。而對於各邊界形狀因子的控制法則則如下圖 7.5 和式(7-3)所述：

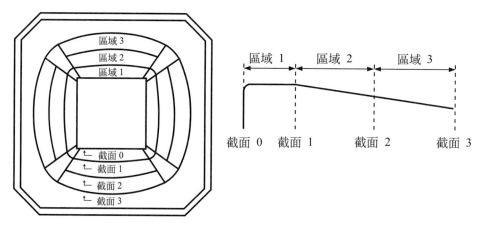

圖 7.5　參考金線幾何形狀所規劃出不同的區域

$$SF = 1 + \frac{W_n \times \pi \times W_d}{2 \times S_L} + \frac{W_h}{C_t} \qquad (7-3)$$

其中

　W_n：金線區域截面中所包含的金線數

　W_d：金線的直徑

　S_L：該金線區域的邊界截面長度

W_h：金線線段在該截面的高度

C_t：模穴厚度

而在模流分析的結果上，CAE的主要功能為將融膠於充填中的各種狀態表現出來，同時預測產品的缺陷，其主要功能詳述如下：

1.　擷取封膠過程中融膠充填的資訊

在封膠過程中，可以模擬出融膠充填的波前流動圖(Melt-Front Advancement)，如圖 7.6 所示，並計算出在充填過程及硬化完畢瞬間，融膠在所有位置的速度、溫度、壓力、剪切率、應力、黏度及轉化率等分佈。藉由結果的觀察，可用以得知塑料在封膠的過程中溫度是否均勻、是否有局部快速硬化的現象、壓力的傳遞和保壓是否適切、是否有局部應力或剪切率過高的現象。

圖 7.6　C-MOLD 對 SPIL-BGA 492L 分析出的融膠充填與實際充填短射比較圖

2.　預測產品的缺陷

可藉由預測流體瞬間流動的波前位置，事先求得可能產生縫合線及包風的位置，同時預測是否會產生過早硬化、短射及充填

CH7

不完全的情形，以及藉由模擬結果來判定是否有過度充填／保壓的現象。

■ 7-5 封裝製程的可靠度分析

並非所有的IC元件在完成封裝製程後就能夠保持良好的功能作動，因此必須利用 CAE 軟體針對製程中容易產生封裝缺陷的項目做可靠度分析，以維持產品的品質。在 IC 封裝製程中，CAE 工程最常被應用在金線偏移的預測、熱應力與溫度分佈的探討、翹曲變形的分析、錫球疲勞壽命的計算及錫球裂紋成長的分析等方面。

■ 7-5-1 熱應力與溫度分佈的探討

IC製程牽涉到溫度變化與塑膠流動過程的應力變化，於是組成材料將因熱膨脹係數不同及流動應力的影響，導致整個 IC 封裝體於封裝過程中發生金線偏移與翹曲變形等封裝問題，嚴重將損害內部晶片造成產品缺陷。因此，藉由CAE軟體的使用(C-MOLD及ANSYS)來模擬IC製程中各階段的熱應力與溫度分佈，並藉由分析探求其所造成的影響，來改善封裝製程的缺陷，並依此尋求最佳化的製程參數，達到製程最佳化的目的。

■ 7-5-2 金線偏移的預測

在 IC 封裝製程中，我們利用極細微的金線連接IC晶片及內引腳藉以將訊號傳輸到電路板，金線外觀如圖 7.7 所示。銲線後將熔融的熱固性環氧樹脂注入模穴內，這期間往往會發生金線偏移。所謂金線偏移是指金線受到塑膠流動的拖曳力等因素產生偏移的情形，如圖 7.8 所示。若金線偏移量過大將導致封裝體內兩條金線接觸，造成成型品短路或金線斷裂。

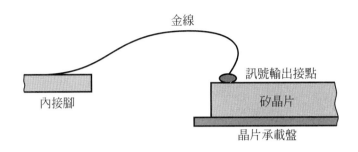

圖 7.7　金線外觀

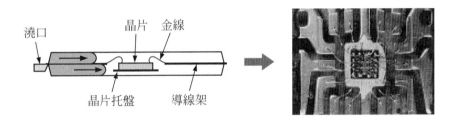

圖 7.8　金線偏移示意圖

　　目前 IC 塑膠封裝的形式乃朝著輕、薄、短、小演進，且晶片功能越來越強大，相對的封裝腳數也隨之增加。欲在小的體積內擠進為數眾多的內引腳勢必要將腳間距縮小。依此趨勢金線必須加長，金線與金線間的距離亦將愈形緊密，如此一來，金線偏移對成品不良率的影響將更加重要。尤其在新世代的封裝技術中，BGA 等封裝元件的腳數發展已突破 400 以上，金線密度導致金線偏移的影響更鉅，亦是當前 IC 封裝業界極需克服的問題。

　　有效利用電腦輔助分析軟體來模擬半導體塑膠封裝封膠製程及預測金線偏移量，且可達到相當程度的準確性，是目前的趨勢。近年有關塑

CH7

膠射出成型的電腦輔助分析軟體(如C-MOLD)可提供不錯的模擬成果，其在研究計算金線偏移的方法主要為：全域流場分析、局部流場分析與計算金線偏移量等三個主要的部份，其分析流程如圖7.9所示：

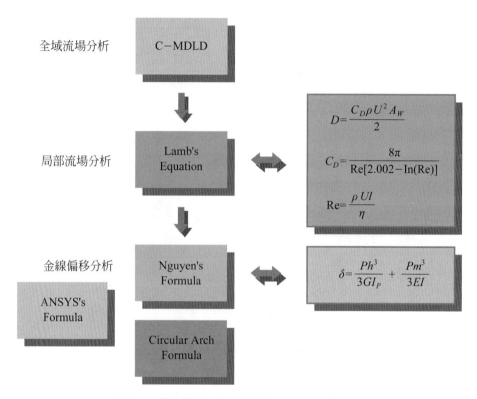

全域流場分析　　C-MDLD

局部流場分析　　Lamb's Equation

$$D = \frac{C_D \rho U^2 A_W}{2}$$

$$C_D = \frac{8\pi}{\text{Re}[2.002 - \ln(\text{Re})]}$$

$$\text{Re} = \frac{\rho\, Ul}{\eta}$$

金線偏移分析　　Nguyen's Formula

$$\delta = \frac{Ph^3}{3GI_P} + \frac{Pm^3}{3EI}$$

ANSYS's Formula

Circular Arch Formula

圖 7.9　C-MOLD 應用在金線偏移的分析流程

1. 全域流場分析

    利用 C-MOLD Reactive Molding 模擬 IC 封裝轉移成型製程，並求得融膠流動之溫度、速度、剪切率及硬化率等流場資訊。

2. 局部流場分析

    擷取緊鄰金線的有限元素網格資料─溫度、速度、剪切率及硬化率。探討該網格被塑流充滿瞬間，位於金線偏移分析位置所對應的網格資料，並利用相關的流場資訊以 Lamb's Model 的方法來計算塑流流動衝擊金線時所產生的拖曳力。

在計算金線的拖曳力上，乃是考慮塑流在模穴內流動符合潛流(Creeping flow)的假設，也就是$R_e \ll 1$。因此可以利用Lamb's Model 來計算拖曳力，其方程式如下式所示：

$$P = \frac{C_D \rho U_n^2 S D_W}{2} \qquad (7\text{-}4)$$

$$C_D = \frac{8\pi}{R_e[2.002 - \ln(R_e)]} \qquad (7\text{-}5)$$

$$R_e = \frac{\rho U_n l}{\eta} \qquad (7\text{-}6)$$

式中各符號代表意義如下：

P ：拖曳力(表示整條金線受到的拖曳力)

C_D ：拖曳係數

R_e ：雷諾數

U_n ：垂直金線方向的速度分量

D_W ：金線直徑

S ：金線長度

ρ ：環氧樹脂密度

l ：特徵長度，取模穴厚度的 1/2

η ：黏度

3. 計算金線偏移量：[10][11][12][13]

利用局部流場分析求得之拖曳力，分別可以以L. T. Nguyen 解析解、Circular Arch 公式解與 ANSYS 數值解等方法來計算金線的偏移量。

以 Nguyen 解析解為例，對金線的幾何座標(如圖 7.10 所示)與金線偏移量的計算方程式如下所示：

$$\delta = \frac{Ph^3}{3GI_P} + \frac{Pm^3}{3EI} \tag{7-7}$$

δ　：金線偏移量

G　：剪彈性係數(Shear Modulus)

E　：楊氏係數(Elastic Modulus)

I_P　：極慣性矩(Polar Moment of Inertia)

I　：慣性矩(Moment of Inertia)

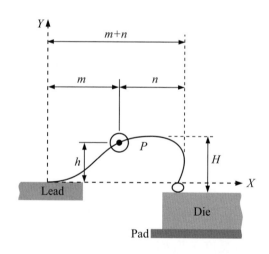

圖 7.10　金線幾何座標的定義

金線偏移問題的重要性是業界公認的，但是一般業界甚少願意花時間、經費專門研究此問題，而多靠經驗或一再的測試去解決，如此將缺乏效率。因此應用 CAE 軟體於金線偏移分析的主要目的為結合模流分析 CAE 軟體之輸出結果，估算金線遭受塑流拖曳力引起的金線偏移量，而後以座標圖形顯示分析結果，並提出最佳化的製程參數供使用者參考。依此我們訂定出主要的研究方針：首先必須了解 IC 封裝製程，並認識封裝材料、製程參數對塑膠流動狀態的影響。其次利用 CAE 軟體模擬封膠製程，於此同時除了熟悉 CAE 操作外，也一併探討 CAE 使用上的限制及加入非線性分析的研究。

　　一般在初學CAE軟體時，都是考慮線性的行為(Linear Behavior)。但在現實的情況或實際的案例分析上，材料很有可能有非線性的行為(Nonlinear Behavior)，如：材料隨不同的溫度會有不同的材料性質、材料超過線性範圍會有塑性變形的情形發生等等，所以學習非線性的分析且應用在實際的案例與分析是非常重要的。此外，隨著金線數的增加，金線密度對於塑流的流動也產生一決定性的影響，因此在利用CAE軟體做模流分析時，必須將金線密度的影響加入模型架構的考量(一般是以在金線區域加入形狀因子的控制來模擬金線對塑流流動所產生的阻隔效應)，如此才能模擬出正確的融膠充填流動變化，亦才能預測出正確的金線偏移量。

■ 7-5-3　翹曲變形的分析[14]

　　IC封裝的趨勢是朝著輕、薄、短、小持續進行，所以薄型封裝是未來發展的重點之一，但是翹曲變形問題卻伴隨著薄型封裝設計而突顯出來。由於 IC 封裝製程包括：把晶片黏在導線架的承載盤上，再利用熱固性環氧樹脂將其包裝起來，其構造如圖 7.11 所示，因此 IC 封裝體猶如一複合材料。且IC製程牽涉到溫度變化與塑膠流動過程的應力變化，於是組成材料將因熱膨脹係數不同及流動應力的影響，導致整個 IC 封裝體於封裝過程中發生翹曲變形，嚴重則損害內部晶片造成產品缺陷。

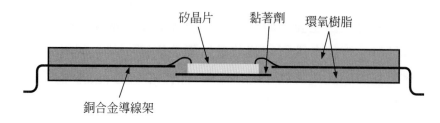

圖 7.11　IC 封裝構造

　　IC封裝成品產生翹曲變形，輕則影響產品外觀，在往後銲接於電路板上時，產生共面度的問題，嚴重時則產生脫層或造成金線損害，並使晶片產生裂縫以致於損毀無法使用。通常這一類的問題伴隨著不適當的製程參數發生，因此發生翹曲變形的 IC 必然數目龐大使得經濟損失嚴重。如果我們能夠充分掌握這些製程條件與封裝體翹曲變形的關係，並能提供適當的製程參數，就可以改善此一問題。

1.　翹曲變形之解析理論

　　　　翹曲變形理論的出發點是依據 Suhir 博士所提出之理論，其評估受溫度變化所產生之翹曲變形的分析模式，適用於內含大型晶片之長薄型封裝結構，如：TSOPs，及高腳數之內含小型晶片的四邊方形結構，如：PQFPs。

　　　　Suhir翹曲變形理論是以圖 7.12 所示之兩區段模型進行推導，主要的考量是 $0 \le x \le l_s$ 內具有晶片之區段，而其餘部份則以相同材料之區段模擬。理論推導是在某些條件假設下進行，其理論之基本假設如下：

(1)　各組成材料層爲均質(Homogeneous)且等向性(Isotropic)材料。

(2)　此複合材料結構中之各材料層間爲完美黏著。

(3)　複合結構體所受之溫度，各層均相同。

(4) 彎曲變形屬於小變形,且變形後之材料層視爲同一曲率。

(5) 組成材料之行爲均滿足虎克定律(Hooke's Law)。

(6) 組成材料之性質爲常數,不隨溫度而改變。

(7) 晶片與導線架間之黏著材料(銀膠)的硬化溫度(Cure Temperature)接近封膠之溫度(Molding Temperature)。

(8) 此複合材料結構所受爲純彎曲,故呈對稱彎曲,並斷面保持平面。

(9) 於長度$0 \le x \le l_s$區段內的變形曲線爲一拋物線,而在長度$l_s \le x \le 1$區段內的變形曲線則爲一直線。

(10) 在撓曲變形曲線中並無反曲點。

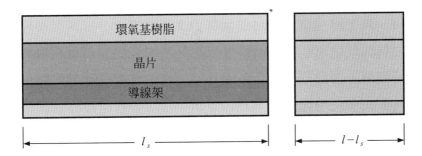

環氧基樹脂

晶片

導線架

l_s

$l - l_s$

圖 7.12 Suhir 理論推導之模型圖

而翹曲變形理論在經由推導出撓曲方程式[如式(7-8)所示]後,可快速地計算出含晶片之區段的翹曲變形量[如式(7-9)所示]與 IC 元件整體的翹曲變形量[如式(7-10)所示]。

$$\omega(x) = \frac{1}{2} \kappa x^2 \tag{7-8}$$

$$\omega(l_s) = \frac{1}{2} \kappa \cdot l_s^2 \tag{7-9}$$

$$\omega_0 = \omega(l) = \frac{1}{2} \kappa \cdot l_s^2 + \omega'(l_s)(l - l_s)$$

CH7

$$= \frac{1}{2} \kappa l_s^2 + \kappa l_s (l - l_s)$$

$$= \kappa l l_s \left(1 - \frac{l_s}{2l}\right) \tag{7-10}$$

式中，ω_0 為翹曲變形量，κ 為彎曲曲率

2.　無限多層翹曲理論

　　　Suhir 博士所發表的翹曲理論是以切割為兩區段，且考慮四層之組成材料層為對象，但對於大多數的 IC 封裝元件無法完全適用，因為一般 IC 封裝元件(如圖 7.13 所示)中的組成材料不僅包含矽晶片、導線架、及上、下層之環氧基樹脂，有時還需要考慮其他製程上之材料，如銀膠的黏著層、增加散熱效能的散熱塊、為了增加組成材料間黏著力之黏膠等。一旦為了製程上的需要塗抹或增添了某些材料層，如此所包含的分析材料層就不僅只是四層，而是一個複合多層材料結構，為解決此類問題，使其理論能更廣泛地應用，故藉由 Suhir 之四層翹曲變形公式推廣至無限多層將是解決 IC 封裝元件內幾何形狀的有效工具。

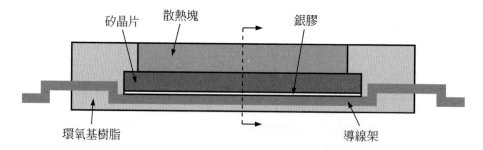

圖 7.13　IC 元件之幾何模型示意圖

　　此外，Suhir 理論之分析模型中，矽晶片以外之區段，僅以一均質之材料，藉由延續前一區段之末端斜率，以模擬整體 IC 的翹曲變形，可是忽略矽晶片以外部份的模擬分析方式明顯與實際模型相距甚遠。為解決此問題，多層翹曲理論將欲分析之 IC 元件先行切割成數個區段，再依各區段其材料之幾何分布，分為數個分層(如圖 7.14 所示)，如此將可克服 IC 元件幾何形狀之變化，更可正確地模擬 IC 元件的實際幾何模型。此切割的技巧正是無限多層翹曲變形理論在求解上的開端，而切割的結果將直接關係到求解的速度與準確性。將此切割方法應用於 IC 模型的翹曲變形分析，將可對分析的程序更清楚掌握。

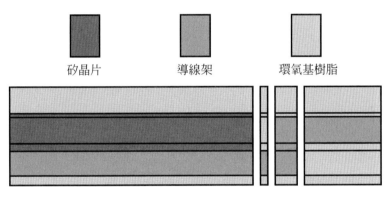

圖 7.14　IC 模型的區段切割與分層示意圖

　　由於無限多層翹曲理論是以 Suhir 翹曲變形理論為基礎，故其假設大致上亦與 Suhir 翹曲變形理論之條件假設相同。而將 Suhir 翹曲理論公式推廣後，其所得適用於無限多層結構的無限多層翹曲理論變形曲率通式如式(7-11)所示：

CH7

$$\kappa = \frac{\left[\sum\limits_{j=1}^{\frac{(n-1)n}{2}} \left[(\prod\limits_{i=1}^{n} \lambda_i)/\lambda_k \lambda_l\right] \alpha_{kl} \beta_{kl}\right] \Delta t}{\left[EI\lambda + \sum\limits_{j=1}^{\frac{(n-1)n}{2}} \left[(\prod\limits_{i=1}^{n} \lambda_i)/\lambda_k \lambda_l\right] \beta_{kl}^2\right]} \tag{7-11}$$

其中且 $0 < \kappa < 1$ 且 $\kappa \neq l$，$\kappa = 1$，2，$\cdots$，$n-1$；$l = 1$，2，$\cdots$，

n，並且 $\lambda = \sum\limits_{i=1}^{n} \left[(\prod\limits_{i=1}^{n} \lambda_i)/\lambda_m\right]$，$m = 1$，$2$，$\Lambda$，$n$。

κ　：封裝體受溫度變化所導致之變形的曲率

EI：封裝體之彎曲剛性

λ_i：$\lambda_i = \dfrac{1}{E_i^0 h_i}$

　　其中　$E_i^0 = \dfrac{E_i}{1-v_i^2}$，為材料的一般化之楊氏係數

　　　　h_i，$i = 1, 2, \cdots, i$，為各材料層的厚度

　　　　$\beta_{i-1, i}$：$\beta_{i-1, i} = \dfrac{h_{i-1} + h_i}{2}$

3. 相關研究

　　目前 IC 封裝體的翹曲變形研究已經十分發達，研究方法大多是利用 ANSYS 預測封裝成品受熱應力引起的翹曲變形量。但是由於未考慮整體製程條件與翹曲變形的關係，因此無法提供業界有效的資訊。若我們能夠結合塑膠射出成形模流分析軟體(如 C-MOLD)與應力分析軟體(如 ANSYS)，首先利用模流分析軟體模擬封膠製程並利用輸出的溫度分佈、速度分佈供 ANSYS 繼續分析翹曲變形。若結果不滿意，可以改變輸入模流分析軟體的製程條件再繼續分析，以求得最佳的製程參數，如此才可提供在製程上有利用價值的資料予 IC 封裝業者使用。

▣ 7-5-4 錫球疲勞壽命的計算[15][16]

美國材料試驗學會(American Society for Testing Materials)曾對疲勞(Fatigue)下一定義："一材料受連續之變動承載,發生局部性永久結構變形之過程,該過程乃使材料中之某點或多點產生應力及應變之波動情況,以及使裂縫加大或經過足夠多次之波動後而完全破壞。"[17]。

1. 疲勞壽命理論

　　而錫球疲勞壽命的計算主要有應力和應變兩種方法。所謂的應力方法(Stress Method),指的是先對某材料做其材料性質試驗,以施加正弦應力於試件上,觀察不同應力狀況對材料疲勞壽命的影響,從而找出此種材料之 S-N Curve(應力-壽命關係曲線),再依據累積損傷理論的主張,便可得到相對的壽命週期數;而所謂的應變方法,則是利用同樣的方法獲得各階段所累積的塑性應變來求取塑性應變-壽命的關係曲線,再依據Coffin-Manson的理論來預測材料的疲勞壽命。

(1) 潛變

　　錫球材料行為的數學式是依據Knecht和Fox[18]的研究結果;如式(7-12)所示;假設在穩態的潛變過程中,總應變率包含了兩個部分:和時間無關(Time-Independent)的部分及和時間有關(Time-Dependent)的部分。

$$\dot{\gamma}_{tot} = \dot{\gamma}_e + \dot{\gamma}_{pl} + \dot{\gamma}_{cr} \tag{7-12}$$

式中和時間無關的部分包括$\dot{\gamma}_e$(彈性應變率)與$\dot{\gamma}_{pl}$(塑性應變率),而和時間有關的部分則為$\dot{\gamma}_{cr}$(潛變剪應變率)。

經過計算,所得到剪應變率總合$\dot{\gamma}_{tot}$為:

CH 7

$$\dot{\tau}_{tot} = \left[\frac{1}{G} + A \frac{m}{\tau_P^m} \tau^{m-1} \right] \dot{\tau} + B\tau^n \qquad (7\text{-}13)$$

其中，$B = 2.77 \times 10^{13} \left(\frac{1}{E^n} \right) \exp \left(\frac{-Q_c}{kT} \right)$

G ：剪力模數

A，B，m：材料常數

τ_P ：與時間相關的參數

k ：波茲曼常數(Boltzmann's Constant)，

$\quad k = 8.63 \times 10^{-5} \text{eV/K}$

T ：絕對溫度

(2) 疲勞應力方法

對於不規則變化的變動荷重，從S-N曲線可以算出相對每一應力層疲勞破壞所需之循環數，而依據累積損傷理論[19]的主張，就實際狀況來說假設應力σ_i有n_i次的循環數，則如式(7-14)所示。

$$C = \sum_{i=1}^{P} \frac{n_i}{N_i} \qquad (7\text{-}14)$$

式中，當$C \geq 1$時，表示材料耗盡了全部的壽命而達到破壞。

n_i ：某一應力層之循環次數

N_i ：相對應疲勞破壞所需之循環數

(3) 疲勞應變方法

在對錫球疲勞壽命的研究之中，Coffin-Manson 方程式[15]，是廣為此一領域之學者所使用的一項理論，其基本定義如下：

$$N_f = \frac{1}{2}\left(\frac{\Delta\gamma}{2\varepsilon_f}\right)^{1/C} \tag{7-15}$$

其中，$C = -0.442 - 6 \times 10^{-4} T_m + 1.74 \times 10^{-2} \ln(1+f)$

N_f ：臨屆破壞時的循環數

$\Delta\gamma$：一次負荷循環的總剪應變範圍

ε_f ：疲勞延展係數

C ：疲勞延展指數

f ：循環頻率，需維持在每天 1000 個循環之內

因 C 為負值，故由式(7-14)可知，疲勞壽命與總剪應變範圍成反比，當總剪應變範圍增大時，疲勞壽命則相對降低，但是因為實際情況下錫球是三維立體的，而由於蒲松比的關係，在二維模型的計算上會造成 Z 方向應力的產生，導致不正確的位移與應變，另外因缺乏 Z 方向的應變向量，實際的塑性應變累積量亦有些許的誤差[20][21]，不過雖然有以上這些缺點，一般來說二維的模型還是有相當的準確性，因此可以作為三維模型計算的參考。

2. 相關研究

近年來針對在溫度循環負載作用下對疲勞壽命分析所作的研究相當多：如 Yeh[22]等人針對覆晶式組裝結構，使用參數化的有限元素分析來驗證設計及製程參數對於可靠度之影響，並且說明使用二維及三維有限元素模型兩者的結果趨勢十分接近；J. H. Lau[23]等人探討有無液狀底部封膠之可靠度，可知有液狀底部封膠之可靠度較無液狀底部封膠為佳；J. Wang[24]等人分析底部封膠及錫球潛變行為對翹曲量之影響；E. Madenci[25]等人指

出疲勞破壞的位置發生於幾何及材料不連續之處，也就是錫球與晶片及電路板連接處，而有底部封膠者，其應力集中現象較無底部封膠者不明顯；Goh[26]等人在溫度循環負載下，以二維模型及彈塑性材料之錫球來分析晶片大小、錫球高度、錫球間距、錫球直徑、電路板厚度及底部封膠材料對錫球可靠度的影響；K. H. Teo [27]分析錫球材料、晶片大小、黏著墊種類及底部封膠材料在溫度循環、功率循環、穩態溫溼度測試及高溫測試下的影響；Yao[28]等人亦使用了有限元素模型比較二維和三維覆晶封裝體的熱應力分析及Darbha[29][30]等人使用有限元素法探討有無封膠對覆晶結構錫球的影響。

■ 7-5-5　錫球裂紋成長的分析

從機械觀點而言，裂痕發生的地點及造成的原因則和接點結構、界面合金複合物組織、應變率及使用溫度等有密切的關係，通常可歸納為：

1. 裂痕通常發生在高應力集中處，裂痕生長方向則與接合點外型及拉力和剪力負載之間的角度有關。

2. 高接合點應力是因為高的應變率或是焊錫對潛變有抗力，而這兩者都會造成破壞處更接近焊錫與元件的接合面。

3. 接合面處的破壞大部分是由於差的界面合金複合物/焊錫間的接合力，脆化的界面合金複合物或是在界面合金複合物層的焊錫有脫離的情形。

4. 對大的焊錫故障而言，較高的應變率或較低溫度會造成橫斷錫粒(Transgranular)的裂痕；較低的應變率，較長的維持時間及較高的溫度會導致錫球內部的裂痕；氧化作用也會造成更多錫粒內的破壞。

5. 較高的應變範圍會導致更多橫斷錫粒的破壞，而一較低的應變範圍會造成更多錫粒內部的破壞。

6. 較細的接點或單相(Single-phase)的合金在錫粒面上會有較均勻的應變分佈。

7. 對近乎低溫共熔的Pb/Sn焊錫而言，在高應力區域會有局部變粗糙的情形發生，進而演變成裂痕。

目前在錫球裂紋成長的分析理論上，一般皆是藉由實驗的方式來獲得實驗公式。有幾位專家曾研究過焊錫接點內的裂紋增長；Solomon以超音波顯微鏡量測在絕熱環境下的剪力負載對以一定比例增加的接點所造成裂紋面積，大概確定裂紋面積和負載減小(Load Drop)是有關係的；Solomon 其後以負載減小的數據，來預測在絕熱的剪力負載下無引腳SMT接點的故障情形。Satoh et al.和Attarwala et al.則以高解析度的電子掃描式顯微鏡所量測到的細紋來預測焊錫接點內的裂紋增長率；Satoh et al.以計算之裂紋長度來表達疲勞壽命，但並沒有推導出明顯的公式以計算焊錫接點內應力或應變來預測裂紋增長率。

而在以軟體模擬裂痕成長的分析中，需要謹慎地定義測試條件與邊界條件，並接續熱疲勞分析的結果，考慮其對錫球裂紋成長的效應。因此在做裂紋成長分析時，首先要注重的便是理論基礎的確立與驗證，熟悉整個裂紋計算的流程與背景，才能在利用ANSYS等分析軟體時獲得充分的支援，以避免造成所謂的 "Garbage In, Garbage Out"的結果。

■ 7-5-6 覆晶底膠(Underfill)充填分析

覆晶底膠充填的技術乃是近幾年為了解決覆晶製程中錫球和基板因熱膨脹係數不匹配所產生的問題，由於該技術的發展尚未臻成熟，因此引起產學界高度的探討。

CH 7

1. 覆晶底膠(Underfill)充填理論

(1) 底部充填流動區域

流體在平行板間的流動速度可以藉由連續方程式[如式(7-16)所示]和 Navier-Stokes 方程式[如式(7-17)、式(7-18)所示]得到，其流動分佈情形如圖 7-15 所示。

$$\frac{\partial u}{\partial x} + \frac{\partial v}{\partial y} = 0 \tag{7-16}$$

$$\rho\left(\frac{\partial u}{\partial t} + u\frac{\partial u}{\partial x} + v\frac{\partial u}{\partial y}\right) = -\frac{\partial P}{\partial x} + \rho g_x + \mu\left(\frac{\partial^2 u}{\partial x^2} + \frac{\partial^2 u}{\partial y^2}\right) \tag{7-17}$$

$$\rho\left(\frac{\partial v}{\partial t} + u\frac{\partial v}{\partial x} + v\frac{\partial v}{\partial y}\right) = -\frac{\partial P}{\partial y} + \rho g_y + \mu\left(\frac{\partial^2 v}{\partial x^2} + \frac{\partial^2 v}{\partial y^2}\right) \tag{7-18}$$

式中，ρ為密度，μ為黏度，P為壓力，u、v則分別代表x及y方向的速度。

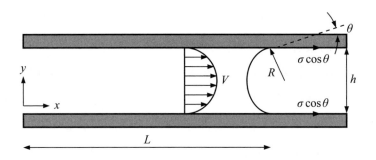

圖 7.15　平行板間流動概略圖

在探討過程中，由於熱固性材料的充填程序是一個相當複雜的流動、熱傳與材料反應之交互作用問題，對於如此複雜的成型程序，為了理論分析的可行性而做了幾點假設[31]：

① 流體爲不可壓縮之牛頓流體。
② 流體爲 2D 穩態之完全擴展層流。
③ 忽略凸塊(或其他流動阻礙物)、表面粗糙度及邊界效應的影響。
④ 忽略運動方程式中的慣性項及重力項。

藉由定義穩流流動簡化式(7-17)、(7-18)後代入式(7-16)中，並考慮完全擴展層流在 y 方向之速度爲零，使用邊界條件 $y = 0$ 及 $y = h$ 時，令 $u = 0$，可以得到以下相關的方程式。

所得流動速度爲：

$$u(y) = \frac{1}{2\mu} \left(-\frac{\partial P}{\partial x} \right) (ay - y^2) \tag{7-19}$$

所得平均速度爲：

$$u_{\text{avg}} = \frac{Q}{h \times 1} = \frac{h^2 \Delta P}{12\mu L} \tag{7-20}$$

Q ：體積流率
L ：流動距離
h ：間隙高度

其中表面張力爲：

$$\Delta P = \frac{\sigma}{R} = \frac{\sigma \cos\theta}{\dfrac{h}{2}} \tag{7-21}$$

ΔP：壓力差
σ ：表面張力
R ：波前曲率半徑
θ ：接觸角

CH **7**

所得充填時間為：

$$t = \frac{3\mu L^2}{\sigma h \cos\theta} \qquad (7\text{-}22)$$

由式(7-22)，可知道充填時間和表面張力、間隙高度及接觸角的餘弦成反比，流動距離的平方與黏滯力成反比，但兩者都和充填時間成正比。

(2) 表面張力

　　藉由測量充填材料平衡時的狀態，可以計算出表面張力的數值大小。然而，滴定實驗中的高度和接觸角可藉由測量圖7.16得到，表面張力可以藉由應用測量出之高度和接觸角代入式(7-23)中計算出來[32]。

$$\sigma = \frac{\rho g H^2}{2(1 - \cos\theta)} \qquad (7\text{-}23)$$

其中，ρ為充填材料密度，g為重力加速度，H為滴定實驗高度以及θ為接觸角。

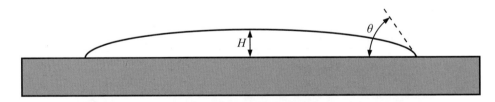

圖 7.16　滴定平衡狀態圖

(3) 接觸角

　　大部分的研究都假設接觸角為常數，即式(7-22)中接觸角度 被假設為一個不隨時間變化的常數；但是，在實際的情形中接觸角是一個會隨時間變化的時變函數，可由式(7-24)來表示。除了接觸角的變化會影響充填時間 t 之外，流動距離 L、厚度 h 以及表面張力 σ 都會影響充填時間 t。

$$\cos\theta = \cos\theta_e\,(1-ae^{-ct}) \tag{7-24}$$

其中 $a = 1 - \dfrac{\cos\theta_0}{\cos\theta_e}$、$c = \dfrac{\sigma}{\eta M}$

θ ：接觸角

θ_e ：平衡接觸角

θ_0 ：初始接觸角

M ：依據填充材料和表面接觸所得之常數

而所得依接觸角隨時間變化所修正的充填時間方程為：

$$t = \frac{3\eta L^2}{\sigma h\cos\theta_e} + \frac{a}{c}\,(1-e^{-ct}) \tag{7-25}$$

2. 相關研究

近年來對於覆晶底膠充填流動分析的研究非常的多，包含：Schwiebert 和 Leong [33] 把間隙充填流動情形視為藉由毛細作用力的黏滯流體在二維的平行板間充填情形，並定義一滲透係數來量測流體進入平板間隙的浸滲能力；S. Han 和 K. K. Wang [32] 使用 Hele-Shaw 數值近似分析底部充填，文中分別對動態接觸角和靜態接觸角的影響作討論，並且比對模擬結果及實驗結果，而經結果比較發現，以動態接觸角的模擬結果會比以靜態接觸角的模擬結果來得貼近實驗結果，又數值近似的結果比解析的結果更逼近實驗結果；C. P. Wong [34] 針對在間隙區域內底部充填流率因子所扮演的角色作討論，經過這些因子分別為填充微粒、底部充填材料、IC 晶片／基底介面及阻礙物等四種對流率、膨脹係數

CH7

的效應；G. Ni 和 M. H. Gordon [35]使用二維 VOF (流體體積)
FLUENT 模型 (自由表面模型) 來探討間隙尺寸、黏滯力、表面
張力和流率的關係，並建立實驗驗證 FLUENT 模型。

■ 7-6　CAE 工程分析應用在 IC 封裝製程的案例介紹

　　CAE 工程的發展近年隨著電腦設備功能的提升與相關程式的開發撰
寫，不僅大幅降低分析的時間，更能獲得較精確的製程趨勢與結果判
斷。為此，本節將以實際的 IC 封裝案例或實驗值搭配 CAE 數值分析軟
體(本文將以 C-MOLD 與 ANSYS 的 CAE 軟體使用為主)的結果作一比
較，讓讀者了解 CAE 軟體的應用與如何和 IC 封裝製程相結合。

■ 7-6-1　模流分析案例Ⅰ：SAMPO_BGA 436L [9]

　　和上寶半導體(現為艾克爾半導體)合作分析的 BGA 436L，在 IC 元
件的結構上最特別的地方在於其為雙層打線的結構，在 CAE 軟體的分
析中如何在不同區域中模擬不同金線高度、不同金線密度對融膠流動充
填的影響，將是探討的重點。

1.　BGA 436L 的產品外觀和幾何形狀的架構

　　　BGA 436L 的產品外觀如圖 7.17 所示，而依據實際的產品尺
寸(如圖 7.18 所示)以及作不同金線區域的規劃(如圖 7.19 所示)，
便可利用 C-MOLD 架構出 BGA 436L 的幾何圖形(如圖 7.20 所示)。

2.　BGA 436L 的封膠材料和製程控制

　　　表 7.1 所示為 BGA 436L 所使用的封膠材料與相關性質，表
7.2 所示則為相關的製程控制參數。

(a) 已封膠完成的整條 BGA436L

(b) 上視圖(封膠)

(c) 下視圖(錫球)

圖 7.17　BGA 436L 的產品外觀

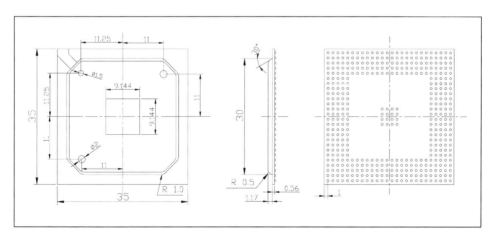

圖 7.18　BGA 436L 的詳細結構尺寸

CH7

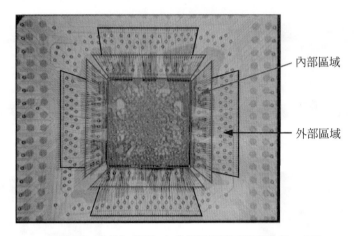

內部區域

外部區域

圖 7.19　BGA 436L 中金線區域的規劃(X-Ray 圖)

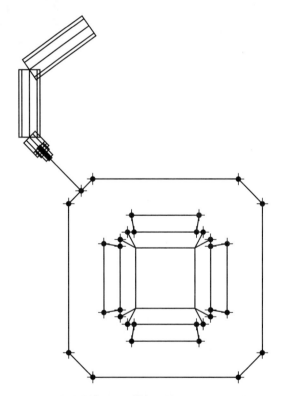

圖 7.20　C-MOLD 所架構出 BGA 436L 的幾何圖形

表 7.1　BGA 436L 的材料參數

EMC SMT-B-1F: Plaskon 的材料參數		
Item	Property	Value
Molding Compound	密度	1.88 g/cm^3
Tabulated Thermal Conductivity	溫度(℃)	175 ℃
	熱傳導係數	0.7119 W/m-℃
Tabulated Specific Heat	溫度 (℃)	175 ℃
	比熱	1050 J/kg-℃
Reactive I Viscosity	N	0.4229
	Tau* (Pa)	6.22E-02 Pa
	B	1.07E-02 Pa-s
	Tb (K)	9.08E + 03 K
	C1	5.74E-01
	C2	9.25E-01
	Alpha	0.4153
Reaction Kinetics	H (J/g)	36.65
	m1	0.198
	m2	1.033
	A1 (1/s)	1.27E + 06
	A2 (1/s)	2.93E + 06
	E1 (K)	1.50E + 04
	E2 (K)	8.33E + 03

表 7.2 BGA 436L 的製程控制參數

製 程 控 制		
Item	Property	Value
Mold Material Data	模壁溫度 (℃)	175 ℃
Process Data	充填時間 (s)	14 sec
	鎖模力	25 ton
	保壓時間	100 sec
	融膠溫度	175 ℃

3. BGA 436L 的模流充填分析與驗證

　　當分析時若不考慮金線密度對融膠流動所造成的影響，其所得到的模流分析結果如圖 7.21 所示，由分析結果與實際的融膠充填短射模型(如圖 7.22 所示)相驗證可知，金線密度的影響對於高腳樹、雙層金線結構的 IC 封裝融膠流動會造成影響。

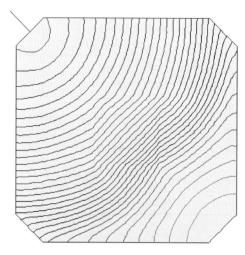

圖 7.21 未考慮金線密度影響的融膠流動波前(BGA 436L)

圖 7.22　融膠充填短射模型(BGA 436L)

　　爲了模擬不同金線密度對融膠流動所造成的影響，在 C-MOLD 的軟體使用中，將藉由修正不同金線區域內的形狀因子(Shape Factor)來模擬不同金線密度對塑流流動所產生的阻力。如圖 7.23 所示乃是藉由試誤法的方式來獲得對金線區域內的形狀因子所修正的較佳結果，所分析出的流動波前如圖 7.24 所示，而由圖 7.25 的波前比較圖可以得知，對於高腳數的IC，融膠的流動會隨著金線數目和金線密度的增加而產生流動的阻力。因此，在進行高腳數的 IC 封裝模流分析，金線密度的影響是需要被考慮進去的，而形狀因子的修正，將有助於提升融膠波前模擬的精確值，而如何掌握金線密度與形狀因子的參數控制來達到精準的 CAE 模擬將在下一個案例說明，讀者並可以參考相關文獻。

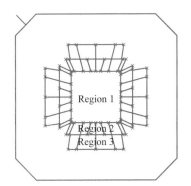

	Region 1	Region 2	Region 3	Region 4
Control of Shape Factor	1	2.4	1.8	1

圖 7.23　各金線區域修正的形狀因子(BGA 436L)

CH7

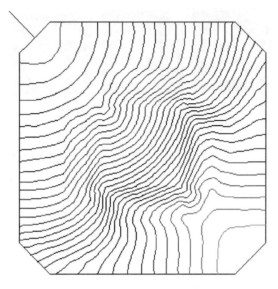

圖 7.24   考慮金線密度影響的融膠流動波前(BGA 436L)

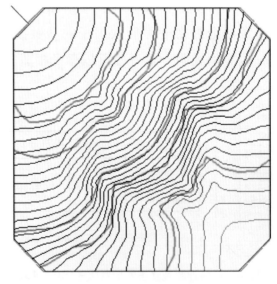

圖 7.25   融膠流動波前比較圖(BGA 436L)

■ 7-6-2 模流分析案例 II：SPIL_BGA 492L [9][36]

和矽品半導體合作分析的BGA 492L，在IC元件的分析結構上最特別的地方在於有兩組不同長度的金線分佈並加入詳細的流道尺寸，而在CAE軟體的分析中則是嘗試藉由理論來發展形狀因子對金線密度的控制法則。

1. BGA 492L 的產品外觀和幾何形狀的架構

    BGA 492L 的產品外觀如圖 7.26 所示，而依據實際的產品尺寸(圖 7.27、圖 7.28 所示)以及作不同金線區域的規劃(如圖 7.29 所示)，便可利用 C-MOLD 架構出 BGA 492L 的幾何圖形(如圖 7.30 所示)。

圖 7.26　BGA 492L 的產品外觀

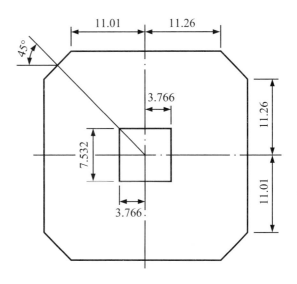

圖 7.27　BGA 492L 的詳細結構尺寸

CH7

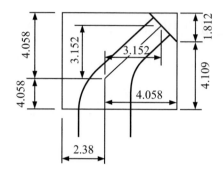

(a) 流道平面的幾何形狀

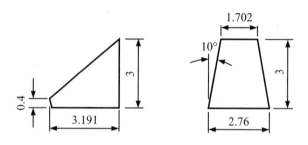

(b) 流道截面的幾何形狀

圖 7.28 BGA 492L 的詳細流道尺寸

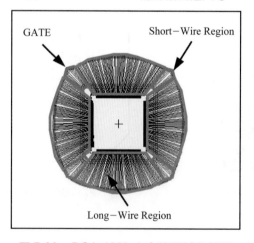

圖 7.29 BGA 492L 中金線區域的規劃

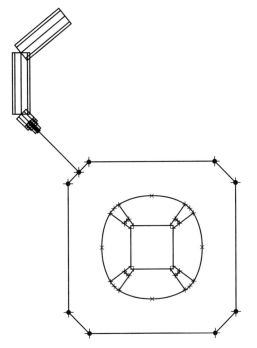

圖 7.30　C-MOLD 所架構出 BGA 492L 的幾何圖形

2.　BGA 492L 的封膠材料和製程控制

　　　表 7.3 所示為 BGA 492L 所使用的封膠材料與相關之性質，
表 7.4 所示則為相關的製程控制參數。

表 7.3　BGA 492L 的材料參數

EMC SMT-B-1LV: Plaskon 的材料參數		
Item	Property	Value
Molding Compound	密度	Melt：1578 kg/m^3 Solid：1856 kg/m^3
Tabulated Thermal Conductivity	溫度 (℃)	340.1 K = 66.95 ℃
	熱傳導係數	0.74 W/m-K
Tabulated Specific Heat	溫度 (℃)	443.1 K = 169.95 ℃
	比熱	1078 J/kg-K
Reactive I Viscosity	N	0.7773
	Tau* (Pa)	0.0001 Pa
	B	0.04219 Pa-s
	Tb (K)	4810 K
	C1	10.96
	C2	0.00626
	Alpha	0.6946
Reaction Kinetics	H (J/g)	3.91E + 004
	m1	0.4766
	m2	1.08
	A1 (1/s)	0.1
	A2 (1/s)	5.926E + 005
	E1 (K)	2E + 004
	E2 (K)	7501

表 7.4 BGA 492L 的製程控制參數

製 程 控 制		
Item	Property	Value
Mold Material Data	模壁溫度	175 ℃
Process Data	充填時間(s)	8.1 sec
	保壓時間	120 sec
	融膠溫度	175 ℃
	% stroke(1)	8.6962
	% speed	71
	% stroke(2)	21.7396
	% speed	63
	% stroke(3)	34.783
	% speed	46
	% stroke(4)	47.8264
	% speed	42
	% stroke(5)	60.8698
	% speed	41
	% stroke(6)	73.9132
	% speed	34
	% stroke(7)	86.9566
	% speed	40
	% stroke(8)	100
	% speed	30

CH7

3.　BGA 492L 的模流充填分析與驗證

　　分析時若不考慮金線密度對融膠流動所造成的影響，其所得到的融膠波前與實際未加入金線的封裝短射模型作波前比較結果如圖 7.31 所示，而與實際的融膠充填短射模型(如圖 7.32 所示)相驗證可知，金線密度的影響仍是影響 IC 封裝製程中融膠流動變化最主要的因素。

　　爲了模擬不同金線長度、密度對融膠流動所造成的影響與探討形狀因子的控制法則，在 C-MOLD 的軟體使用中，仍將藉由修正不同金線區域內的形狀因子(Shape Factor)與依據金線的線弧來進一步劃分金線內部的區域，以模擬金線對塑流流動所產生的阻力。如圖 7.33 所示乃是藉由探討金線線弧與模穴厚度的關係所發展的理論控制法則來決定各金線區域內的形狀因子，所分析出的流動波前如圖 7.34 所示，而由圖 7.35 的波前比較圖可以得知，兩者間有蠻吻合的趨勢，而這也代表肯定了形狀因子理論控制法則的發展。因此，在面對高腳數的各類型IC封裝模流分析，如藉由相關形狀因子的控制理論來協助 CAE 軟體進行分析，將有助於擺脫試誤法(Trial-and-Error)的缺點並提升CAE分析的效能，而如何發展形狀因子的控制理論來減少分析的時間與達到精準的 CAE 模擬將是未來努力的目標。

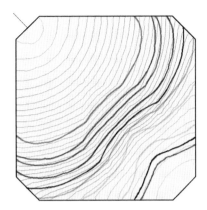

圖 7.31　未考慮金線密度影響的融膠流動波前(BGA 492L)

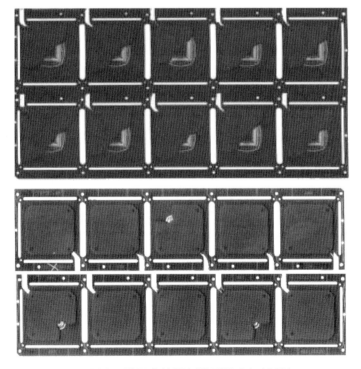

圖 7.32　融膠充填短射模型(BGA 492L)

CH 7

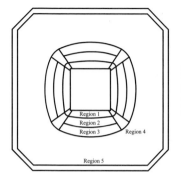

	Region 1	Region 2	Region 3	Region 4	Region 5
Method 2	2.3011	2.04135	1.67794	1.4	1.6385

圖 7.33　各金線區域修正的形狀因子(BGA 492L)

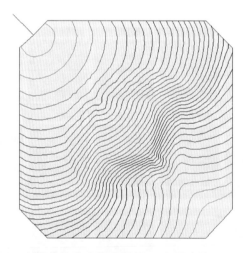

圖 7.34　考慮金線密度影響的融膠流動波前(BGA 492L)

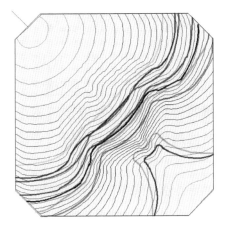

圖 7.35　融膠流動波前比較圖(BGA 492L)

　　此外，為了探討使用 2.5D 與 3D 等不同維度的 CAE 模流分析軟體對模流分析的結果所造成的影響，亦使用 MPI 來架構 3D 的模型進行模流分析，其分析之波前擬和結果如圖 7.36 所示，由結果觀察比較可知，3D 分析模型可獲得趨勢較符合的波前擬合與融膠充填資訊。

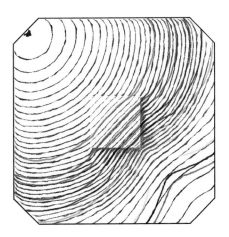

圖 7.36　MPI 之 3D 分析結果波前擬合

CH 7

■ 7-6-3　模流分析案例 III：SPIL_QFP 208L [9]

　　和矽品半導體合作分析的QFP 208L，在IC元件的結構上最特別的地方在於其爲藉由導線架分隔爲上下模的結構，其中導線架部份又有貫穿通孔，在 CAE 軟體的分析中如何考慮金線密度的影響與模擬一次充填 32 個模穴及融膠如何透過通孔在上下模穴中流動變化的情形將是探討的重點。

1.　QFP 208L 的產品外觀和幾何形狀的架構

　　　QFP 208L的流道系統如圖 7.37 所示，而依據實際的產品尺寸(如圖 7.38、圖 7.39 所示)以及參考X-Ray圖中金線區域的配置(如圖 7.40 所示)，便可利用 C-MOLD 架構出 QFP208L 的幾何圖形(如圖 7.41、圖 7.42 所示)。

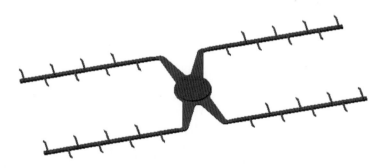

圖 7.37　QFP 208L 的流道系統

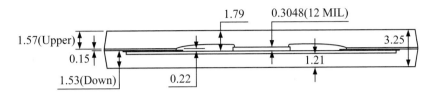

(a) 模穴剖面圖

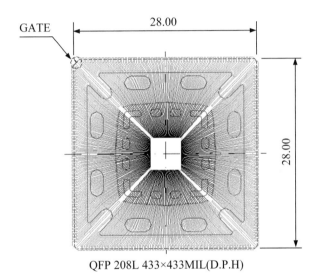

QFP 208L 433×433MIL(D.P.H)

(b) 上視圖

圖 7.38 QFP 208L 的詳細結構尺寸

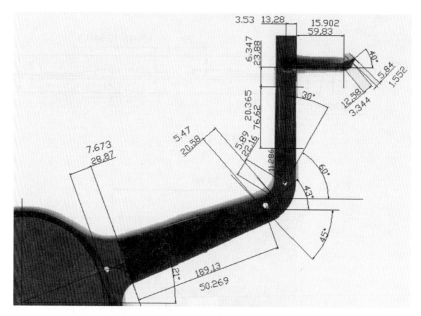

圖 7.39 QFP 208L 的詳細流道尺寸

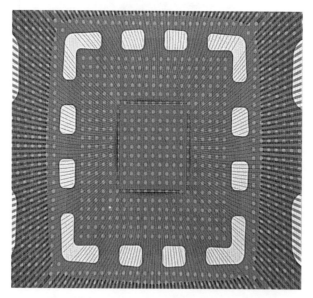

圖 7.40 QFP 208L 中金線配置(X-Ray)

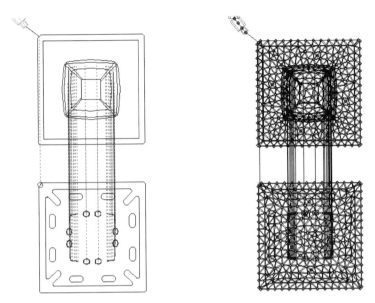

圖 7.41 C-MOLD 所架構出 QFP 208L 的幾何圖形(單一結構)

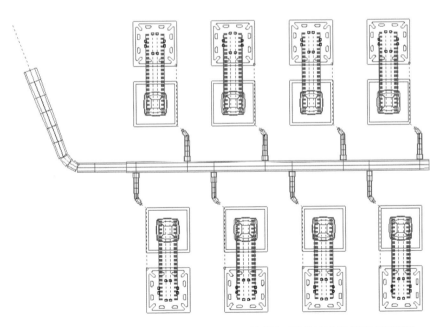

圖 7.42 C-MOLD 所架構出 QFP 208L 的幾何圖形(1/4 對稱充填模型)

2.　QFP 208L 的封膠材料和製程控制

　　表7.5所示爲 QFP 208L 所使用的封膠材料與相關性質，表
7.6所示則爲相關的製程控制參數。

表 7.5　QFP 208L 的材料參數

EMC SUMIKON EMC-6300 HG 的材料參數		
Item	Property	Value
Molding Compound	密度	Melt：1809 kg/m³ Solid：1850 kg/m³
Tabulated Thermal Conductivity	溫度 (℃) 熱傳導係數	348.15 K＝75 ℃ 0.694 W/m-C
Tabulated Specific Heat	溫度 (℃) 比熱	443.1 K＝169.95 ℃ 1078 J/kg-K
Reactive I Viscosity	N	0.5511
	Tau* (Pa)	3776 Pa
	B	5.523 Pa-s
	Tb (K)	4313 K
	C1	0.0001306
	C2	31.1
	Alpha	1
Reaction Kinetics	H (J/g)	4.585E＋004
	m1	1.202
	m2	1.569
	A1 (1/s)	1.231E＋008
	A2 (1/s)	9.56E＋005
	E1 (K)	1.073
	E2 (K)	7469

表 7.6　QFP 208L 的製程控制參數

製 程 控 制		
Item	Property	Value
Mold Material Data	模壁溫度	175 ℃
Process Data	充填時間 (s)	15 sec
	鎖模力	130 kg/cm^2
	保壓時間	140 sec
	融膠溫度	172 ℃
	% stroke(1)	80
	% speed	100
	% stroke(2)	87.7
	% speed	43.3
	% stroke(3)	100
	% speed	21.6

3.　QFP 208L 的模流充填分析與驗證

　　由於整個充填模型乃是以 1/4 對稱的模型建立，因此在做模流分析時也將一次探討一個 Strip(即 4 個模穴)的融膠流動充填充填變化。當未加入金線密度的考量時其所得到的融膠波前與實際加入金線的封裝短射模型(如圖 7.43 所示)作波前比較，結果如圖 7.44 所示。

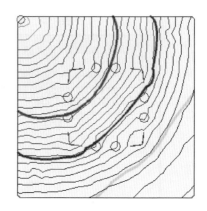

(a) 上模穴   (b) 下模穴

圖 7.43 未考慮金線密度影響的融膠流動波前[以第二組模穴為例] (QFP 208L)

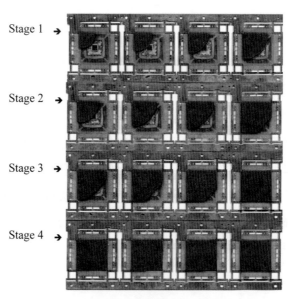

圖 7.44 融膠充填短射模型(QFP 208L)

　　為了模擬金線線弧、密度對融膠流動所造成的影響與繼續探討形狀因子的控制法則,在 C-MOLD 的軟體使用中,仍將藉由簡化幾何模型的結構與修正不同金線區域內的形狀因子(Shape Factor)與依據金線的線弧來進一步劃分金線內部的區域,以模擬金線對塑流流動所產生的阻力。如圖 7.45 所示乃是藉由形狀因子的理論控制法則所決定各金線區域內的形狀因子。圖 7.46 所示,則為分析與實際的波前比較圖,由圖中可獲得彎吻合的趨勢,而這也代表了 CAE 在模流分析的應用上能達到令人滿意的結果。因此,未來不論 IC 結構如何設計,只要掌握正確的方法,CAE 定能成為最佳的輔助分析工具,提早幫助設計者發現問題並協助解決。

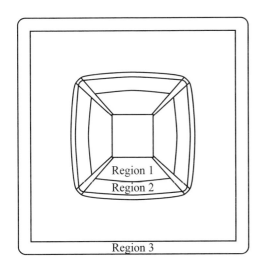

	Region 1	Region 2	Region 3
QFP 208L	1.6547	1.35165	1.55296

圖 7.45　各金線區域修正的形狀因子(QFP 208L)

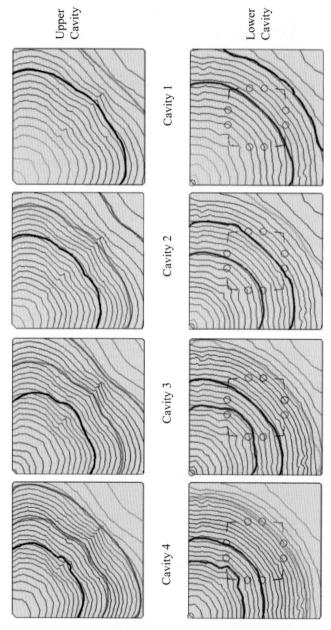

圖 7.46　考慮金線密度影響的融膠流動波前比較圖(QFP 208L)

7-6-4 金線偏移分析案例：SPIL_BGA 492L [9][36]

在進行 BGA 492L 的金線偏移分析時，乃是從中擷取 44 條金線來作金線偏移的分析和實驗值的量測，而偏移量的比較則是將實驗值與各種金線偏移分析法作一比較。

1. BGA 492L 中金線的配置和相關幾何及材料資訊

如圖 7.47 所示，圖中標註綠線者乃是自其中所擷取用來當作金線偏移分析的 44 條金線，而表 7.7、7.8 所示則為金線的材料參數及幾何形狀。

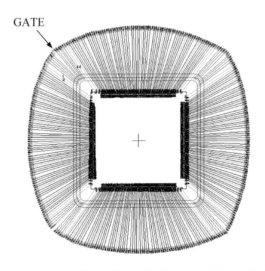

GATE

圖 7.47 BGA 492L 中的 44 條參考金線(標註綠線者)

CH7

表 7.7　金線的材料參數(BGA 492L)

金線的材料參數(SPIL BGA 492L)		
Item	Property	Value
Wire Data	楊氏係數 Young's Modulus	6.023×10^{10} Pa
	剪力模數 Shear Modulus	2.1133×10^{10} Pa
	蒲松比 Poisson Ratio	0.425
	直徑 Diameter	32 um

表 7.8　BGA 492L 中長金線的參數幾何 (Unit：m)

X	Z
0.00000000	0.00037000
0.00000000	0.00042900
0.00001584	0.00046550
0.00009243	0.00052949
0.00016124	0.00054450
0.00027658	0.00054550
0.00067675	0.00053549
0.00107692	0.00053549
0.00142050	0.00052050
0.00175177	0.00046349
0.00213754	0.00040749
0.00264454	0.00034250
0.00371775	0.00019399
0.00449156	0.00006800
0.00489897	0.00000000
0.00494897	0.00000000

2. 金線偏移分析的決果

　　圖 7.48 所示為 ANSYS 的金線偏移分析、圖 7.49 所示乃是將金線偏移的實驗值與 Nguyen 解析解、Circular Arch 公式解和 ANSYS 數值解等各種金線偏移量理論值的比較。由圖形的比較中可知，理論分析與實驗值的金線偏移比較，已能獲得趨勢相近的結果，其中又以 ANSYS 依實際金線線弧所架構的 3D 金線偏移分析模組具有較佳的預測結果。

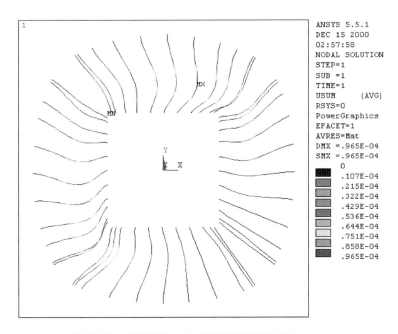

圖 7.48　ANSYS 的金線偏移分析(3D Module)

CH7

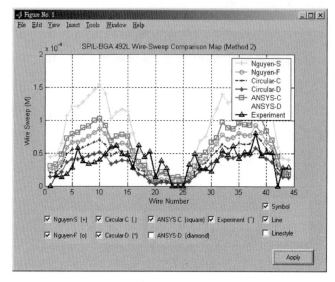

圖 7.49　BGA492L 金線偏移分析比較圖

■ 7-6-5　翹曲變形分析案例：SAMPO_BGA 436L [14]

　　本案例的翹曲變形分析乃是針對 SAMPO _BGA 436L 暨模流分析
與金線偏移分析之後的另一重要課題。而分析的過程乃是先利用 ANSYS
架構 1/4 對稱模型並依照實際的 IC 元件封裝製程去進行模擬。

1.　封裝製程的材料參數

　　　表 7.9～表 7.12 分別為晶片、黏著劑、基板與封裝塑料的材
　　料參數。

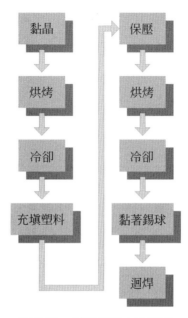

圖 7.50　封裝製程之流程圖

表 7.9　晶片的材料參數

材料	晶片
楊氏係數	250 Mpa
熱傳導係數 CTE	2.6×10^{-6}
柏松比	0.3
初始溫度	22℃

CH7

表 7.10 黏著劑的材料參數

材料	黏著劑
楊氏係數	0.5 Mpa
熱傳導係數 CTE	45×10^{-6}
柏松比	0.4
初始溫度	22℃

表 7.11 基板的材料參數

材料	基板
楊氏係數	24515 Mpa
熱傳導係數 CTE_X	14×10^{-6}
熱傳導係數 CTE_Y	58×10^{-6}
熱傳導係數 CTE_Z	14×10^{-6}
柏松比	0.18
初始溫度	22℃

表 7.12 封裝塑料的材料參數

材料	環氧樹脂
楊氏係數	28000 Mpa
熱傳導係數 CTE_1	12×10^{-6}
熱傳導係數 CTE_2	57×10^{-6}
柏松比	0.35
初始溫度	175℃

2. 分析流程

　(1)　黏晶

　　　　　將晶圓上之Die放置到基板上，一般以銀膠(Silver Epoxy)為黏著材料。由於有機基板之誤差及翹曲程度較一般金屬導線架大的多，因此精確的定位成為一項挑戰。因本研究著重於封裝製程中溫度負載所導致之 IC 元件的翹曲變形，所以排除黏晶之機械對位的問題。

　　　　　圖 7.51、圖 7.52為ANSYS所建構之分析模型。因本分析案例並未考慮錫球的效應，故未建構錫球的部份，所選擇之分析元素為 Solid 45，其元素具有模擬大變形的特性，且可考慮元素生與死的效應，基於幾何形狀與元素數目的考量，採用三角錐元素網格，且控制網格分布與密度，避免網格數量過多，造成運算時間冗長。封裝製程至此階段，塑料並未充填作用，所以在ANSYS分析軟體中設定環氧基樹脂之元素的特性為死，如圖 7.53 所示，為黏著晶片之基板模型。

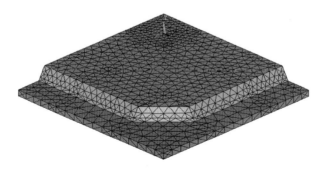

圖 7.51　建構之分析模型的正視圖

CH7

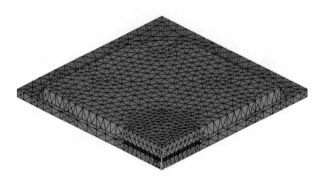

圖 7.52　建構之分析模型的背視圖

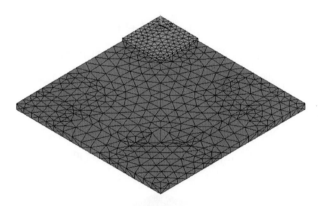

圖 7.53　黏著基板之分析模型圖

(2)　烘烤

　　　傳統銀膠必需經過烤箱150℃之溫度烘烤一個半小時至兩個小時，晶片才能牢固的黏著在晶粒座上。雖然本研究不考慮銀膠之作用，但仍然模擬銀膠烘烤的溫度負載。此烘烤步驟在CAE模擬分析中，將利用溫度負載150℃施加於上、下表面，如圖 7.54 所示，且烘烤時間為 90 分鐘，其翹曲變形情況如圖 7.55 所示。

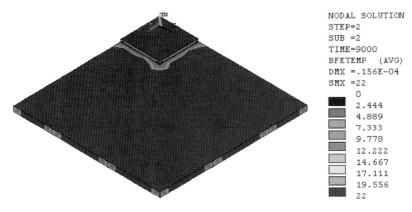

圖 7.54　烘烤之溫度負載示意圖

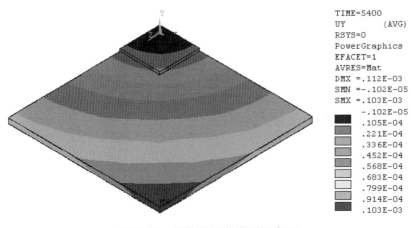

圖 7.55　烘烤之翹曲變形示意圖

(3)　冷卻

　　烘烤完成之黏晶基板取出後，因置放於室溫下，等待進行下一步驟，所以黏著晶片之基板會逐漸降溫冷卻。CAE模擬分析是設定表面溫度負載為室溫，如圖 7.56 所示，冷卻時間為 60 分鐘，其翹曲變形情況如圖 7.57 所示。

CH7

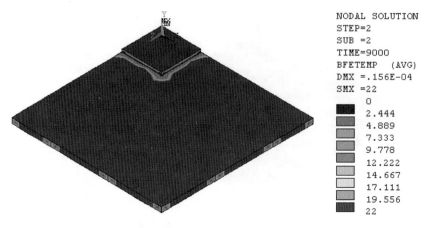

圖 7.56　冷卻之溫度負載示意圖

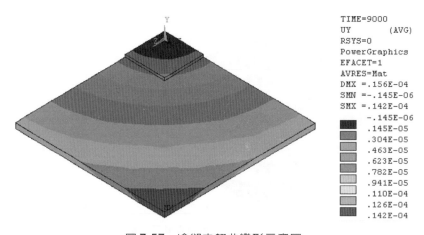

圖 7.57　冷卻之翹曲變形示意圖

(4)　焊線

　　　　將晶片上之銲墊(Bond Pad)以打金線方式連接到基板之線
　　　路以便導通訊號之傳輸，再透過繞線及導通孔(Through Hole)
　　　將訊號傳送到底部之錫球。本CAE模擬分析時忽略銲線步驟，
　　　不予考慮。

(5) 封膠

　　其過程是將黏著晶片的基板放置在框架上,再將此框架放於壓模機上的封裝模內,封裝塑料經過預熱成融熔態後擠入模具中。由於 BGA 436 之 Pitch 較一般產品小,因此基板經高溫極容易造成翹曲變形。此製程是以塑料經過預熱模具進行充填,然而封裝塑料充填時間為短暫的 14 秒,且充填後仍需於模具內經過 100 秒的保壓時間,才可取出。CAE 模擬此封膠步驟時,是先將塑料元素的特性改為生,並設定封裝塑料溫度負載為 175℃,如圖 7.58 所示,但雖然經過 100 sec 的保壓時間,具有熱能的散失,但以模具預熱塑料,且本分析所選擇之分析元素主要用於求解結構的變化,並不具有熱能傳遞之特性,故忽略熱能之散失與傳遞的影響,所以直接於塑料溫度負載下求解翹曲變形量,如圖 7.59 所示。

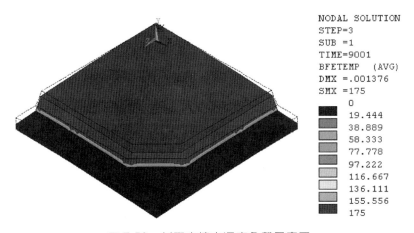

```
NODAL SOLUTION
STEP=3
SUB =1
TIME=9001
BFETEMP (AVG)
DMX =.001376
SMX =175
      0
      19.444
      38.889
      58.333
      77.778
      97.222
      116.667
      136.111
      155.556
      175
```

圖 7.58　封膠充填之溫度負載示意圖

CH7

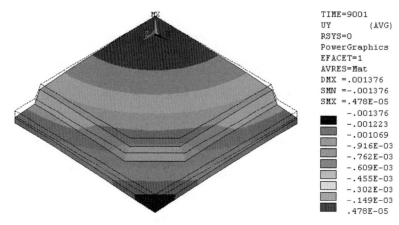

圖 7.59 封膠充填之翹曲變形示意圖

(6) 烘烤

為確保封裝塑料能反應完全，必需再經過烤箱 175℃之溫度烘烤 8 個小時左右，晶片才能牢固的黏著在晶粒座上。此烘烤步驟在 CAE 模擬分析中，是利用溫度負載 175℃施加於上、下表面，如圖 7.60 所示，且烘烤時間為 8 小時，其翹曲變形情況如圖 7.61 所示。

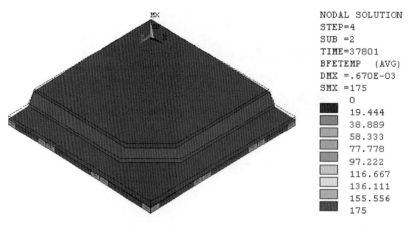

圖 7.60 烘烤之溫度負載示意圖

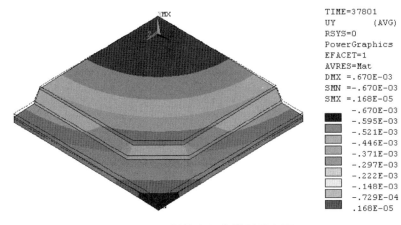

TIME=37801
UY   (AVG)
RSYS=0
PowerGraphics
EFACET=1
AVRES=Mat
DMX =.670E-03
SMN =-.670E-03
SMX =.168E-05
         -.670E-03
         -.595E-03
         -.521E-03
         -.446E-03
         -.371E-03
         -.297E-03
         -.222E-03
         -.148E-03
         -.729E-04
          .168E-05

圖 7.61　烘烤之翹曲變形示意圖

(7)　冷卻

　　　烘烤完成之黏晶基板取出後，因置放於室溫下，等待進行下一步驟，所以黏著晶片之基板會逐漸降溫冷卻。CAE模擬分析是設定表面溫度負載爲室溫，如圖 7.62 所示，冷卻時間爲 60 分鐘，其翹曲變形情況如圖 7.63 所示。

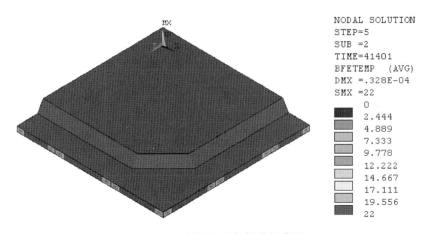

NODAL SOLUTION
STEP=5
SUB =2
TIME=41401
BFETEMP   (AVG)
DMX =.328E-04
SMX =22
         0
         2.444
         4.889
         7.333
         9.778
         12.222
         14.667
         17.111
         19.556
         22

圖 7.62　冷卻之溫度負載示意圖

CH 7

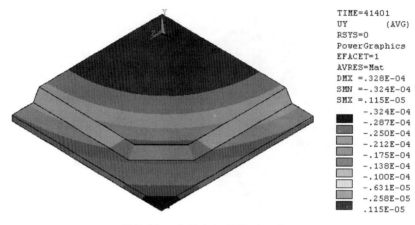

```
TIME=41401
UY          (AVG)
RSYS=0
PowerGraphics
EFACET=1
AVRES=Mat
DMX =.328E-04
SMN =-.324E-04
SMX =.115E-05
     -.324E-04
     -.287E-04
     -.250E-04
     -.212E-04
     -.175E-04
     -.138E-04
     -.100E-04
     -.631E-05
     -.258E-05
      .115E-05
```

圖 7.63　冷卻之翹曲變形示意圖

(8)　印字

　　　與一般 IC 封裝相同，用於產品之辨識，一般可分為油墨蓋印及雷射蓋印(Laser Mark)兩種，此製程也可在單顆化(Singulation)後再進行。CAE模擬封裝製程分析將不考慮此步驟。

(9)　植球

　　　首先再Ball Pad上塗上一層很薄的助銲劑(Flux)，同時真空吸頭將錫球吸住後擺放在Ball Pad上。此項製程技術是傳統封裝(如 QFP、SOJ、SOP、PLCC 等)所沒有，因此對於一般傳統封裝廠而言是一項挑戰。在本分析案例中不考慮此步驟，但此植球步驟可在建構模型時一併產生錫球，溫度負載部份需考慮助銲劑的初始溫度、錫球黏著時是否加溫即可。

(10)　迴焊

　　　將植完球之 BGA 經過迴焊(Reflow)爐，以便使錫球固定在基板上，此製程關鍵在於溫度曲線(Profile)之調整，但也可能與 Flux 之選擇及基板鍍金層有關。此溫度曲線必需反應下列幾項現象，如使所有錫球在迴銲後有良好的平整度(Coplanarity)、控制錫球的倒塌(Collapse)以維持在某一固定高度、有足夠時間使偏移之錫球自我修正回來、良好的錫球表面光澤、以及錫球與 Bond Pad 之結合力要好等。目前 Reflow 之方式有 IR(紅外線)Reflow、熱封強制對流、以及兩者混用等。CAE 模擬此迴銲步驟時，需事先於 ANSYS 內設定時間與溫度負載曲線，使程式能依照設定之溫度負載曲線執行求解，如此即可模擬迴焊製程的翹曲變形情況。

⑾　清洗

將殘留於基板上之水洗型 Flux 沖洗乾淨，目前 Flux 有水洗型(Water Soluble)、不需水洗型(No Clean)、以及松香型(Rosin Type)三種，而台灣幾乎都是使用水洗型 Flux。CAE 模擬封裝製程分析將不考慮此步驟。

⑿　單顆化

將條狀(Strip)基板切成單顆狀，Singulation 的方式可區分為 Punch(衝壓)、Routing(類似洗床方式)及 Sawing(線切割)等三種方式。Punch 使用最為廣泛，其產量高，但切完後產生毛邊；Routing 可得高品質，但速度非常慢，且需不斷更換刀具，耗材使用量大，成本較高；Sawing 較少使用。此製程重點在於切割品質的好壞、切割準確性、以及靜電防護等。CAE 模擬封裝製程分析將不考慮此步驟。

上述是依照封裝的流程，分別施加負載，求解各階段翹曲變形的情況，圖 7.64 是整理封裝製程各個階段於 ANSYS 上所需之參數設定方式。完成 BGA 封裝製程之步驟後，整理 ANSYS 有限元素

　　軟體模擬分析BGA 436元件由黏晶到封膠冷卻之翹曲變形資料，改取封裝塑料表面之翹曲變形量作爲往後比較驗證之用，如圖7.65平面視圖所示。發現僅考慮封裝置程的溫度負載時，所得模擬分析之結果約爲 15.4μm，在定性上式是正確的預測，但在定量上，是有待加強。

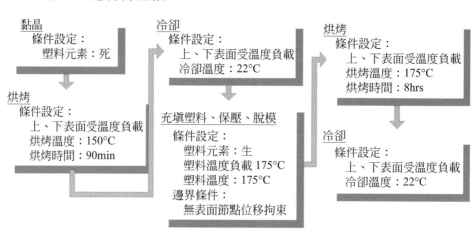

圖 7.64　封裝製程之流程圖

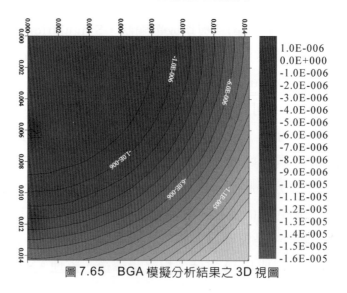

圖 7.65　BGA 模擬分析結果之 3D 視圖

■ 7-6-6 翹曲變形分析案例：FCBGA

本案例的翹曲變形分析乃是以另一種覆晶封裝製程爲基礎，架構 1/4 的分析模型來模擬封裝製程，探討多層基板與單層基板、充塡底膠與加入散熱片等因素對封裝製程中翹曲變形的影響。

1. 分析模型的建立

分析 FCBGA 的模型結構如圖 7.66(a)所示，其中基板是由 13 層材料組合而成，詳細材料分佈如圖 7.66(b)所示；以中間 BT 材料爲基準，上下層材料呈對稱分佈，另外由圖 7.66(c)上視圖，可看出各元件的詳細尺寸。在基板的上方建立 64 顆錫球，主要作爲基板與晶片訊號的傳遞；在晶片與錫球間，充塡一底膠以分散錫球熱應力。而加入散熱片爲最能有效幫助元件散熱的方式，故於晶片頂面與基板上加入一銅材質的散熱片，並以不同的黏膠材料（TIM1 和 TIM2）作接合。

而在 ANSYS 的分析模型建立上，由於分析模型具有對稱性，因此只建構 1/4 的分析模型，以縮短分析時間，如圖 7.67 所示。

CH **7**

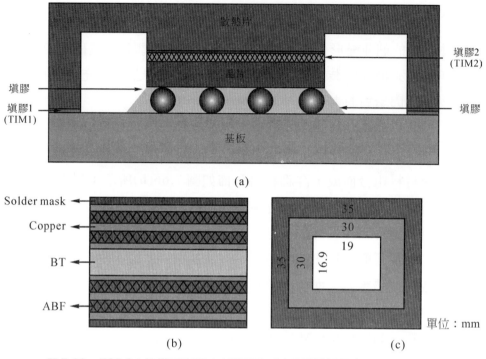

圖 7.66 FCBGA 結構示意圖 (a)剖面圖; (b)多層基板示意圖; (c)上視圖

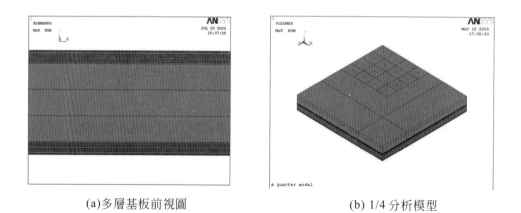

(a)多層基板前視圖　　　　　　　　(b) 1/4 分析模型

圖 7.67 ANSYS 所架構的 1/4FCBGA 分析模型圖

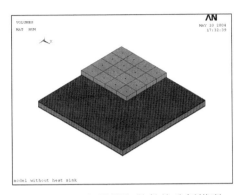

(c)無填膠與散熱片分析模型

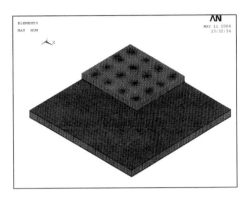

(d)無填膠與散熱片網格圖

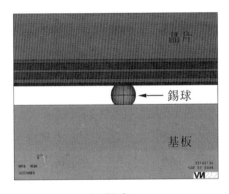

(e)錫球

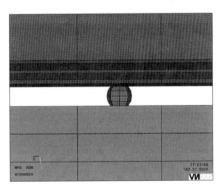

(f)錫球網格圖

圖 7.67　ANSYS 所架構的 1/4FCBGA 分析模型圖(續)

2.　封裝製程的材料參數

　　表 7.13 為各元件的模型尺寸表，而表 7.14 則為各元件的材料參數。

表 7.13 模型尺寸表

元件名稱		尺寸(mm)	厚度(mm)
晶片		19 × 16.9	0.725
錫球		0.14	0.1
基板	Solder mask	35 × 35	0.015
	Core		0.8
	ABF		0.035
	Cu layer		0.015/0.021
填膠		19 × 16.9	0.021
散熱片		35 × 35	0.1
TIM 1		--	0.17
TIM 2		16 × 16.9	0.04

表 7.14 各元件材料參數

元件名稱		材料名稱	浦松比	楊氏係數 (GPa)	熱膨脹係數 (10-6m/mK)	Tg(℃)
晶片		Si	0.3	156.9	2.8	-
錫球		63Sn/37Pb	0.3	33.2	21	-
基板	7000	Solder mask	0.3	1.8	80/115	97.6
	BT	Core	0.3	24	14/14/58	-
	ABF	ABF	0.3	2.8	95/150	168
	Copper	Cu layer	0.3	118.7	16.3	-
填膠		R5	0.3	7.9	32/102	80
散熱片		CuC	0.3	111.8	15	-
TIM 1		723	0.3	5.9	48	-
TIM 2		121	0.3	0.34	232	

3. 分析流程

　　依據圖 7.68 的各項 FCBGA 的製程條件所示，利用 ANSYS 工程分析軟體與 "元素生與死" 的特性來做連續製程的分析，以觀察基板在各不同製程條件下，在冷卻後的翹曲變形。

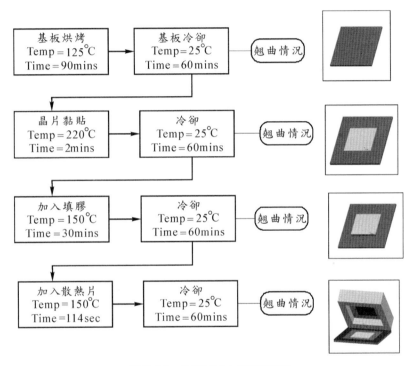

圖 7.68　FCBGA 封裝流程圖

　　而各階段製程模擬的目的與要點如下：(1)基板烘烤：此製程的主要目的是要消除基板於製造時所產生的內應力，故首先從建立好的完整模型中，除了基板外其餘的元件均設定為"死"的狀態，來模擬基板在 125℃ 烘烤的製程。(2)晶片黏結：因晶片上的錫球是在 220℃ 熔融而與基板黏結固化，故此步驟中須於 220℃ 時將晶片與錫球設定為 "生" 來模擬此晶片黏結的製程。(3)底

CH7

部充填：由於填膠填入晶片與基板間之間隙後，須加溫至150℃使膠體固化黏結，故此階段須在 150℃時將膠體設定為"生"來模擬此底部充填製程。(4)散熱片黏結：散熱片是在150℃時應用黏膠 TIM1 與 TIM2 將其黏貼於晶片與基板上，故在此製程須於150℃將散熱片、TIM1 與TIM2 設定為"生"來模擬散熱片黏結的製程。

4.　模擬結果

　　利用 ANSYS 分析比較單層基板與多層基板翹曲變形結果，如圖 7.69 所示，圖中顯示經各個製程冷卻後之翹曲分佈情形。由結果可知，在不同製程下，最大翹曲值發生在模型的角落。由圖7.70 分析結果可知，在基板烘烤過程中，若為實際的基板，可用來消除 13 層材料在黏結時，所產生的內部應力；但在模擬分析中，因假設在室溫時為無殘留應力與翹曲變形，故此製程經模擬後，其翹曲量趨近於零。而在晶片黏結製程中，由於各材料間熱膨脹係數不匹配，因此產生些微的翹曲量。加入填膠，可分散錫球的熱應力，提升其可靠度，但卻也增加基板的翹曲量。另外加入散熱片後，除了可有效達到散熱效果外，更可抑制基板的變形，明顯地降低翹曲量。

製程階段 \ 模型	基板為 BT 單一材料 (1/4 模型)	基板為多層材料 (1/4 模型)
晶片黏結		
加入填膠		
加入散熱片		

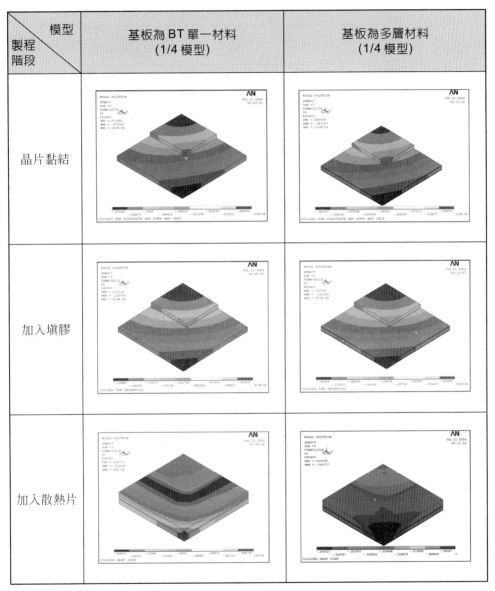

圖 7.69　各製程階段冷卻後翹曲分佈圖

CH 7

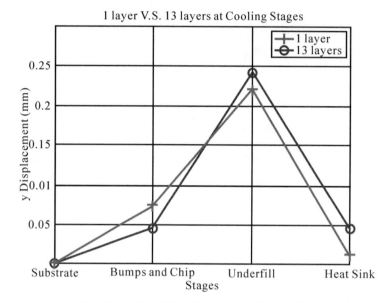

圖 7.70　各製程階段基板最大翹曲值比較圖

5.　結論

　　本案例乃針對不同層數與材料的基板，應用 ANSYS 有限元素分析軟體模擬不同製程下，多層與單層基板之翹曲結果，將結論歸納如下：

(1)　應用多層基板與簡化之單層基板所得的翹曲量，由分析結果可知僅有些微差異，故可考慮簡化成單一 BT 層來替代。

(2)　在製程中加入底膠充填，目的在於減少錫球的熱應力並增加其可靠度，但卻使構裝體的翹曲量增加。

(3)　加入散熱片能有效降低翹曲值，亦可加強構裝體的散熱效能。

■ 7-6-7　疲勞壽命分析案例

1.　模型架構與分析探討

以架構覆晶封裝的分析模型爲例，乃是先針對實際的全陣列式覆晶封裝元件(如圖 7.71 所示)，依其對稱性取四分之一的結構部份，架構一包含晶片、錫球、錫球底部封膠及印刷電路板的有限元素分析模型，並給予適當的邊界負載(如圖 7.72 所示)，除了做疲勞壽命的分析外並探討 2D、3D 結構、不同溫度循環數(如圖 7.73 所示)、有無底部封膠(如圖 7.74 所示)及 63Sn/37Pb 與 95Pb/5Sn 兩種組成錫球的可靠度驗證。

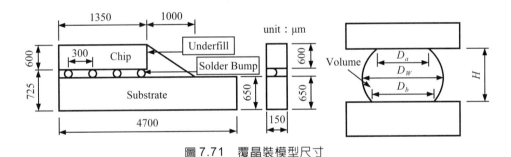

圖 7.71　覆晶裝模型尺寸

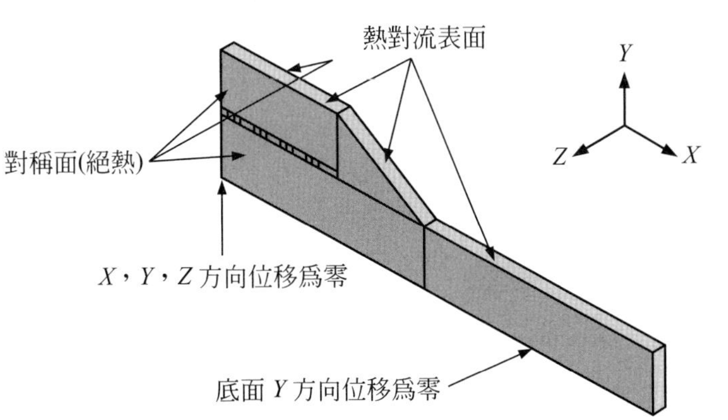

圖 7.72　覆晶封裝的邊界負載條件設定

CH7

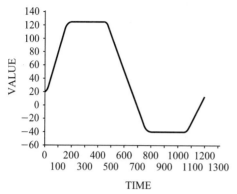 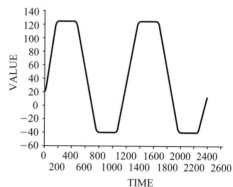

圖 7.73 覆晶封裝的循環條件設定

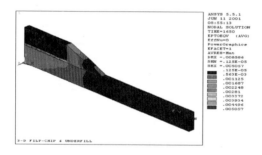 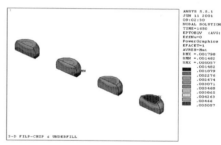

(a) 有底部封膠之錫球等效應變分佈

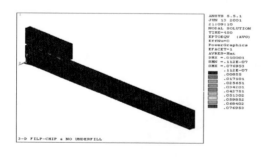 

(b) 無底部封膠之錫球等效應變分佈

圖 7.74

2. 分析結果探討

　　而根據以上分析的圖形與綜合其他分析計算的結果，我們可
以獲知：在二維及三維的模型分析上，其分析結果差異不大，也
顯示出相同的分析趨勢；在循環數上，循環數愈多，對疲勞的壽
命影響愈大(如表 7.15 所示)；在底部填膠上，易顯示出對覆晶封
裝的壽命有極大的影響，有添加底部封膠的錫球其疲勞壽命明顯
增加(如表 7.16 所示)；而在錫球的材料方面，則以 63Sn/37Pb 表
現出較佳的可靠度(如表 7.17 所示)。

表 7.15　63Sn/37Pb 在三種循環下溫度極限的等效應力應變值及疲勞
壽命預測值

	等效應力(MPa)		等效應變		疲勞壽命預測	
	125℃	−40℃	125℃	−40℃	應力方法	應變方法
一循環	11.01	29.611	0.005137	0.000288	7883	14782.6
二循環	13.191	29.884	0.005057	0.000239	4879	11128.4
三循環	13.479	30.161	0.005105	0.000163	2867	9513.4

表 7.16　有無底膠以及 2D、3D 模型的比較

壽命預測 / 比較類	應力方法	應變方法
有底部填	7883	14782.6
無底部填	26	49
2D 模型	4879	9675.4
3D 模型	5650	11128.4

CH7

表 7.17 兩種材料之疲勞壽命比較

壽命預測法 材料種類	應變方法
63Sn/37Pb	14782.6
95Pb/5Sn	8079.9

3. 未來發展

此外，爲了與實際的封裝元件發展趨勢相結合，亦朝向較完整模型的分析驗證(如圖 7.75、7.76 所示)與結合田口方法[37]的可靠度分析與變異數分析(ANOVA)表的製作(如表 7.18 所示)，藉著找出各因素的貢獻度大小與最佳搭配組合，來改善製程的參數設計達到提升產品品質的目的。

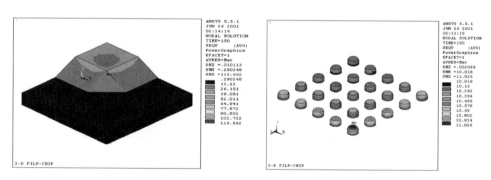

圖 7.75 四分之一模組(25 顆錫球)

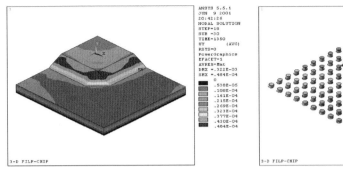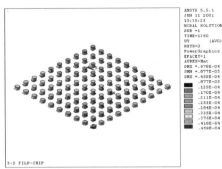

圖 7.76　四分之一模組(100 顆錫球)

表 7.18　ANOVA 變異數分析表

因素		水準別				f	s	v	%
	控制因子	1	2	3	Max-Min	自由度	變動	變異	貢獻度
A	錫球上徑	91.75728	91.73262	91.57094	0.18634	2	0.061469567	0.030734783	12.12
B	錫球下徑	91.86076	91.6216	91.57848	0.28228	2	0.138737515	0.069368757	27.37
C	錫球寬	91.56844	91.68132	91.81107	0.24263	2	0.088448613	0.044224307	17.45
D	錫球高	91.65115	91.51662	91.89306	0.24191	2	0.218316300	0.109158150	43.06
總計									100

■ 7-6-8 傳統錫鉛/環保無鉛錫球材料對溫度循環負載的效應分析

　　鉛(Lead)一直以來是電子產品之銲錫的主要成份之一，由於錫鉛合金具有低成本與適當性的優點，一直是被廣泛使用的銲錫材料，但因鉛及其化合物具有毒性，且其毒性不可分解，造成暴露的鉛及其廢棄物會污染土壤、地下水，並進而引起重金屬污染；而在人體中過量的鉛亦將導致神經和再生系統紊亂、發育遲緩、血色素減少並引發貧血和高血壓

CH **7**

等疾病，是嚴重危害人類健康與自然環境的化學物質之一。因此，適應環境保育的需求開發無鉛錫料已是一種趨勢。

　　本案例將針對晶圓級晶片尺寸封裝(WLCSP)驗證 63Sn-37Pb 錫鉛銲料及 96.5Sn-3.5Ag、95.5Sn-3.8Ag-0.7Cu 兩種無鉛銲料，分別在四種不同的溫度循環負載作用下，進行彈性-塑性-潛變之熱機械行為的比較：

1.　分析模型的建立

　　　　晶圓級晶片尺寸封裝模型如圖 7.77 所示包含晶片、錫球、銅墊及 PCB 等部份，而錫球上下徑、錫球高度、上下銅墊直徑等細部尺寸則如圖 7.78 所示。而在 3-D 分析中，則如圖 7.79 所示將以 1/8-對稱模型的錫球分佈進行分析。

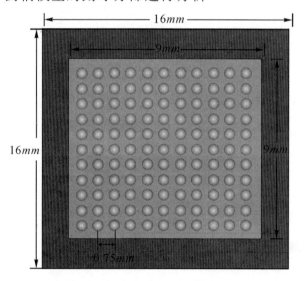

圖 7.77　WLCSP 之晶片模型尺寸圖

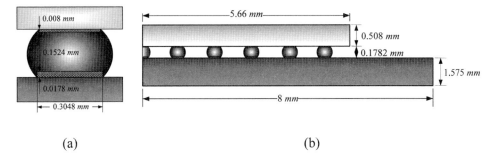

(a)   (b)

圖 7.78　WLCSP 之晶片模型對角線剖面，銅墊及錫球剖面尺寸圖

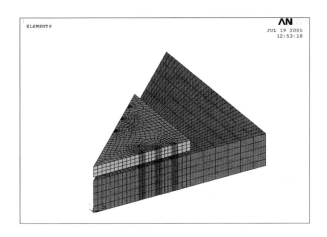

圖 7.79　WLCSP 之晶片簡化成 1/8-對稱模型的錫球分佈示意圖

2. 封裝製程的材料參數

　　本案例考慮的封裝體材料，包含晶片、基板、底部填膠、FR-4 PCB、銅墊(Pad)、UBM(Cu-Ni-Cu)及錫球，除錫球材料性質為非線性且與溫度相關外，其餘材料皆為線性且與溫度無關，錫球包括含鉛材料(63Sn-37Pb 與 62Sn-36Pb-2Ag)及無鉛材料(100In、96.5Sn-3.5Ag、95.5Sn-3.8Ag-0.7Cu 與 95.5Sn-3.9Ag-0.6Cu)；各材料之熱傳與機械性質分別如表 7.19 及表 7.20 所示，錫球之降伏應力可分別以表 7.21 計算，T 皆以絕對溫度為單位。

CH7

表 7.19 兩種錫球、晶片、底部封膠及基板材料之熱傳性質

		熱傳導係數 (W/m．℃)	比熱 (J/Kg．℃)	密度 (Kg/m³)
錫球	63Sn/37Pb	51	150	8470
	96.5Sn/3.5Ag	33	226	7400
晶片		110	712	2330
底部封膠		1.6	674	6080
基板		13	879	1938

表 7.20 各種材料之機械性質

材料	楊氏係數(MPa)	蒲松比	熱膨脹係數 (ppm/℃)
63Sn-37Pb	$75970-152T$	0.35	21
62Sn-36Pb-2Ag	$34441-152T$	0.35	24.5
96.5Sn-3.5Ag	$52708-67.14T-0.0587T^2$	0.40	$21.85+0.02039T$
95.5Sn-3.8Ag-0.7Cu	$(-0.005T+6.4625)\log(\dot{\varepsilon})-0.25125+71.123$	0.34	17.6
95.5Sn-3.9Ag-0.6Cu	$(74.84-0.085)\times10^3$	0.34	$16.66+0.17T$
100In	11000	0.45	32.1
Chip	131000	0.30	2.8
Underfill	14470	0.28	20
Substrate	18200	0.25	19
FR-4	22000	0.28	18
Pad	76000	0.35	17
Al, 6061-T6	70300	0.35	23.2
Ni	20500	0.30	12.3
Cu	76000	0.35	17

表 7.21　四種錫球材料之降伏應力

錫球	降伏應力		
63Sn-37Pb	$\sigma_y(T)=49.2-0.097T$		
96.5Sn-3.5Ag	溫度(℃)	0	50	100
	降伏應力(MPa)	21	16	10
95.5sn-3.8Ag-0.7Cu	$\sigma_y(T,\dot{\varepsilon})=(-0.1362T+67.54)(\dot{\varepsilon})^{(5.59\times10^{-4}T+0.0675)}$		
95.5Sn-3.9Ag-0.6Cu	溫度(℃)	25	75	125
	降伏應力(MPa)	30.5	22.3	17.6

在計算上，除了 95.5Sn-3.8Ag-0.7Cu 無鉛銲料使用 Norton
本質律描述潛變應變行為外，其餘之錫球銲料的潛變行為皆使用
Garofalo-Arrhenius 本質律來描述，若錫球銲料遵守 von Mises
準則，則 Garofalo-Arrhenius 本質律與 Norton 本質律則可表示
為式(7-26)及(7-27)：

$$\dot{\varepsilon}_{cr}=C_1[\sinh(C_2\sigma)]^{C_3}\exp(C_4/T) \qquad (7\text{-}26)$$

$$\dot{\varepsilon}_{cr}=C_1\sigma^{C_3}\exp(C_4/T) \qquad (7\text{-}27)$$

式中，$\dot{\varepsilon}_{cr}$ 為潛變應變率$(\frac{1}{s})$；T 為絕對溫度；C_1、C_2、C_3、C_4 之參
數如表 7.22 所示。

CH7

表 7.22　六種錫球材料之穩態潛變方程式參數

錫球	C_1(1/sec)	C_2(1/Mpa)	C_3	C_4(K)
63Sn-37Pb	$(474079.6-935.2T)/T$	$866/(28388-56T)$	3.3	6359.521
62Sn-36Pb-2Ag	$462(508-T)/T$	$1/(5478-10.79T)$	3.3	6360
96.5Sn-3.5Ag	$18(553-T)T$	$145.036\times[1/(6386-11.55T)]$	5.5	5802
95.5Sn-3.8Ag-0.7Cu	2.6×10^{-5}	-	3.69	4330.046
95.5Sn-3.9Ag-0.6Cu	441, 000	0.005	4.2	5412
100In	$40647(593-T)/T$	$1/(274-0.47T)$	5	8356

3. 分析流程

　　本例採用四種溫度負載對組合於 PCB 上之 WLCSP，受不同溫度負載之五個循環下，不同錫球材料之溫度相關的非線性熱機械行為分析(如表 7.23、圖 7.80(a)～(d)所示)。

表 7.23　溫度負載說明

	溫度負載範圍	各段 升溫、降溫、恆溫時間	各段 升溫率、降溫率
負載一	$-55\sim155℃$	15min	14℃/min
負載二	$-40\sim125℃$	15min	11℃/min
負載三	$-55\sim155℃$	5min	42℃/min
負載四	$-40\sim125℃$	5min	33℃/min

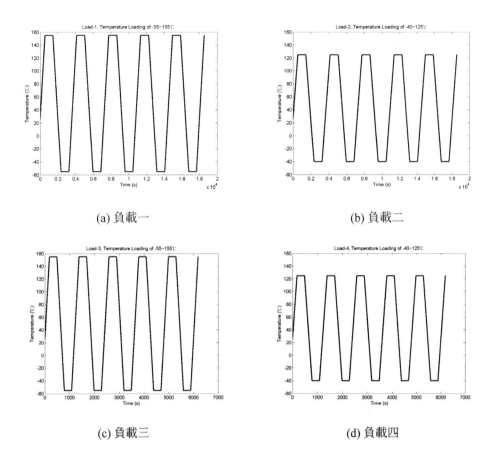

(a) 負載一   (b) 負載二

(c) 負載三   (d) 負載四

圖 7.80　溫度循環歷程

　　其中圖 7.80(a)及圖 7.80(c)所示為本例所設計之兩種溫度負載，而傳統典型所使用之 TCT 及 TST 兩種溫度負載則如圖 7.80 (b)及圖 7.80 (d)所示，使用這四種溫度循環負載探討不同銲錫材料在傳統循環測試與新設計的溫度範圍下，WLCSP 對角線最外顆錫球銅墊與錫球介面交接點的熱機械行為與特性，並分別取如圖 7.81 所示五個位置進行詳細的討論與比較。

CH7

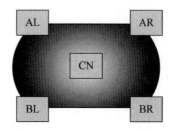

圖 7.81　WLCSP 之晶片簡化成 1/8-對稱模型的錫球分佈示意圖

4.　結果探討

(1)　錫球材料在不同溫度循環負載下的熱機械行為

由圖 7.82 發現，針對在錫球之右上角(離封裝體中心最遠最外顆角落錫球且與上銅墊相鄰處)所作的等效應力對等效總應變(彈-塑性-潛應變)遲滯迴圈圖中發現，三種錫球材料對於四種不同溫度循環負載之作用下，大致上，在第一個溫度循環後，皆可達到相當穩定狀態，且等效總應變皆會因溫度範圍加大(由 -40～125℃ 變至 -55～155℃)而增大。

傳統銲錫合金 63Sn-37Pb，會因升溫率加快(負載三、四分別比負載一、二快)，而使每個循環之間的遲滯迴圈特性更相接近且更穩定(Steady)；但如果減少溫度範圍則會造成應變範圍縮小，而遲滯迴圈的特性不會改變(由負載一、三分別與負載二、四比較)。

由圖 7.82 (b1～b4)中驗證，96.5Sn-3.5Ag 之遲滯迴圈特性幾乎不受升溫率快慢的影響，只會因為溫度範圍大小的改變而增減的總應變範圍。

比較圖 7.82 (a1～a4)與(c1～c4)發現，95.5Sn-3.8Ag-0.7Cu 之遲滯迴圈特性的趨勢與 63Sn-37Pb 較相近；且升溫率快，其等效應力對等效總應變之遲滯迴圈特性會較為穩定(負載三、四分別與負載一、二比較)。該驗證結果亦與Frear針對無鉛錫球材料96.5Sn-3.5Ag、99.3Sn-0.7Cu及95.5Sn-3.8Ag-0.7Cu，並以錫鉛材料 63Sn-37Pb 當基準，對不加入底膠之覆晶連接(Flip-chip Interconnects)經歷 0～100℃之溫度循環實驗測試後發現95.5Sn-3.8Ag-0.7Cu 與 63Sn-37Pb 之熱機械疲勞壽命最為相似之結論吻合。

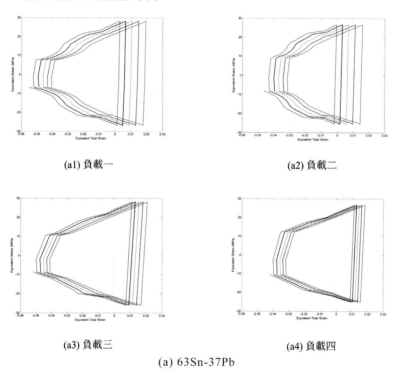

(a1) 負載一　　　　　　　　(a2) 負載二

(a3) 負載三　　　　　　　　(a4) 負載四

(a) 63Sn-37Pb

圖 7.82　三種銲料之角落錫球在四種溫度負載作用下之等效遲滯迴圈圖

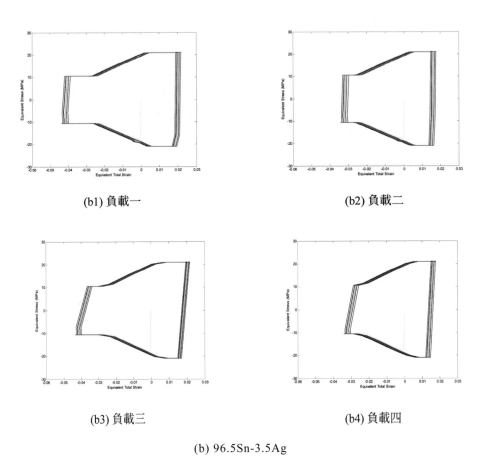

(b1) 負載一　　　　　　　　　　　　　　(b2) 負載二

(b3) 負載三　　　　　　　　　　　　　　(b4) 負載四

(b) 96.5Sn-3.5Ag

圖 7.82　三種銲料之角落錫球在四種溫度負載作用下之等效遲滯迴圈圖 (續)

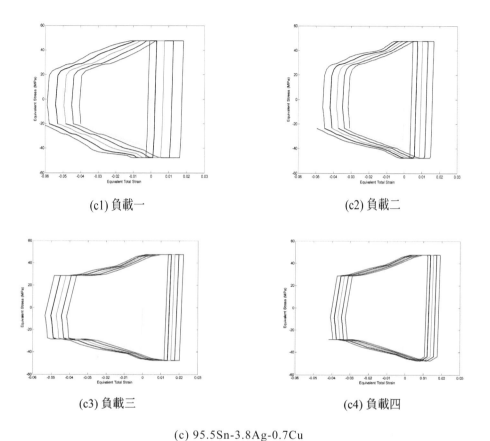

(c1) 負載一　　　　　　　　　　　　　(c2) 負載二

(c3) 負載三　　　　　　　　　　　　　(c4) 負載四

(c) 95.5Sn-3.8Ag-0.7Cu

圖 7.82　三種銲料之角落錫球在四種溫度負載作用下之等效遲滯迴圈圖 (續)

(2)　角落錫球上五個位置之等效遲滯迴圈比較

　　　　傳統銲錫合金 63Sn-37Pb 錫球之中心位置的等效總應變範圍從圖 7.83 中可看到落在正應變方向較多(在這五個幾何位置中)；而錫球右上、左上角之等效總應變範圍皆比右下、左下角大，且後兩者之等效總應變範圍都比前兩者更往負應變方向。

CH7

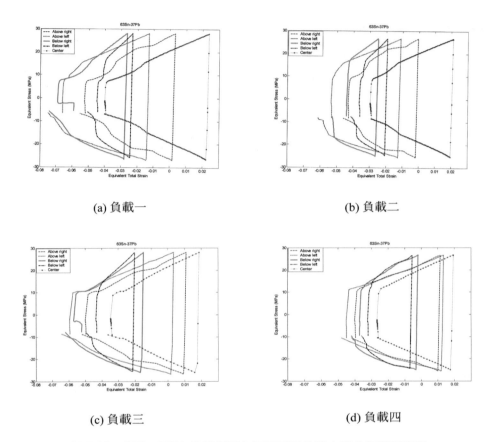

(a) 負載一　　　　　　　　　　　　　(b) 負載二

(c) 負載三　　　　　　　　　　　　　(d) 負載四

圖 7.83　63Sn-37Pb 角落錫球在五個不同位置之等效遲滯迴圈圖

　　96.5Sn-3.5Ag 之五個位置的遲滯迴圈特性由圖 7.84 中可發現在這四種不同溫度負載作用下，其左右排列順序是一致的，且五個位置之熱機械特性的相對位置幾乎不受升溫率或溫度範圍改變的影響。

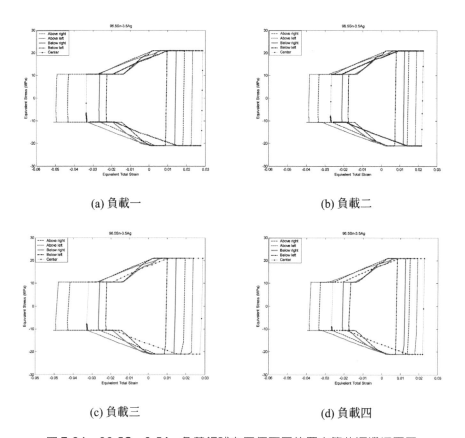

(a) 負載一　　　　　　　　　　　　　(b) 負載二

(c) 負載三　　　　　　　　　　　　　(d) 負載四

圖 7.84　96.5Sn-3.5Ag 角落錫球在五個不同位置之等效遲滯迴圈圖

　　最後比較圖 7.83 與圖 7.85 可發現 95.5Sn-3.8Ag-0.7Cu 之遲滯迴圈特性的趨勢是這兩種無鉛錫球材料中與 63Sn-37Pb 較相似者。

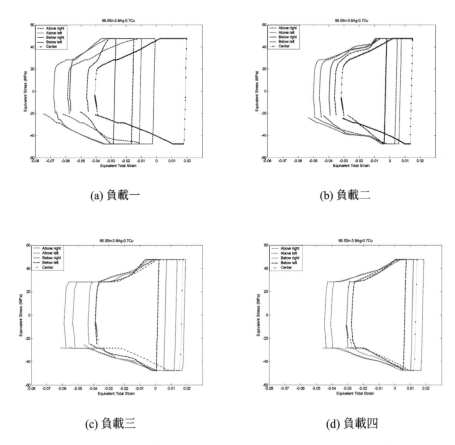

(a) 負載一   (b) 負載二

(c) 負載三   (d) 負載四

圖 7.85   95.5Sn-3.8Ag-0.7Cu 角落錫球在五個不同位置之等效遲滯迴圈圖

(3)   角落錫球上五個位置之熱機械特性比較

　　藉由確切地瞭解錫球受溫度負載反覆作用時的狀況，再次驗證最可能引起錫球之疲勞破壞而失效的情形。圖 7.86～圖 7.87 分別為角落錫球之五個位置在四種負載的等效總應變範圍與應變能密度比較圖；不論從等效總應變範圍或應變能密度的觀點上，錫球右上、左上角在任一種負載作用下之結果皆比右下、左下角大，因此裂縫從錫球上方角落(與上銅墊相鄰)產生

的時間會比從錫球下方角落(與下銅墊相鄰)來得早。至於錫球
中心位置之等效總應變範圍與錫球右上、左上角處的效應很類
似相近,如圖 7.86 所示;然而使用應變能密度的方法來看,如
圖 7.87 所示,不管在那一種負載作用下,錫球中心位置之值
(結果)皆比錫球右上、左上角處的影響大,這是因錫球中心位
置受溫度循環負載時,其能量較不易逃逸之現象而產生暫態的
應變集中;尤其在溫度範圍增加時負載一及負載三的效應會分
別比負載二及負載四的明顯,但在升溫率的效應就很小。

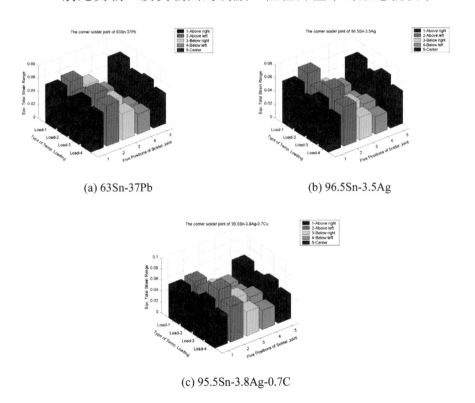

(a) 63Sn-37Pb   (b) 96.5Sn-3.5Ag

(c) 95.5Sn-3.8Ag-0.7C

圖 7.86 角落錫球之五個位置在四種負載的等效總應變範圍比較圖

CH7

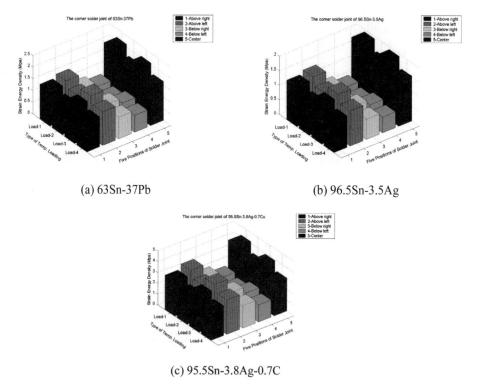

(a) 63Sn-37Pb   (b) 96.5Sn-3.5Ag

(c) 95.5Sn-3.8Ag-0.7C

圖 7.87 角落錫球之五個位置在四種負載的應變能密度比較圖

(4) 底膠充填後的熱機械特性比較

　　由於晶圓級封裝(WLP)與覆晶封裝主要之差異處在於其緩衝層的設計與不再需要底膠，因此少了底膠保護的情況下，如果封裝體之結構設計稍有不佳的話，則晶圓級封裝會因為晶片與PCB間的熱膨脹係數不匹配而導致過高之熱應力-應變行為，使得提早讓封裝體產生破壞或失效；因此如何增進晶圓級封裝結構之長時間可靠度，以符合封裝業界應用面之要求，確有進一步深入探討之必要。故以 CAE 模擬之觀點就本文所論及之 WLCSP 規格尺寸進行驗證，比較原始 WLCSP 及增加底膠充填後之各種熱機械行為與特性(如圖 7.88 所示)。

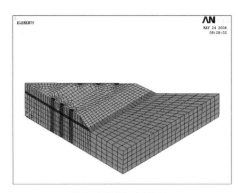

(a) WLCSP 模型   (b) 填入底膠後之模型

圖 7.88　WLCSP 與模擬填入底膠後之有限元素網格圖

　　圖 7.89～圖 7.94 為第五個循環之 WLCSP 與模擬底膠充填後的等效總應變範圍、剪總應變範圍及應變能密度的分析與比較。而為了能從不同角度來觀測在設計更新更細小節距之 WLCSP 時需特別注意的重要現象，因此圖 7.89~圖 7.91 乃是以四種負載作區隔分別來繪製，而圖 7.92~圖 7.94 則以三種錫球材料作區分；由圖 7.89~圖 7.94 所示，其 WLCSP 與模擬底膠充填後之熱機械行為的大小幾乎皆可以值階的倍數來計算。

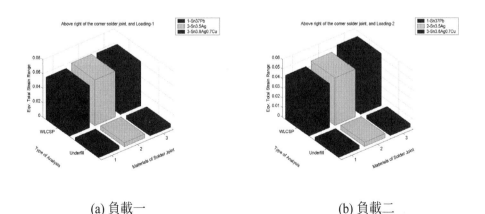

(a) 負載一   (b) 負載二

圖 7.89　WLCSP 與模擬底膠充填後之三種錫球材料的等效總應變範圍

CH7

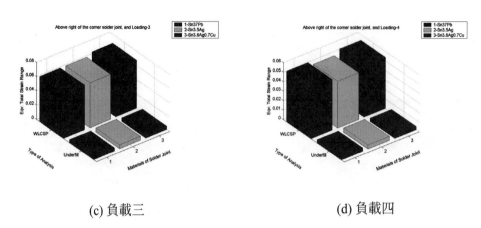

(c) 負載三　　　　　　　　　　　(d) 負載四

圖 7.89　WLCSP 與模擬底膠充填後之三種錫球材料的等效總應變範圍 (續)

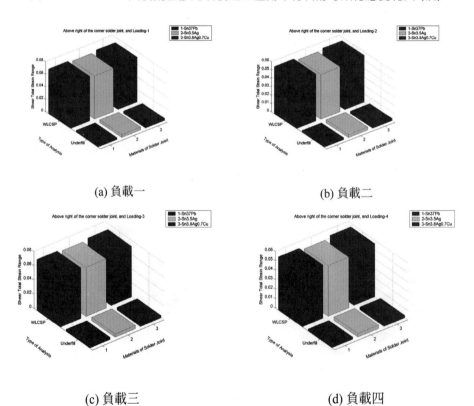

(a) 負載一　　　　　　　　　　　(b) 負載二

(c) 負載三　　　　　　　　　　　(d) 負載四

圖 7.90　WLCSP 與模擬底膠充填後之三種錫球材料的剪總應變範圍

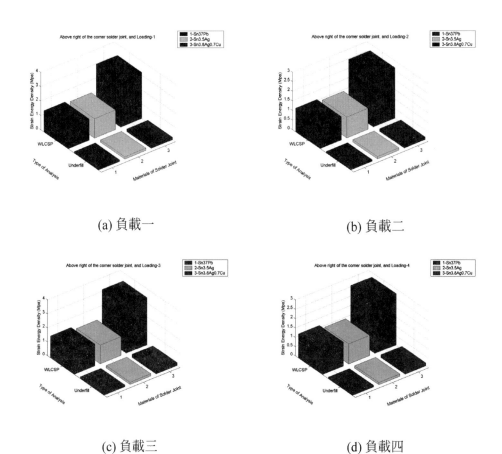

(a) 負載一　　　　　　　　　　　　　　(b) 負載二

(c) 負載三　　　　　　　　　　　　　　(d) 負載四

圖 7.91　WLCSP 與模擬底膠充填後之三種錫球材料的應變能密度

CH7

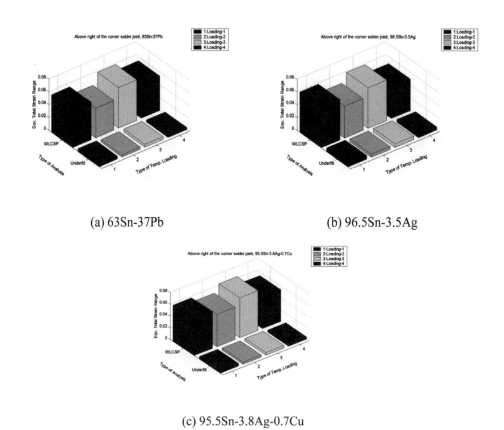

(a) 63Sn-37Pb   (b) 96.5Sn-3.5Ag

(c) 95.5Sn-3.8Ag-0.7Cu

圖 7.92   WLCSP 與虛擬似地填入底膠後之四種負載的等效總應變範圍

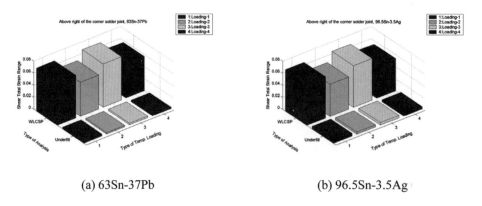

(a) 63Sn-37Pb   (b) 96.5Sn-3.5Ag

圖 7.93   WLCSP 與虛擬似地填入底膠後之四種負載的剪總應變範圍

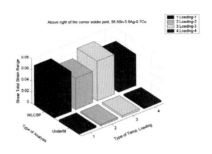

(c) 95.5Sn-3.8Ag-0.7Cu

圖 7.93 WLCSP 與虛擬似地填入底膠後之四種負載的剪總應變範圍 (續)

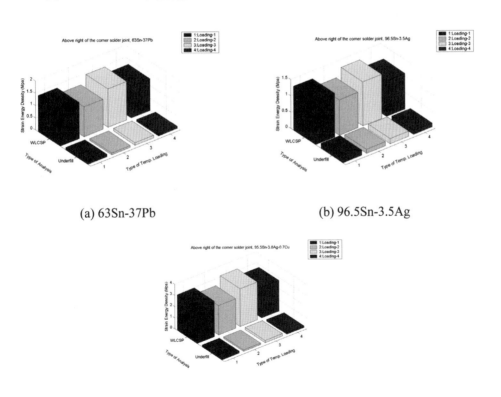

(a) 63Sn-37Pb (b) 96.5Sn-3.5Ag

(c) 95.5Sn-3.8Ag-0.7Cu

圖 7.94 WLCSP 與虛擬似地填入底膠後之四種負載的應變能密度

CH7

5.　結論

　　在晶圓級晶片尺寸封裝模型的驗證中可以發現，溫度因子是驗證時影響最主要的因素，因此不管是控制溫度範圍對應變的影響亦或是不同溫度負載下等效潛應變造成後續產品失效的分析在模擬時皆需特別注意溫度因子的控制。此外，無鉛銲料目前的研究雖然很多，但整合上還相當不完備，對於要取代傳統錫鉛合金來說，尚有很多議題需要研究與探討，不管是在材料試驗或是分析模擬上，都需要更多更齊全的資料，因此未來仍須更多的努力與研究。

■ 7-6-9　錫球幾何設計對錫球裂縫增長率的探討

　　錫球在 IC 元件中的主要功能為傳遞訊號的重要連接橋樑，卻容易受到封裝體材料間在溫度循環時因熱膨脹係數的不匹配產生熱應力造成破壞，錫球的破壞初始於些微裂縫的產生，而裂縫會慢慢向錫球中心增長，最後形成一個斷裂面而造成毀壞，導致錫球失去傳遞訊號之功能，因此在探討錫球可靠度的研究就顯得相對重要。另一方面由於過去有鉛材料廣泛的使用，在材料上的背景和研究資料都十分的豐富，且有鉛錫球接點的裂縫分析在實驗上也有著深入的探討與文獻資料，例如Lau曾以 WLCSP 在溫度循環實驗測試中，探討 WLCSP 的錫球(Solder Joint)在受到溫度循環後產生的裂縫情況，如圖 7.95(a)所示，當錫球經過 800 個循環後初始裂縫產生於錫球最大應力所在的左下角與銅墊交接面上，由於還很微小因此不容易觀察到，經過 1,200 到 2,000 循環時如圖 7.95 (b)(c)，裂縫增長至可顯而易見的長度，此時右下角也出現相當程度之裂縫，但其增長長度略小於左下角之裂縫長度，而當循環持續增加至 2,400 個循環數後，如圖 7.95 (d)兩端之裂縫相連接並貫穿了錫球與銅墊交接處，此時錫球已毀壞而失去傳遞訊號的功能，所以導致錫球毀壞的主要原因在於錫球在熱循環測試過程中因上下層材料之熱膨脹係數的差異所造成的。

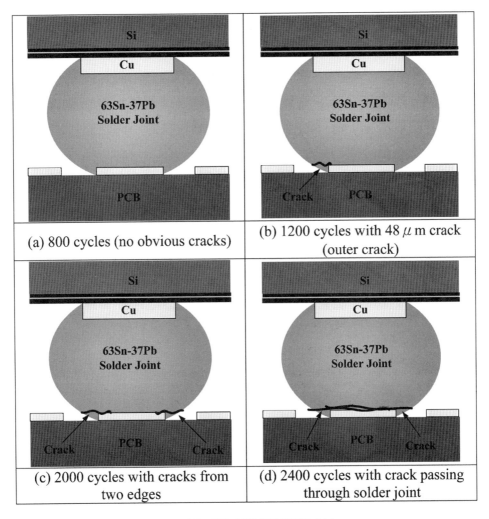

圖 7.95　WLCSP 錫球裂縫成長

CH**7**

但由於近年來歐盟及環保意識的抬頭，有鉛材料在使用上受到了相當大限制，而由於無鉛銲錫較有鉛銲錫有較高的迴銲溫度，銲錫材料受溫度的影響將更明顯，因此在近年開始有不少針對無鉛銲錫接點的可靠度分析。

本案例將針對高密度封裝之塑膠球柵陣列封裝體，以其單一錫球進行溫度循環測試下裂縫增長情況的分析與探討；並設計不同幾何尺寸之錫球，探討錫球受到溫度負荷時，由於材料間的熱膨脹係數不匹配，造成封裝體內部之元件產生受應力情況，以其累積潛變應變能密度計算出錫球之裂縫增長率，最後配合田口方法分析，探討不同幾何尺寸之錫球在溫度循環負載下對錫球的裂縫增長的影響，作為設計錫球時之相關重要數據，以期對封裝小型化之錫球設計能提供一個有效益的資訊。

1. 分析模型的建立

由 Lau 在 PBGA-388 封裝體之溫度循環試驗結果中發現最大應力應變發生於離封裝體中心點最外側且靠近晶片底下之錫球左上角與銅墊連接處(如圖 7.96 所示)，因此本案例使用的模型為 PBGA-388 封裝體之簡化模型在結構上忽略晶片、封膠、基板及印刷電路板，而只留下主要探討元件錫球及銅墊(如圖 7.97 所示)。而在裂縫的建立上，依據 Hung 以不同橢圓比的裂縫長度進行溫度循環負載結果中，發現在裂縫長度為 0.03mm 及裂縫深度為 0.06mm 之裂縫橢圓比時(如圖 7.98 所示)，其裂縫尖端之應力為均勻分布且最大應力於弧狀裂縫之中心(如圖 7.99 所示)。因此，在簡化之錫球模型左上角與銅墊交界面上建立一個長 0.03mm、深 0.06mm 之裂縫(如圖 7.100 所示)，而裂縫之端點(Crack Tip)的網格元素是使用 ANSYS 軟體在裂縫節點上建立圓周型之對稱網格，使端點附近能夠更精確的表現出應力-應變分析狀態(如圖 7.101 所示)。

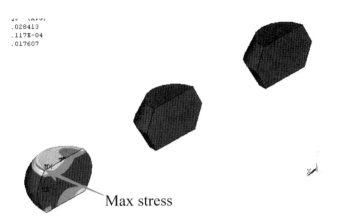

.028413
.117E-04
.017607

Max stress

圖 7.96　PBGA-388 錫球之應力應變最大區域

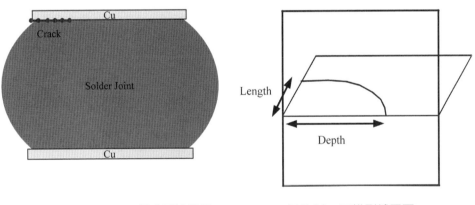

圖 7.97　PBGA-388 錫球裂縫模型　　　　圖 7.98　三維裂縫平面

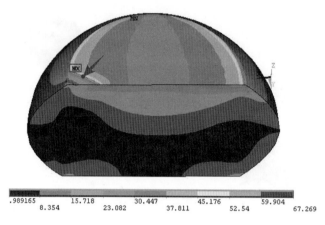

.989165　　15.718　　30.447　　45.176　　59.904
　　8.354　　23.082　　37.811　　52.54　　67.269

圖 7.99　錫球之應力

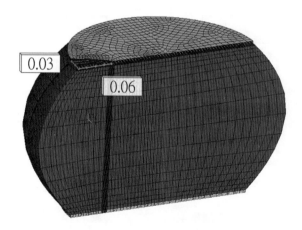

圖 7.100　PBGA-388 錫球裂縫模型

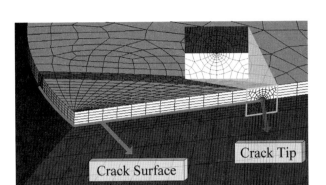

圖 7.101 裂縫平面之端點網格

2. 封裝製程的材料參數與錫球的幾何設計

本案例在材料特性上除了錫球材料之楊氏系數及熱膨脹係數為隨溫度變化外其餘材料特性皆為常數(如表 7.24 所示)，另外錫球材料則使用 Garofalo-Arrhenius 穩態潛變本質方程式來定義其潛變特性與描述材料之潛變行為，如式(7-28)；

$$\frac{\partial \varepsilon}{\partial t} = C_1 [\sinh(C_2 \sigma)]^{C_3} \exp\left(\frac{C_4}{T}\right) \qquad (7\text{-}28)$$

其中 $\dfrac{\partial \varepsilon}{\partial t}$ 為潛變應變率；T 為絕對溫度；σ 為等效應力；C_1、C_2、C_3 及 C_4 之參數如表 7-25 所示。

表 7.24 材料特性

Material	Young's Modulus(GPs)	Poisson's Ratio	CTE(ppm/K)
95.5Sn-39Ag-0.6Cu	$74.84 - 0.08T$	0.3	$16.66 + 0.017T$
62Sn-36Pb-2Ag	$75.94 - 0.152T$	0.35	24.5
96.5Sn-3.5Ag	$52708 - 67.14T - 0.0587T^2$	0.4	$21.85 + 0.02039T$
Copper Pad	76	0.35	17

CH7

表 7-25　潛變參數

Solder Alloy	C_1(1/sec)	C_2(1/Pa)	C_3	C_4(K)
95.5Sn-39Ag-0.6Cu	441000	5×10^{-9}	4.2	5412
62Sn-36Pb-2Ag	$462(508-T)/T$	$[1/(5478-10.79)T]$	3.3	6360
96.5Sn-3.5Ag	$18(553-T)/T$	$145.036[1/(6386-11.55T)]$	5.5	5802

　　而在錫球的幾何設計上，則依據田口方法規劃出四個錫球幾何因子，分別為 A-錫球上圓直徑尺寸、B-錫球下圓直徑尺寸、C-錫球高度及D-錫球最大直徑尺寸(如圖 7.102 所示)，而各因子具有三個水準的田口 L9 直交表如表 7.26 所示，其中水準二為依照Lau文中所探討的PBGA-388之錫球模型幾何參數為基準，圖 7.103 為所規劃出的九種不同錫球幾何之錫球模型，並以無鉛銲錫 N1(96.5Sn-3.5Ag)、N2(95.5Sn-3.9Ag-0.6Cu)及有鉛銲錫N3(62Sn-36Pb-2Ag)作為干擾因子，進一步探討無鉛銲錫及有鉛銲錫對裂縫之影響。表 7.27為所設計之L9直交表。

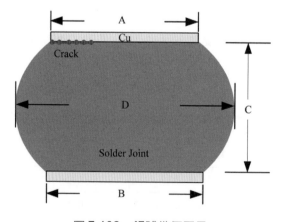

圖 7.102　錫球幾何因子

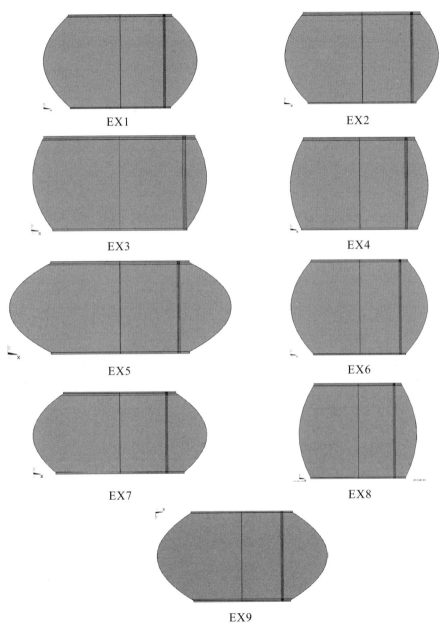

圖 7.103　規劃之 9 組模型實驗

表 7.26　各因子水準設定

	Factor A (mm)	Factor A (mm)	Factor A (mm)	Factor A (mm)
水準一	0.685	0.665	0.6	1.02
水準二	0.635	0.635	0.5	0.9
水準三	0.582	0.609	0.4	0.785

表 7.27　直交表

EX	Control Factor_Row				Noise Factor			S/N
	A	B	C	D	N1	N2	N3	
1	1	1	1	1	-	-	-	-
2	1	2	2	2	-	-	-	-
3	1	3	3	3	-	-	-	-
4	2	1	2	3	-	-	-	-
5	2	2	3	1	-	-	-	-
6	2	3	1	2	-	-	-	-
7	3	1	3	2	-	-	-	-
8	3	2	1	3	-	-	-	-
9	3	3	2	1	-	-	-	-
Average					-	-	-	-

3. 結果探討

　　經實驗規劃分析後，將溫度循環負載之累積潛變應變能密度結果，帶入裂縫增長率公式計算並將所計算出之裂縫增長率帶入 L9 直交表中(如表 7.28 所示)，在前三組實驗分析中可看出，實驗一為前三組中體積最大之錫球，實驗三為前三組中體積最小之錫球，當錫球體積越大所得到的裂縫增長率越小，且裂縫增長率公式為裂縫長度及熱循環次數所推導出之公式，表示裂縫增長率越小錫球會有較長的壽命，此部份也在 Chaparala 的相關研究中得到相同的驗證。

表 7.28　實驗結果數據

EX	Control Factor_Row				Noise Factor			S/N
	A	B	C	D	N1	N2	N3	
1	1	1	1	1	0.333	0.324	0.345	29.522191
2	1	2	2	2	0.327	0.295	0.336	29.901951
3	1	3	3	3	0.32	0.294	0.329	30.033162
4	2	1	2	3	0.312	0.276	0.317	30.393564
5	2	2	3	1	0.345	0.355	0.365	28.993136
6	2	3	1	2	0.32	0.289	0.328	30.085583
7	3	1	3	2	0.333	0.325	0.343	29.531629
8	3	2	1	3	0.306	0.263	0.309	30.650204
9	3	3	2	1	0.313	0.272	0.318	44.857330
Average					0.322	0.303	0.329	31.552083

此外在以剪應力、潛剪應變及累積潛變應變能密度的比較上：圖 7.104(a)顯示出當錫球幾何形狀改變時裂縫尖端之剪應力只有些微改變；而圖 7.104(b)則能明顯看出錫球面積越大造成的潛剪應變值越小；而由計算剪應力及潛剪應變所圍成之面積的累積潛變應變能密度，則可由圖 7.104(c)發現當錫球體積越大時相對的累積潛變應變能密度越小。

CH7

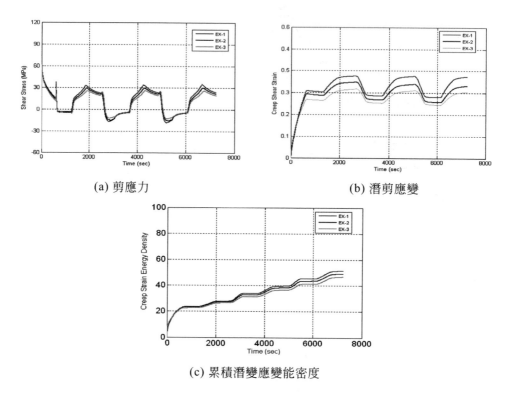

(a) 剪應力　　　　　　　　　　　　　(b) 潛剪應變

(c) 累積潛變應變能密度

圖 7.104　裂縫尖端之應力、應變及累積前變硬變密度

　　在平均裂縫增長率比較中可看出 N3(62Sn-36Pb-2Ag)為當中裂縫增長率最大值，約大於其於兩材料 N1(96.5Sn-3.5Ag)及 N2(95.5Sn-3.9Ag-0.6Cu)約 5%，這說明在溫度循環過程中，有鉛銲錫較無鉛銲錫有較快的裂縫增長數度，這是由於無鉛材料在彈性模數上較有鉛材料要高，因此無鉛銲錫材料在抗應力上較有鉛銲錫好，且在溫度循環測試下所獲得的累積潛變應變能密度相對較小，此結果與 Huang 驗證的結果是一致的；另外由 S/N 回應表(如表 7.29 所示)所繪出的 S/N 回應圖(如圖 7.105 所示)可發現，其中因子 A(錫球上圓直徑尺寸)、因子 B(錫球下圓直徑尺寸)及因子 C(錫球高度)之回應曲線較為震盪，表示此三個幾何因子對裂縫增長率的影響較為突顯，最後透過ANOVA分析貢獻度的結果 (如表 7.30所示)，找出因子A(錫球上圓直徑尺寸)及因子C(錫球高度)為影響裂縫增長的主要幾何因子，佔所有影響值比例之75%，而次要影響因子為因子 B(錫球下圓直徑尺寸)約佔所有比例的20%，而因子D(錫球最大直徑尺寸)則只有微略的影響。

表7.29　實驗之因子回應表(S/N 比)

	A	B	C	D
level 1	23.40531	27.73672	23.40472	27.82499
level 2	25.56899	23.46683	30.15182	25.62540
level 3	30.26032	28.03106	25.67809	25.78423

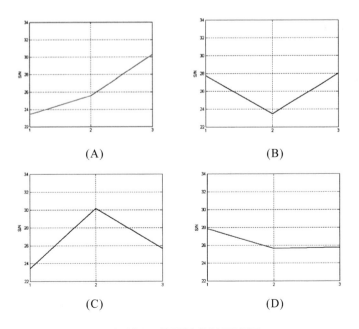

(A)　　　　　　　　　　(B)

(C)　　　　　　　　　　(D)

圖 7.105　各因子 S/N 回應圖

CH7

表 7.30 分析之 ANOVA 分析(S/N 比)

Factor	SS	DOF	Var	F	ρ
A	73.68126703	2	36.8406335	73.304465	38%
B	39.15079332	2	19.5753967	38.950578	20%
C	70.70584732	2	35.3529237	70.344262	37%
D	9.028080964	2	4.51404048	8.9819119	5%
Error	9.046262082	8	0.50257012	-	-
Total	192.5659886	16	-	-	-

　　另外本案例採用 S/N 望小特性，找出的最佳化參數為因子 A
水準一、因子 B 水準二、因子 C 水準一及因子 D 水準二之錫球幾
何參數，將此最佳化參數帶回 CAE 分析，並比較結果與原始
PBGA-388 錫球設計如表 7.35 所示，其最佳化之 S/N 比較原始設
計更接近望小特性。因此由最佳化結果中發現當錫球上圓直徑尺
寸越大(0.582～0.685mm)；錫球高度越高(0.4～0.6mm)時，其
造成的裂縫增長率值亦會較佳。

表 7.31 最佳化參數與原始參數的比較

EX	Control Factor_Row				Noise Factor			S/N
	A	B	C	D	N1	N2	N3	
Original	2	2	2	2	0.317	0.275	0.326	30.26272
Optimal	1	2	1	2	0.301	0.291	0.324	28.66168

4. 結論

　　針對錫球幾何設計對錫球裂縫增長率的驗證可歸納出：

(1) 無鉛錫球材料由於有較高的彈性模數，使得有鉛錫球材料在裂
縫增長率較無鉛錫球材料大，因此裂縫增長的情況為有鉛錫球
材料較有鉛錫球材料為快。

(2) 有鉛及無鉛錫球在不同幾何尺寸的結果中，產生的裂縫增長率趨勢是相同的。

(3) 錫球幾何形狀的改變會造成裂縫尖端之累積潛變應變能密度不同，且當錫球體積越小會產生較高之裂縫增長率，相對的會造成錫球壽命的減少。

(4) 以田口方法探討出錫球在溫度循環負載下主要影響錫球裂縫增長情況之因子為因子 A(錫球上圓直徑尺寸)與因子 C(錫球高度)，而因子 B(錫球下圓直徑尺寸)為次要之因子。

(5) 由最佳化結果中發現當錫球上圓直徑尺寸越大(0.582～0.685mm)且其錫球高度越高(0.4~0.6mm)時，會有較佳的裂縫增長率。

■ 7-6-10 Underfill 分析案例I：錫球數量和凸塊配置對充填流動的探討

本案例為了進一步瞭解覆晶底部充填製程中充填材料的流動狀態與不同凸塊配置模型所造成的波前不平滑現象對底部充填流動的影響，所以模仿實際底部充填製程建立一實驗模組進行填膠實驗，觀察充填材料在凸塊區與溝槽區的流動情形與波前變化，並以數位攝影機紀錄實驗過程，同時為了與實驗相互驗證結果，亦使用 CAE 模流分析軟體進行底部充填流動分析。

1. 實驗設備與實驗模型

在實驗設備的架構上，其配置如圖 7.106 所示，包括點膠機 (Toolwide 500，Everwide Chemical Co.)、點膠針頭固定架、厚度規、壓克力晶片、玻璃基板、攝影機與電腦；流動實驗是以玻璃板取代基板，壓克力片取代晶片，並且以厚度規墊高玻璃板的一邊，使得玻璃板與水平實驗工作檯有一 4°的傾斜角度；點膠

　　針頭則以固定架固定並將針頭的出膠口控制在進膠區域十字符號的中心點上，壓克力晶片則放置於點膠區域的膠材出口的位置，數位攝影機則架設在晶片的正上方，如圖 7.107 所示，以便紀錄完整的實驗過程。

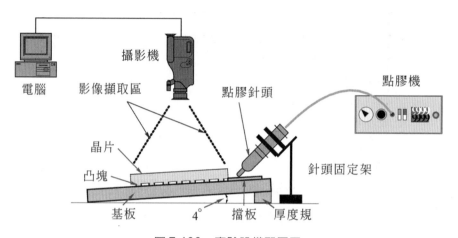

圖 7.106　實驗設備配置圖

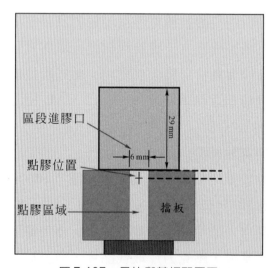

圖 7.107　晶片與基板配置圖

表 7.32 壓克力晶片模型(Unit:mm)

模型編號	模型參數					
模型 1		A 區	B 區	C 區	D 區	
	凸塊數目	144(12*12)	156(13*12)	156(12*13)	169(13*13)	
	水平間距	1.095	1.095	1.004	1.004	
	垂直間距	1.095	1.004	1.095	1.004	
模型 2		A 區	B 區	C 區	D 區	E 區
	凸塊數目	156	96(12*8)	169(13*13)	96(12*8)	108(12*9)
	水平間距	1.004	1.095	1.004	1.095	1.095
	垂直間距	1.095	1	1.004	1	0.9

模型 3		A 區	B 區	C 區	D 區	E 區	F 區
	凸塊數目	156	84	169	72	72	72
	水平間距	1.004	1.095	1.004	1.095	1.095	1.095
	垂直間距	1.095	0.7625	1.004	0.915	0.915	0.915
模型 4		A 區	B 區	C 區	D 區	E 區	F 區	G 區
	凸塊數目	104	84	104	72	72	72	117
	水平間距	1.004	1.095	1.004	1.095	1.095	1.095	1.004
	垂直間距	1	0.7625	1	0.915	0.915	0.915	0.9
模型 5		A 區	B 區	C 區	D 區	E 區	F 區
	凸塊數目	104	96	104	96	108	117
	水平間距	1.004	1.095	1.004	1.095	1.095	1.004
	垂直間距	1	1	1	1	0.9	0.9

模型 6		內圈間距		外圈間距	
	凸塊數目	81		544	
	水平間距	0.583		1.125	
	垂直間距	0.583		1.125	
模型 7		內圈間距	外圈間距	修正區域間距
	凸塊數目	81	535	9
	水平間距	0.583	1.125	0.7
	垂直間距	0.583	1.125	1.125

CH7

　　而在實驗模型的設計上，本案例設計了 7 個正方形晶片模型(如表 7.32 所示)來進行底部充塡實驗，其邊長皆爲 2.9mm 且內部均具有 625 顆凸塊的正方形晶片模型，其中晶片凸塊的製作(凸塊爲圓柱體，如圖 7.108 所示)乃是藉由雷射雕刻機(L-25 型，GCC LaserPro 系列，如圖 7.109 所示)雕刻而成；本案例的目的便是藉由每個實驗晶片均具有不同的溝槽數目及凸塊位置配置，以便觀察凸塊排列、凸塊密度及溝槽數目在底部充塡時，對流動波前形狀所產生的影響程度。

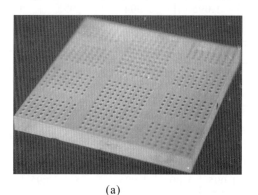
(a)

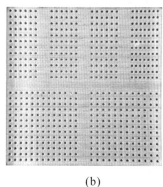
(b)

圖 7.108　壓克力凸塊模型

圖 7.109　雷射雕刻機

2. 材料性質

　　由於矽油具有流動性佳與不容易硬化的特點，因此本案例乃是使用矽油(MS 1000，GE Toshiba Silicones Co., Ltd.)來進行底部充填的實驗，其相關材料參數值如密度、黏度與表面張力均由材料供應商所提供(如表 7.33 所示)；而接觸角的相關資料則是藉由表面張力計(Drop Shape Analysis System DSA Mk2，如圖 7.110 所示)於室溫下量測矽油在玻璃基板上的接觸角變化情形而求得。

表 7.33　材料性質

項目	數值
密度ρ (g/cm^3)	0.97
黏度η ($Pa \cdot s$)	0.97
表面張力σ (N/m)	0.0212
初始接觸角θ_0(　)	56.8
平衡接觸角θ_c(　)	2

圖 7.110　表面張力計

CH7

3.　實驗流程

在實驗過程中，將環境溫度控制在室溫(25℃)下，而為了避免實驗平台傾斜而影響實驗結果，使用水平儀校準水平程度；為了保持出膠量的穩定性，控制點膠機的壓力維持在20psi；此外，本實驗設計兩種預防的方法防止發生充填不完全的情形，第一種方法為增加 75 ％實驗材料之充填量，補償充填材料在填料區的殘餘料量，避免產生充填材料不足的現象；而第二種方法則是增加實驗晶片進膠端的高度，使得晶片成為一個具有斜度的實驗模組。膠材供應量的部份是藉由點膠機(Toolwide 500，Everwide Chemical Co.)使用0.016英吋的點膠針頭以每秒0.007cc.的出膠量進行點膠，總共點膠54秒，填膠量為0.378cc.。

各種模型之進膠方向如表 7.34 所示，總共有七個模型，14 種不同方向之進膠實驗。

表 7.34 進膠方向示意表

模型編號	進膠方向		
1	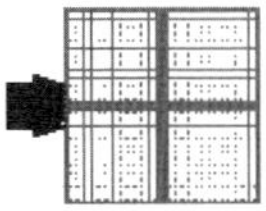		
2	(a) 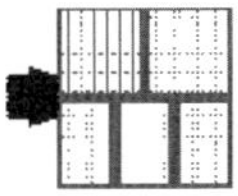	(b) 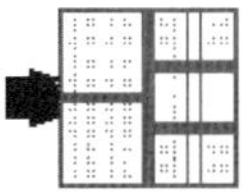	(c) 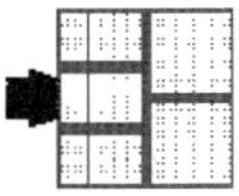
3	(a) 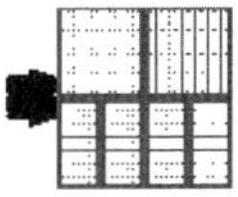	(b) 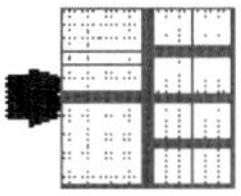	(c) 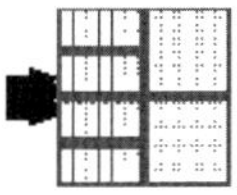
4	(a) 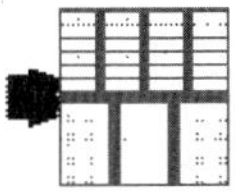	(b) 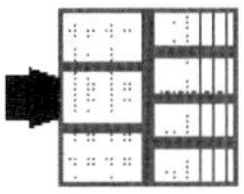	(c) 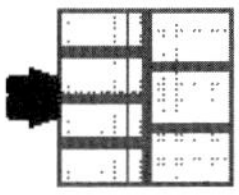
5	(a) 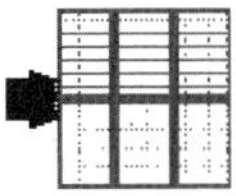	(b) 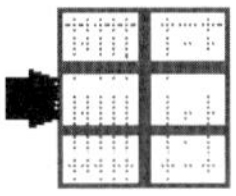	
6	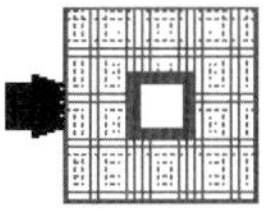		
7	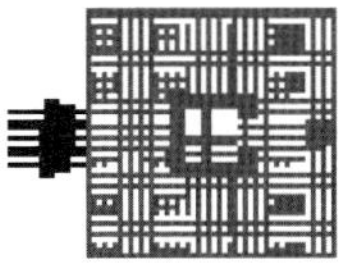		

CH7

4. 實驗結果

    爲了確保實驗結果的準確性與再現性，各種進膠方向的實驗模型皆進行 5 次實驗，並以數位攝影機紀錄實驗過程，並將每個模型之實驗誤差數值控制在平均充填時間的 10 ％之內，但實際上大部份的實驗數值均分布在 5%的誤差範圍中，這表示大部分的實驗結果都是合理且可以被接受的；以下就針對各種不同的實驗結果進行比較與討論：

⑴   在溝槽的配置上，比較進膠模型 1、2(c)與 3(c)這三組晶片右半部爲單一溝槽的模型以及進膠模型 2(b)、5(b)與 4(c)這三組晶片右半部爲雙溝槽的模型後可發現，晶片之充填時間與晶片左半部之溝槽數目是成正比關係(如圖 7.111 所示)。

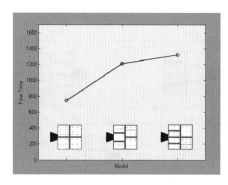 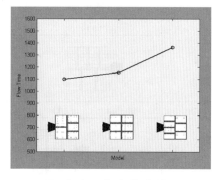

(a) 晶片右半為單溝槽   (b)晶片右半為雙溝槽

圖 7.111　晶片左半部溝槽配置對充填時間的影響

⑵   在溝槽的配置上，比較進膠模型 1、2(b)與 3(b) 這三組晶片左半部爲單縱溝槽的模型後發現，晶片之充填時間與晶片右半部之溝槽數目成正比關係(如圖 7.112 所示)。

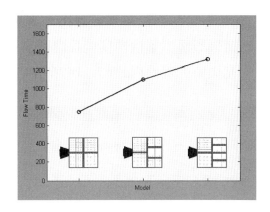

圖 7.112　晶片右半部溝槽配置對充填時間的影響

⑶　在溝槽的配置上，比較進膠模型 1、2(a)與 3(a)這三組單橫溝槽且晶片上半部具有單一縱溝槽的模型後發現，單一橫槽模型且溝槽上下兩半邊分別具有單縱溝槽與雙縱溝槽時，其充填時間最長(如圖 7.113 所示)。

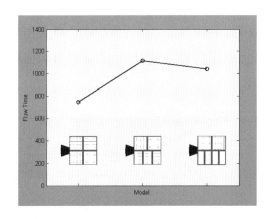

圖 7.113　晶片下半部溝槽配置對充填時間的影響

⑷　在溝槽的配置上，比較進膠模型 2(a)、5(a)與 4(a)這三種單橫溝槽且晶片下半部具有雙縱溝槽的模型後發現，其差異性為在

CH**7**

晶片上半部的溝槽數不相同，分別為一溝槽、兩溝槽及三溝
槽，由實驗結果觀察出單橫槽模型且溝槽上下兩半邊均為雙縱
溝槽時，其充填時間最長(如圖 7.114 所示)。

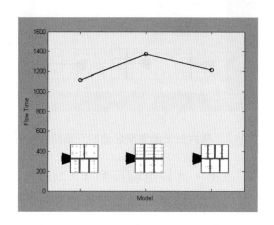

圖 7.114　晶片上半部溝槽配置對充填時間的影響

(5)　波前形狀的變化情形與凸塊區及溝槽的配置情形有相當程度的
關係，底膠流動速度會因為凸塊密度變大而加快，所以波前形
狀會因為此原因而產生變化，以模型 3(a)為例，其充填變化如
圖 7.115 所示。

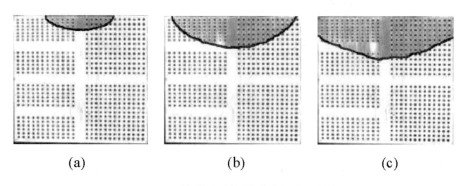

　　　　　(a)　　　　　　　　　　　(b)　　　　　　　　　　(c)

圖 7.115　模型(3a)流動波前的實驗結果

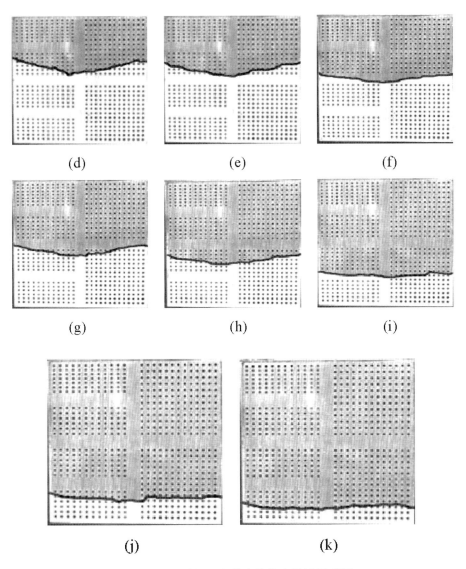

圖 7.115　模型(3a)流動波前的實驗結果 (續)

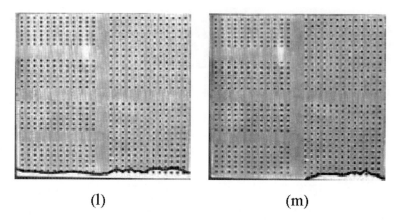

(l)   (m)

圖 7.115　模型(3a)流動波前的實驗結果 (續)

5.　包風問題設計改善

　　產業界常用的覆晶模型(如圖 7.116 所示)，凸塊區常被溝槽
劃分成密度不一的內外兩區，並以區段進膠的方法進行底部充
填，但是由於內部凸塊區與外圍凸塊區的凸塊密度分佈不相同，
所以此模型在進行區段進膠之底部充填製程中由於中間波前落
後，容易產生包風的現象(如圖 7.117 所示)。

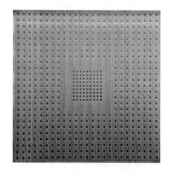

圖 7.116　覆晶應用模型

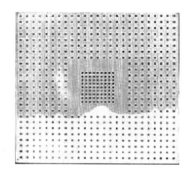

圖 7.117　包風現象

為了解決並避免此包風的問題，在此提出改善的方法；由前面的實驗結果可以得到一個結論：在凸塊區中，凸塊具有幫助波前往前推進的功能，也就是說在凸塊區內，凸塊具有加快流動的功用，但是在凸塊區後的溝槽區域的波前流動則會受到凸塊區的影響而變慢，也就是說波前在通過凸塊區之後，凸塊區則變成妨礙波前往前推進的阻礙；所以為了解決波前在經過凸塊區進入到溝槽區後所造成的波前停滯現象，便需進行凸塊配置的修改，而在不改變凸塊總數目的前提下，只好進行凸塊的遷移，即將圖 7.118 中轉移區的九顆凸塊搬移到修正區，將這九顆凸塊變成是中間高密集度凸塊區的延伸區域，藉此幫助底膠流動波前在通過高密集度凸塊區之後也可以較快速的往前推進。

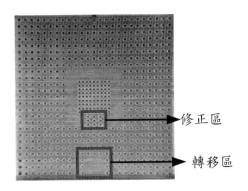

修正區

轉移區

圖 7.118　凸塊配置變更

如圖 7.119，觀察實驗結果後發現此種模型修改的方法可以有效的幫助底膠的流動，並使得波前在充填的過程中得以保持平整狀態，降低包風發生之機率。

CH7

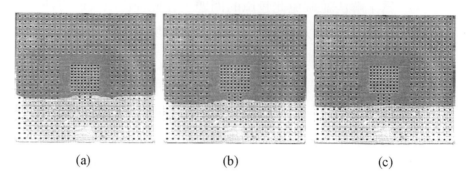

(a)   (b)   (c)

圖 7.119   包風問題改善設計後的充填流動情形

6.   CAE 分析流程

　　利用 CAE(Computer Aided Design)架構模型 3(a)的分析模型(如圖 7.120 所示)，同時進行相關的材料參數、製程參數以及進澆口位置等相關的設定(如圖 7.121 所示)，最後進行波前的流動分析。

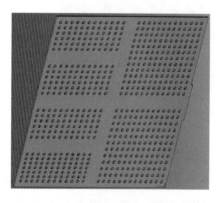

圖 7.120   CAE 所架構模型 3(a)的分析模型

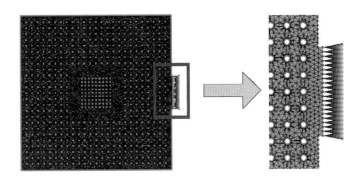

圖 7.121　進澆口設定

　　觀察模流分析軟體所預測的流動充填行為(如圖 7.122 所示)，並將其分析結果與實驗結果(如圖 7.115 所示)做一比較。

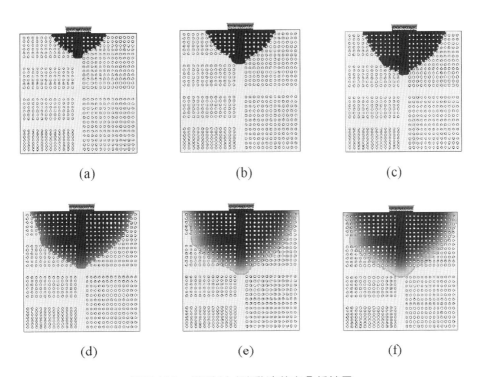

(a)　　　　　　　　(b)　　　　　　　　(c)

(d)　　　　　　　　(e)　　　　　　　　(f)

圖 7.122　模型 3(a)流動波前之分析結果

CH7

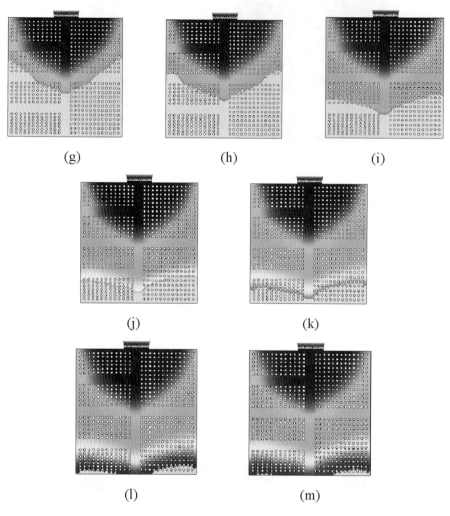

(g)   (h)   (i)

(j)   (k)

(l)   (m)

圖 7.122　模型 3(a)流動波前之分析結果 (續)

　　而在包風缺陷改善的設計分析上，亦先架構一實驗分析模型來做分析，發現其亦能預測包風問題的缺陷(如圖 7.123 所示)，而當變更模型設計後，亦能改善包風的問題(如圖 7.124 所示)。

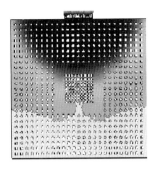

圖7.123　原始設計前之波前流動分析(有包風現象)

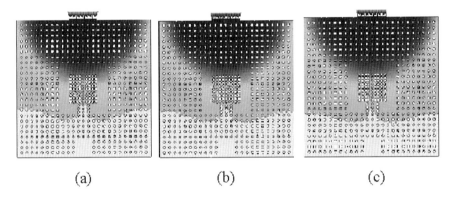

(a)	(b)	(c)

圖7.124　變更設計後之波前流動分析(包風問題解決)

7. 結論

　　本案例建立多種覆晶模型進行底部充填實驗，探討凸塊與溝槽配置對底部充填流動與波前形狀的影響，並設計一個測試模型(模型7)，驗證實驗結果；除此之外，本文亦應用CAE模流軟體進行底部充填製程分析，與實驗結果相互比對；雖然實驗與分析結果在充填時間上的趨勢有許多的不相同，但是在波前形狀與測試模型的驗證上具有相當高的一致性，對於覆晶底部充填的製程上仍具有相當大的參考價值；綜合上述之研究結果，歸納幾點結論如下：

CH7

(1) 單橫溝槽(與充填方向垂直)可以將模型分成前後兩部分,當模型前半端或模型後半端的縱溝槽(與充填方向平行)數目相同時(包括單縱溝槽與雙縱溝槽),其充填時間與模型另一端的縱溝槽數目成正比關係。

(2) 單縱溝槽(與充填方向平行)可以將晶片模型劃分成左右兩部份,當模型左半端或模型右半端的橫溝槽(與充填方向垂直)數目相同時(包括單橫溝槽與雙橫溝槽),其充填時間為另半端為雙橫槽的模型最長。

(3) 觀察實驗結果中波前形狀之變化,可以知道凸塊密度對波前流動有相當大的影響性;在凸塊密集度較高的區域,凸塊可以幫助流動,但是在凸塊區後方的溝槽區域則因為凸塊區所提供之流量不足,所以會造成波前落後的現象。

(4) 藉由修改凸塊與溝槽配置的關係,可以有效的控制波前形狀的變化情形,避免產生包風現象,此結論已獲得測試模型的驗證。

■ 7-6-11　Underfill 分析案例 II

本案例將以"Underfill 分析案例 I"的分析結果為基礎,以擴大錫球的數量來作分析,並將藉由不同的 CAE 軟體來架構不同維度的分析模型(包含C-MOLD與MPI的midplane模型、MPI的Fusion模型)作一探討,比較不同分析模型對底膠充填之影響。

1. 中間面(Midplane)分析模型

依據表7.35的幾何模型尺寸,架構出如圖7.125所示的幾何形狀及網格模型。其中,該模型具有625個凸塊,所使用的充填材料採用 Dexter 公司所生產之 Hysol FP4511(其材料參數如表7.36～表7.38所示)。

表 7.35　分析模型的幾何尺寸與溫度設定

晶片尺寸	$10 \times 10 mm^2$
間隙高度	$100 \mu m$
腳　　距	$200 \mu m$
凸塊直徑	$150 \mu m$
進　　澆	單邊進澆
材料溫度	$80 ℃$
基板溫度	$80 ℃$

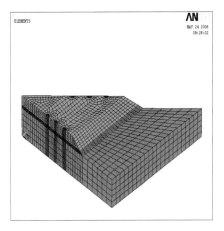

圖 7.125　幾何模型與網格示意圖

CH7

表 7.36　充填材料之黏度參數值

Hysol FP4511 的黏度參數值			
K_{00}	153.6 Pa-s^n	C_1	3.671
n	0.916	C_2	0.591
τ_{y0}	0.00138 Pa	C_A	18.44
T_y	2149 K	C_B	199.6
T_g	250 K	A	4.334
σ_g	0.649	B	0.3888

表 7.37　表面張力及接觸角之參數值

表面張力＆接觸角			
θ_A	0.3016 rad	σ_0	0.1236 N/m
θ_B	0.003072 rad/K	$\tilde{A}$	− 0.003802 1/K
θ_C	− 6.565E-06 rad/K^2	M	13.2
θ_0	1.48 rad		

表 7.38　硬化反應式之參數值

Reaction Kinetics			
m	1.35	n	1.36
A_1	4.31E + 05 1/s	A_2	5.3E + 07 1/s
E_1	7590 K	E_1	9020 K

2. Midplane模型分析結果

(1) 溫度

由表7.30的充填結果中可發現，提高基板和點膠材料的溫度可大幅地縮短充填時間，尤其在溫度較低的時候，影響更為明顯，每增加10℃最大幾乎可減少一半左右的時間，雖然隨著溫度的增加，可節省底部充填的時間，但卻會拉長冷卻的時間，藉著適當溫度的選擇可降低成本及提高生產效能。此外，亦可發現基板的溫度對充填時間的影響遠超過充填材料的溫度，而如表7.39中之Case2與Case8，當基板溫度維持50℃而料溫上升至80℃時，所得之充填時間相差10.42秒，然而當料溫維持為50℃而基板溫上升至80℃時(Case2及Case9)，充填時間由509.62秒驟減至94.649秒。因此，只要選擇適當的基板溫度便可有效地縮短充填時間。

表7.39　不同溫度下所需之充填時間

	基板溫度 (℃)	料　溫 (℃)	充填時間 (s)	每增加10℃ 所減少的時間
Case 1	40	40	短射	
Case 2	50	50	509.62	
Case 3	60	60	266.12	243.5
Case 4	70	70	151.1	115.02
Case 5	80	80	91.546	59.459
Case 6	90	90	58.249	33.392
Case 7	100	100	38.651	19.598
Case 8	50	80	499.2	
Case 9	80	50	94.649	
Case 10	80	25	97.891	

CH7

而溫度對充填時間有相當大的影響,其可能原因如下:

① 黏度與溫度有關:由圖 7.126 可知,黏度會隨著溫度降低而上升,當黏度上升時則會阻礙流動。

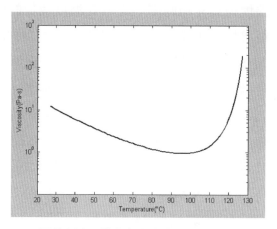

圖 7.126　黏度與溫度之關係曲線圖

② 剪切率與溫度有關:當流速隨著溫度降低而變慢時,剪切率減少會使得黏度增加,而這項因素的影響在低剪切率時效果會更明顯,因為黏度與剪切率之變化關係在低剪切率時有降伏現象,如圖 7.127 所示。

③ 接觸角的變化與溫度有關:由式(7-24)可知,接觸角的變化與參數c有關,而參數c之值又受到黏度與表面張力的影響;溫度對黏度及表面張力都會有影響,但黏度隨著溫度的變化程度較大,相較於黏度而言溫度對表面張力的影響較小,因此,當溫度減少時,參數c之值也會隨之減少(因為黏度增加),進而導致接觸角的變化速度減慢,而使得流速變慢。

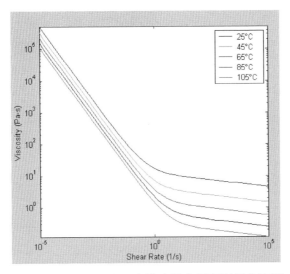

圖 7.127　不同溫度下之黏度與剪切率關係曲線圖

(2)　間隙高度

　　　由表 7.40 之結果可知，隨著間隙高度的增加，充填時間也跟著增加，但間隙高度太大會因壓力不足而導致充填不完全，間隙太小則會阻礙液體流動而造成短射；圖 7.128 為不同間隙高度所得之模擬波前圖，依其所需之充填時間等分為四十條波前；可充填完全之間隙高度範圍受到模穴尺寸大小的影響，較小的模穴所需的充填時間與壓力較小，可容許充填的間隙高度範圍較大。

而探討影響間隙高度與充填時間之關係的可能原因如下：

①　表面張力與接觸角之影響：分析時所使用之 $\sigma\cos\theta$ 值會隨時間而變化，充填時間與間隙高度之關係如式(7-25)所示，當固定表面張力與接觸角之值時，充填時間與間隙高度之關係趨勢則相反，間隙高度愈高所需之充填時間愈少，如式(7-22)所示。

CH7

表 7.40 不同間隙高度之充填結果

間隙高度 (μm)	充填時間 (s)
10	短射
25	36.701
50	66.637
100	91.546
150	113.52
200	短射

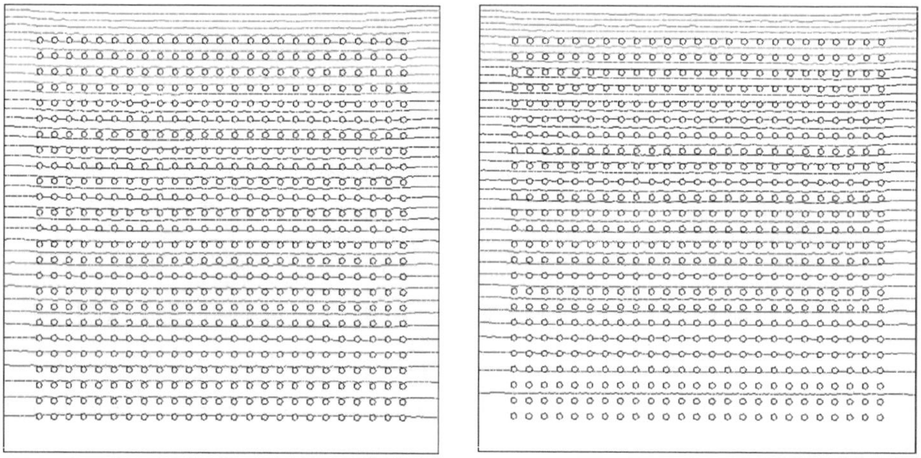

(a) 間隙高為 25μm(36.701sec) (b) 間隙高為 150μm(113.52sec)

圖 7.128 不同間隙高度之波前圖

② 黏度與間隙高度有關：黏度會隨著間隙高度增加而增加，如
式(7-29)及圖 7.129 所示，當黏度固定為一常數值時，所需
之充填時間則隨著間隙高度增加而減少。

$$\eta_{\text{thickness}} = \eta_0(A + B\log h) \tag{7-29}$$

其中，h 為間隙高度，A 和 B 為常數。

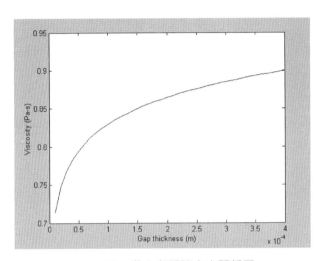

圖 7.129　黏度與間隙高度關係圖

(3)　凸塊間距大小

　　　　如果只改變凸塊間距之大小，維持表 7.35 其他幾何尺寸及凸塊數量不變，則可得出表 7.41 之結果，表中顯示出凸塊間距對充填時間的影響較不顯著；但是如圖 7.130 所示，如果間距太小時會阻礙流體流動，使流體在凸塊區的流動更遲緩且波前較不平滑，並增加晶片邊界的毛細現象，且容易造成包風。

表 7.41　不同凸塊大小之充填結果

間距大小　(μm)	充填時間　(s)
50	93.122
100	92.608
200	91.546

CH7

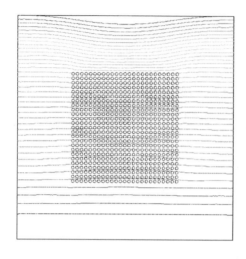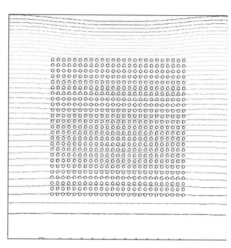

(a) 間距為 50μm(93.122sec)　　　　　(b) 間距為 100μm(92.608sec)

圖 7.130　不同間距大小之波前圖

(4)　凸塊大小

表 7.42 及圖 7.131 之結果顯示出大凸塊會阻礙流體流動，凸塊愈大所需之充填時間愈長，且波前呈現鋸齒狀，當流體離開凸塊區域後，該區域之波前會明顯落後沒有凸塊的區域。

表 7.42　不同凸塊大小之充填結果

凸塊直徑 (μm)	充填時間 (s)
80	88.259
150	89.658
300	98.768
400	106.07

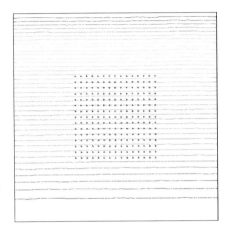

(a) 凸塊直徑 80μm(88.259sec)

(b) 凸塊直塊 150μm(89.658sec)

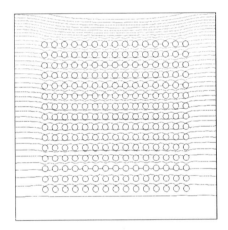

(c) 凸塊直徑 300μm(98.768sec)

(d) 凸塊直塊 400μm(106.07sec)

圖 7.131　不同凸塊直徑之波前圖

(5) 凸塊密度

固定凸塊區域大小，改變凸塊數目以探討凸塊密度對充填之影響。由表 7.43 可知，凸塊密度愈高所需之充填時間愈長，且會阻礙塑流流動，當液體離開凸塊區域後，該區域之波前會產生明顯的落後現象，如圖 7.132 所示。

表 7.43　不同凸塊數目所需之充填時間

凸塊密度（顆）	充填時間（s）
64	88.03
361	90.667
961	95.462
1089	96.339

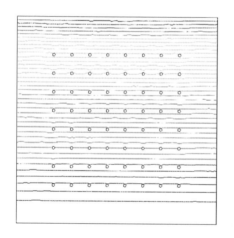 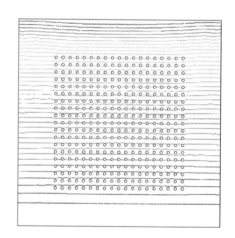

(a) 64 顆(88.03sec)　　　　　　　(b) 361 顆(90.667sec)

圖 7.132　不同凸塊數量之波前圖

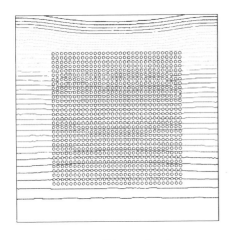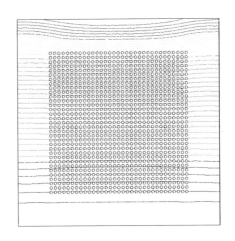

(c) 961 顆(95.462sec)　　　　　　　(d) 1089 顆(96.339sec)

圖 7.132　不同凸塊數量之波前圖 (續)

(6)　接觸角

　　　由於接觸角不易觀察且難以量測,因此接觸角之變化常會被忽略不計,在此步驟中將討論接觸角的變化對充填的影響;為了固定接觸角之值以方便分析比較,利用式(7-30)及式(7-31)可求出平衡接觸角之值為 32.54°(0.568 rad) (分析溫度為 80℃),表面張力為 0.0321 N/m,由表 7.24 可知初始接觸角為 1.48 rad,此外,分析模型幾何尺寸如表 7.20 所示;當接觸角固定為 0.568 rad 時,得到其充填時間為 23.949 秒;而如果接觸角採用初始及平衡接觸角之平均值(1.024 rad),所求得之充填時間為 47.766 秒;當接觸角設定為初始接觸角時,會因驅動壓力不足而產生短射。

$$\theta = \theta_A + \theta_B T + \theta_C T^2 \tag{7-30}$$

$$\sigma = \sigma_0 \exp(\tilde{A}T) \tag{7-31}$$

CH**7**

其中，σ_0、$\tilde{A}$ 為常數。

　　根據表 7.44 之結果可知，接觸角之值對充填影響相當大，想要用一固定不變之接觸角值來探討充填過程，對充填結果會造成相當程度的影響，使得分析結果與實際結果差距甚大。

表 7.44　不同接觸角所需之充填時間

接觸角 (rad)	充填時間 (s)
0.568 (平衡)	23.949
1.024 (平均)	47.766
1.480 (初始)	短射
動態接觸角	91.546

3.　表面網格(Fusion)分析模型

　　Moldflow Plastics Insight(MPI)中之表面網格模型(Fusion Surface Mesh)可說是介於中間面及3D實體模型之間的型式。表面網格模型不須將幾何模型轉換為中間面的形式，而是直接以3D實體模型呈現，以減少模型建構的時間。表面網格分析是模擬融膠於模穴中，在元件的上下表面流動的情形，為了使相對應面的流動結果能夠相互符合，相對的元素間會利用連接元素(Connectors)來做連接，而連接元素的建構是軟體根據模型的幾何特性?自動加以計算而產生；簡單來說，表面網格模型便是在模型的表面產生網格，而在厚度上相對應之網格元素則利用連接元素連接，因此厚度中間是空的，並不具有真實的3D網格[38]。

　　案例中將依表 7.26 所示的詳細幾何尺寸，利用 SolidWorks 建構二種不同凸塊形狀(圓柱形及球形)的分析模型，如圖 7.133 及圖 7.134 所示，再匯入MPI中建構網格模型，如圖 7.135 所示。

圖 7.133　圓柱形凸塊示意圖

圖 7.134　球形凸塊示意圖

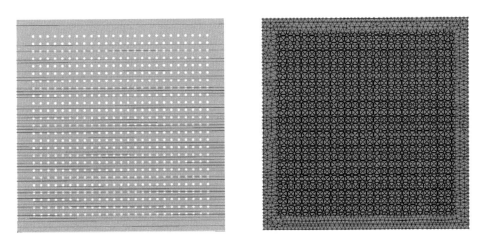

圖 7.135　幾何模型及網格模型

4. 表面網格(Fusion)模型分析結果

　　由表 7.45 之結果可知，將模型簡化為中間面模型時，C-MOLD 與 MPI 所需之充填時間相近，但中間面與 Fusion 模型所得之結果差異較大，因為當模型簡化為 2.5D 平面模型後，在厚度方向的性質便無法顯現出來，且點膠充填之毛細驅動力相較於傳統充填之壓力而言非常小，因此模穴之幾何形狀對流動性質影響較大。圖 7.136 及 7.137 分別為圓柱及球形凸塊之分析結果波前圖。

CH 7

表 7.45 不同分析模型所需之充填時間

分析模型	充填時間 (s)
Midplane (C-MOLD)	91.546
Midplane (MPI)	90.63
Fusion (cylinder)	76.41
Fusion (sphere)	67.71

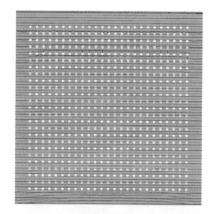
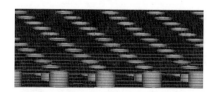

圖 7.136 圓柱形凸塊之充填波前

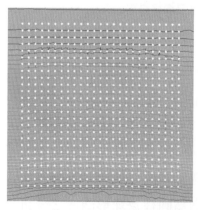

圖 7.137 球形凸塊之充填波前

5. 結論

　　本案例比較不同之幾何尺寸、材料、製程參數及分析模型對充填過程的影響，總結如下：

(1) 材料性質是影響充填時間及品質最重要的因素，充填材料之黏度小、表面張力大及接觸角小時，可得較佳之充填品質。

(2) 溫度對充填製程的影響很大，且以基板的溫度影響最為顯著，在不改變充填材料的情形下，可首先考慮選擇適當的基板溫度而達到改善充填品質及提高效率。

(3) 凸塊間距與大小對充填時間的影響較小，但間距太小或凸塊太大則會使波前之波峰形狀變化大，易產生包風。

(4) 晶片與基板間的間隙愈大，所需之充填時間愈長；但間隙太大或太小皆可能產生短射。

(5) 凸塊密度愈大，凸塊區域波前落後的情形愈明顯。

(6) 接觸角之變化情形對充填時間有明顯的影響，在模擬分析時需考慮接觸角的改變以提高分析之可靠度。

(7) 當模型簡化為中間面模型時，厚度方向之特性會被忽略而無法顯現出來，因此基本上，Fusion模型分析結果會較接近實際充填情形，未來可利用實際充填結果與模擬結果相互驗證比較以提高分析結果之準確度。

6. 未來發展

　　對於覆晶封裝底膠充填的流動分析不論是在初步的實驗模擬或是利用 CAE 軟體進行流動預測都已有相當的成效，在未來亦將嘗試架構多腳數的實體覆晶模型來進行底膠充填流動的實驗模擬與 CAE 分析，以驗證實際覆晶構裝元件中的底膠充填流動行為，其中在架構實體的覆晶模型上，乃是利用雷射切割的方式，

CH7

切割出一尺寸為 29mm × 29mm，表面含 25 × 25 與 35 × 35 顆圓柱體的試件(如圖 7.138、圖 7.139 所示)，來進行底膠的充填流動觀察。

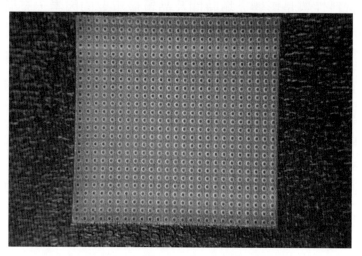

圖 7.138　覆晶試件上視圖(625 顆)

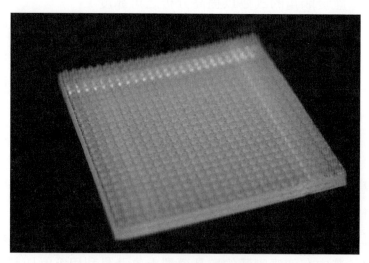

圖 7.139　覆晶試件側視圖

而在 CAE 的模擬分析上，亦架構與覆晶試件相同的模型(如圖 7.140、圖7.141所示)來作一比較，冀望藉由實驗觀察、CAE模擬分析與對照實際充填驗證的進行能探究出覆晶底膠的充填流動行爲並驗證CAE分析的效能。

圖7.140　SolidWorks 所架構的覆晶試件模型(625 顆)

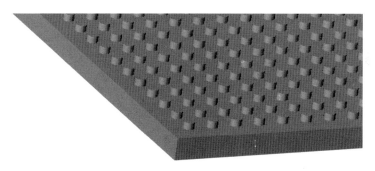

圖7.141　SolidWorks 所架構的覆晶試件模型(細部放大圖)

■ 7-7　結　論

這些年來隨著CAE軟體的發展與進步，在IC封裝製程的應用上已經可以成功地模擬問題且得到不錯的分析結果，其功能也普遍地受到肯

CH7

定。而有效利用 CAE 軟體分析製程問題可以縮短產品的設計週期、減少線上試模的次數、節省產品開發上時間、經費、人力及物力的浪費，改善試誤法(Trial-and-Error)的缺點，並可利用線上試模的方式歸納經驗，作為訓練新進人員快速累積開模及模具設計的能力，達到人才培訓省錢省時的效果，以及藉由將流動過程以電腦視覺化呈現的效果加強現場人員對複雜模流現象的了解與困難排除的能力。

然而值得注意的是，CAE軟體的使用，只是一種輔助的分析工具，真正重要的是對於問題的瞭解。而要理解所發生的相關問題，就必須具備相關的理論背景，如此在遭遇問題時，才能夠針對問題做出正確的判斷，並將 CAE 軟體做最正確與有效的運用，以修正相關的製程缺陷、提高產品封裝的品質，達到最佳化分析的目的。

參考文獻

1. 吳生龍，"IC封裝之發展趨勢"，機械工業雜誌，頁110-119,(1996).
2. A. C. Technology, "C-MOLD Reference Manual", (1998).
3. A. C. Technology, "C-MOLD Reactive Molding User's Guide", (1998).
4. Swanson Analysis Systems, Inc. "ANSYS User's Manual VolumeIII Element", (1998).
5. Swanson Analysis Systems, Inc., "ANSYS User's Manual VolumeIV Theory", (1998).
6. 康淵，陳信吉，"ANSYS 入門"，全華圖書， (2002)。
7. L. S. Turng, "Computer-Aided Engineering(CAE) for the Microelectronic Packaging Process", Advances in Computer-

Aided Engineering(CAE) of polymer Processing, Ed. K. Himasekhar, V. Prasad, T. A. Osswald, and G. Batch, MD-Vol. 49/HTD-Vol.283, pp. 191-208, ASME, (1994).

8. 李宜修，"IC 封裝製程金線偏移之自動化模組的建構與最佳化分析的探討"，中原大學機械工程學系碩士論文， (1998)。

9. 陳佑任，"IC封裝製程中的模流分析與金線偏移"，中原大學機械工程學系碩士論文， (2001)。

10. L. T. Nguyen, "Flow Modeling of Wire Sweep During Molding of Integrated Circuits", ASME Winter Annual Meeting, Anaheim, California, pp. 23-78, November, (1992).

11. R. J. Roark, W. C. Young, "ormulas for Stress and Strain", McGraw-Hill, New York, (1975).

12. S. Han, K. K. Wang, "A study on Wire Sweep, Pre-conditioning and Paddle Shift during Encapsulation of Semiconductor Chips", The First Asia-Pacific Conference on Materials and Processes in IC Encapsulation, Hsinchu, Taiwan, March 18-19, (1996).

13. 賴育良，林啟豪，謝忠祐，"ANSYS 電腦輔助工程分析"，儒林書局，(1997)。

14. 張明倫，"IC塑膠封裝之翹曲變形的分析與探討"，中原大學機械工程學系碩士論文，(1999)。

15. 陳俊龍，"PBGA錫球幾何外型對疲勞壽命之影響與探討"，中原大學機械工程學系碩士論文，(2000)。

16. 蕭振安，"覆晶封裝在熱循環負載作用下對疲勞壽命之分析與探討"，中原大學機械工程學系碩士論文，(2001)。

17. 朱紹鎔，"材料力學"，東華書局，(1982)。

CH **7**

18. S. Knecht, L. R. Fox, "Integrated Matrix Creep : Application to Accelerated Testing and Lifetime Prediction", in Solder Joint Reliability: Theory and Applications, New York, (1991).

19. I. R. Holub, J. M. Pitarresi, T. J. Singler, "Effect of Solder Joint Geometry on the Predicted Fatigue Life of BGA Solder Joints", Inter-Society Conference on Thermal Phenomena, pp.187-194, 1996.

20. S. Manjula, S. K. Sitaraman, "Effect of out-of-plane Material Behavior on in-plane Modeling", Itherm, (1998).

21. R. S. Murphy, S. K. Sitaraman, "Two and Three-dimensional Modeling of VSPA Butt Solder Joints", Proc. Electron. Compon. Techonl. Conf., IEEE Piscataway, NJ, USA, pp.472-478, (1997).

22. C. P. Yeh, W. X. Zhou and K. Wyatt, "Parametric Finite Element Analysis of Flip Chip Reliability", The International Society for Hybrid Microelectronics, Vol.19, No.2, pp.120-127, (1996).

23. J. H. Lau, Yi-Hsin Pao, "Solder Joint Reliability of BGA, CSP, Flip Chip, and Fine Pitch SMT Assemblies", McGraw-Hill Book Companies, Inc., New York, (1997).

24. J. Wang, Z. Qian, D. Zou, and S. Liu, "Creep Behavior of a Flip-Chip Package by Both Fem Modeling and Real Time Moire Interferometry", Transactions of the ASME Journal of Electronic Packaging, Vol.120, pp.179-185, (1998).

25. E. Madenci, S. Shkarayev, and R. Mahajan, "Potential Failure Sites in a Flip-Chip Package With and Without Underfill", Transactions of the ASME Journal of Electronic Packaging, Vol.

120, pp.336-341, (1998).

26. Goh, and Teck Joo, "Parametric Finite Element Analysis of Solder Joint Reliability of Flip Chip On Board", IEEE/CPMT Electronics Packaging Technology Conference, pp.57-62, (1998).

27. K. H. Teo, "Reliability Assessment of Flip Chip on Board Connection", IEEE/CPMT Electronics Packaging Technology Conference, pp.269-273, (1998).

28. Q. Yao and J. Qu, "Three-Dimension Versus Two-Dimension Finite Element Modeling of Flip-Chip Packages", Transactions on ASME Journal of Electronic Packaging, Vol.121, pp.196-201, (1999).

29. K. Darbha, J. H. Okura, S. Shetty and A. Dasgupta,"Thermomechanical Durability Analysis of Flip Chip Solder Interconnects : Part 1-Without Underfill", Transactions on ASME Journal of Electronic Packaging, Vol.121, pp.231-236, (1999).

30. K. Darbha, J. H. Okura, S. Shetty and A. Dasgupta,"Thermomechanical Durability Analysis of Flip Chip Solder Interconnects : Part 2-With Underfill", Transactions on ASME Journal of Electronic Packaging, Vol.121, pp.237-241, (1999).

31. F. M. White, "Viscous Fluid Flow", McGraw-Hill Inc., New York,(1991).

32. S. Han, and K. K. Wang, "Analysis of the Flow of Encapsulant During Underfill Encapsulation of Flip-Chips", IEEE Transactions on Components, Packaging, and Manufacturing Technology Part B, Vol. 20, No. 4, pp. 424-433, (1997).

CH 7

33. M. K. Schwiebert, and W. H. Lenog, "Underfill flow as viscous flow between parallel plates driven by capillary action", IEEE Transactions on Components, Packing, and Manufacturing Technology Part C, Vol. 19, No. 2, pp. 133-137, (1996).

34. C. P. Wong, M. B. Vincent, and S. Shi, "Fast-Flow Underfill Encapsulant: Flow Rate and Coefficient of Thermal Expansion", IEEE Transactions on Components, Packing, and Manufacturing Technology Part C, Vol. 20, No. 2, pp. 360-363, (1998).

35. G. Ni, M. H. Gordon, W. F. Schmidt, and A. Muyshondt, "Experimental and Numerical Study of Underfill Encapsulation of Flip-Chips Using Conductive Epoxy Polymer Bumps", IEEE Electronic Components, and Technology Conference, 47th, pp. 859-865, (1997).

36. 張千惠，"高密度 IC 封裝之模流分析"，中原大學機械工程學系碩士論文，(2002)。

37. J. N. Chang, S. J. Luo, C. C. Sung, S. L. Kaou, C. W. Tsai, S. L.Chen, T. S. Chuang, J. H. Chiu, "Introduction of Taguchi Quality Engineering", R.O.C quality control association, (1989).

38. Moldflow, "Moldflow Plastics Insight Help", Moldflow Inc., New York, (2002).

習題

1. 使用 CAE 軟體的優點爲何？

2. 何謂有限元素法？

3. 目前應用在計算金線偏移的方法主要有哪幾種？

4. 何謂聖誕樹現象與賽馬現象？

5. CAE 工程在 IC 封裝的應用有哪些方向？

CH**7**

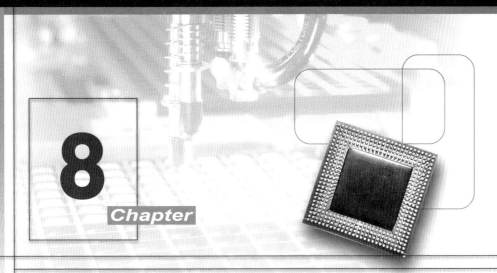

3D CAE 在 IC 封裝製程上 的應用

■ 8-1 三維模流分析的優勢

　　由於一般塑膠封裝微電路(plastic encapsulation of microelectronics, PEM)的封裝體厚度相較於平面尺寸顯得非常的薄,所以目前大部分的CAE分析技術都是採用Hele-Shaw近似法,如此一來將忽略熔膠在模穴內流動所產生的慣性效應以及側向速度分量之影響[1]。在這樣的假設之下,封裝過程中熔膠的充填行爲,將被簡化成在模穴中間面上的二維平面流。但是,這樣的假設無法正確描述熔膠在導線架的孔隙中之流動行爲,這是因爲此孔隙的厚度極薄(僅爲導線架的厚度),而熔膠在孔隙間的流動是一個明顯的三維流動現象。爲了解決此一問題,文獻上提出了連結線(connectors)或是肋條近似(ribs)等技術來近似這些導線架上的孔隙[2],以模擬此三維上下交互流動的效應(圖 8.1)。

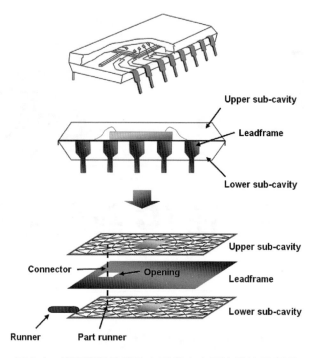

圖 8.1　使用連結線連接上下模穴交互流動的示意圖

　　然而,這樣的簡化模式存在有許多的問題。首先,連結線的近似忽略掉了兩連結端點間的流動阻力,因此當此兩端點間的流動性質不一樣時,此近似便會有很大的誤差,甚或是出現實際熔膠尚未流到,但是預測上已經出現波前的不合理情形。而肋條近似雖然能夠有較正確的結果,但是它最大問題在於給定厚度上的困難。一般而言,利用此近似通常需要多次的人為試誤疊代來調整肋條厚度,才能得到一個比較好的預測結果。其次,Hele-Shaw近似模型通常採用一維肋條元素來製作流道以及澆口,無法準確描述截面形狀不規則的流道。再者,Hele-Shaw近似忽略了流動時的波前噴泉效應(圖 8.3),而此噴泉效應在轉移成型中會對粒子的熱歷程有明顯的影響,從而造成材料熟化度預估上的誤差。

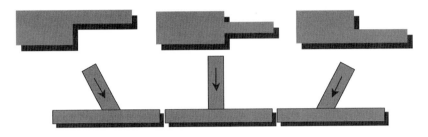

圖 8.2　使用者應用薄殼模型時將無法區分上列之三種幾何形式有何差異

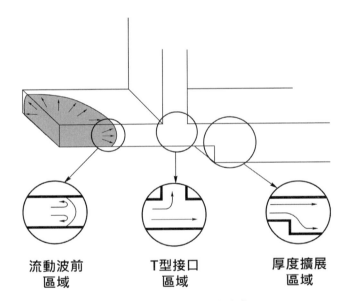

流動波前
區域

T 型接口
區域

厚度擴展
區域

圖 8.3　真實 3D 流動形式

　　事實上，上述的這些問題都是忽略掉轉移成型過程中實際的三維流動效應所致。在過去，文獻上關於全三維 IC 塑膠封裝模擬的研究報告不多[3-5]，其原因也是在於傳統數值計算方法以及電腦資源的限制。特別是在高階的薄形 IC 塑膠封裝中，由於實際的導線架佈局均相當的複

CH 8

雜，因此要完全模擬封裝體內之複雜三維結構而無任何的幾何簡化假設，需要耗費龐大的 CPU 運算時間以及記憶體資源，在執行上非常困難。然而，隨著電腦計算能力的不斷提升，應用三維實體模型進行模流分析逐漸變成CAE分析的主流。近年來，Moldex3D提出針對電子構裝射出成型分析的真實三維模擬工具，基於實體混合網格和高效能有限體積網格計算法，終於能夠在最小簡化的情形下完成IC封裝的CAE分析，呈現真實三維模擬結果[6-9]。因此，本章節將探討真實三維模流分析在實際複雜IC塑膠封裝上的應用，並同時與實驗結果及CAE的分析結果進行比較與驗證。

■ 8-2　三維模流分析的理論基礎

■ 8-2-1　統御方程式

在本章介紹的數學模式中，熔膠跟空氣均假設為不可壓縮。熔膠在充填階段的流動壓力是由以下的數學方程式計算得到。用來描述暫態、非恆溫的三維流動行為的統御方程式為：

$$\nabla \cdot \mathbf{u} = 0 \tag{8-1}$$

$$\frac{\partial}{\partial t}(\rho \mathbf{u}) + \nabla \cdot (\rho \mathbf{u}\mathbf{u} + \boldsymbol{\tau}) = -\nabla p \tag{8-2}$$

$$C_p \frac{\partial}{\partial t}(\rho T) + \nabla \cdot (\rho \mathbf{u} T - k \nabla T) = \boldsymbol{\tau} : -\nabla \mathbf{u} \tag{8-3}$$

其中t為時間，ρ為流體密度，$\mathbf{u}$為速度向量，p為壓力，T為溫度，C_p為比熱，k為熱傳導係數，$\boldsymbol{\tau} : \nabla \mathbf{u}$為黏滯加熱項，最後，$\boldsymbol{\tau}$為偏差應力張量。

　　為了追蹤充填過程熔膠波前的介面位置，體積分率函式 f 被定義用來描述每個網格元素被充填的狀態。當 $f=1$ 時，代表網格元素被熔膠填滿，$f=0$ 則代表網格元素尚未被充填到。因此，當 $0 < f < 1$ 時，網格元素部分充滿流體，代表介面所在位置。體積分率函式隨時間的變化可用下列方程式來描述：

$$\frac{\partial}{\partial t}f + \mathbf{u} \cdot \nabla f = 0 \tag{8-4}$$

　　為了要完整地完成整個系統的數學模式敘述，尚須定義此流動區域邊界上的初始及邊界條件。在入口條件的邊界上，流體有一給定的速度及溫度分布。在壁面上一般都是給定所謂的不滑動(no-slip)邊界條件，所以壁面流體的速度就等於壁面移動的速度。此外，考量能量的計算，模壁溫度假定為固定模溫。對於體積分率方程式而言，給定入口的邊界條件就足夠了。

■ 8-2-2 黏度模式

　　過去在文獻上 Castro-Macosko 黏度模式[10]常被引用，但是其僅能描述黏度對溫度及熟化度的關係，並不適合於目前業界常用之高填充量EMC，其二氧化矽填充量可高達70-80%，如此可大幅提昇封膠的熱傳導性質。在此情況下剪切率會明顯地影響 EMC 黏度的變化。Cross Castro-Macosko模式[11]的提出則得以同時考慮溫度，剪切率及熟化度對EMC黏度的影響：

$$\eta(\alpha, T, \dot{\gamma}) = \frac{\eta_0(T)}{1+(\frac{\eta_0(T)\dot{\gamma}}{\tau^*})}(\frac{\alpha_g}{\alpha_g-\alpha})^{C_1+C2\alpha}$$

$$\eta_0(T) = B\exp(\frac{T_b}{T}) \tag{8-5}$$

CH 8

其中，α 為熟化度，α_g 為凝膠點(Gel point)的轉化率，C_1、C_2、τ^*、B 及 T_b 皆黏度模式的參數。而化學反應動力學則是描述EMC的聚合反應速度隨溫度及反應量變化的情形，Kamal 所提之結合模式(combined model)[12]可適當的描述 EMC 的反應動力性：

$$\frac{d\alpha}{dt} = (k_1 + k_2 \alpha^m)(1-\alpha)^n$$

$$k_1 = A_1 \exp(-\frac{E_1}{RT})$$

$$k_2 = A_2 \exp(-\frac{E_2}{RT}) \tag{8-6}$$

其中，k_1 及 k_2 分別為反應速率常數，m 及 n 則為反應級數常數，A_1 及 A_2 為前指數係數，E_1 及 E_2 為活化能。

■ 8-2-3 數值方法

過去十年，有限體積法(Finite Volume Method, FVM)已經被廣泛的使用於傳統的CFD應用範疇[14]。有限體積法比起有限元素法(Finite Element Method, FEM)在分析時間以及電腦空間的使用上更有效率，並且有更好的計算穩定性。所有的數值方法，包括有限體積法，其精神都是要將上述的數學模式轉換成一組代數方程式，再以矩陣計算來求解。要達到這樣的目的，其步驟大致如下：(1)將幾何流動區域切割成一組由離散節點所組成的網格，以及計算體積分及面積分所需要的幾何資料；(2)選擇適當的計算體積分及面積分的近似公式；(3)選擇內插或是形狀(Shape)函式，用以計算變數的空間分布；(4)決定時間積分方法。

在 8.2.1 節所提到的統御方程式可將其整理成如下的積分通式，有限體積法就是由這積分形式的守恆方程式出發：

$$\frac{\partial}{\partial}(\rho\phi) + \nabla \cdot (\rho\mathbf{u}\phi) - \nabla \cdot (\Gamma\nabla\phi) = Q_\phi \tag{8-7}$$

其中ϕ代表獨立變數，可以是純量或是速度分量，Γ是擴散係數，Q_ϕ則稱爲來源項，包含了所有不能考慮進對流項以及擴散項的部份。爲了離散上述方程式，整個模穴內的求解領域會被分割成一定數量的控制體積，而計算格點就放在每一個控制體積的中間，邊界條件所需之邊界格點位於控制體積邊界面的中心。圖8.4爲一典型之三維多面體控制體積。對整個控制體積P(體積V_P，邊界表層面積總和$\Sigma_{j=1}^{n}A_j$)積分輸送方程式，使用中點近似法(midpoint approximation rule)可得到：

$$(\frac{\partial \rho \phi}{\partial t})_P V_P + \sum_{j=1}^{n}(\rho \phi \mathbf{u})_j \cdot \mathbf{A}_j - \sum_{j=1}^{n}(\Gamma \nabla \phi)_j \cdot \mathbf{A}_j = (Q_\phi)_P V_P \qquad (8\text{-}8)$$

使用中央差分法(central differencing scheme)或上風法(upwind scheme)皆可近似求得元素面上的物理量變數。得到的代數運算式可再整理成：

$$a_P \phi_P + \sum_{nb} a_{nb} \phi_{nb} = S_\phi \qquad (8\text{-}9)$$

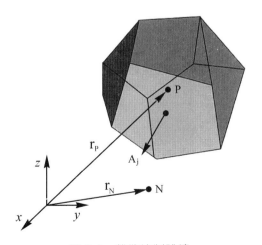

圖8.4　離散控制體積

CH 8

最後，利用共軛梯度法(Conjugate Gradient, CG)來求解係數矩陣對稱的線性離散代數式，而非對稱的離散代數式則是用雙共軛梯度法(通常簡稱為 BiCGSTAB)來求解[15]。如此，不僅可大幅降低記憶體空間需求，亦可得到不錯的收斂性。

■ 8-2-4　三維實體網格

欲進行全三維 IC 封裝的 CAE 分析，首先面臨到的挑戰就是如何產生出適合流動分析的實體網格。結構性網格因為能夠用於邊界黏滯層產生高解析度的網格，因此常用於傳統 CFD 分析中。然而實際導線架佈局的複雜性，使得在整個封裝區域自動產生結構性網格變得幾乎不可能，必須搭配使用者部分手動才能完成整個網格模型的製作。不僅如此，導線架之間窄而不規則的間隙，常常導致產生的結構性網格高度扭曲。另一方面，比起結構性網格，非結構性網格在幾何上較具彈性，能勝任較為複雜的幾何構型。非結構性網格最簡單的建立方法就是採用四面體網格(Tetrahedron)，除了擁有幾何建構上的彈性，還能易於全自動產生實體網格。大多數產品都可以很快利用四面體網格建構完成實體模型。可惜的是，四面體網格並不適用於薄封裝體的模流分析，因為往往因應複雜導線架幾何加密部分網格，而導致整體網格數目增加，但厚度方向卻未必有足夠的解析度。甚至僅僅往厚度方向細切網格就已經導致網格數目遽增，元素數目難以控制。而稜柱體(Prism)網格則綜合了結構性網格與非結構性四面體的優點，不僅在平面上有很大的幾何自由度，同時在厚度方向仍保有高解析度，並且在網格模型的製作上很容易控制元素數目。通常數十萬的稜柱體元素可以在一分鐘之內產生完畢。Moldex3D 的前處理器則是利用混合網格(Hybrid Mesh，見圖 8.5)有效率的產生高品質、任意網格型態的實體模型，應用於 IC 封裝可以產生出有最小簡化的三維實體網格。此外，Moldex3D 提供使用者參數式修改金線外型，使封裝內部的打線接合可以有效率的建立完成。這項技術的優勢可以幫助使用者大幅降低模型網格化的人工時間，甚至是高金線密度的網格模型也可以輕鬆的建構完成。圖 8.6 為典型的高密度打線接合網格模型。

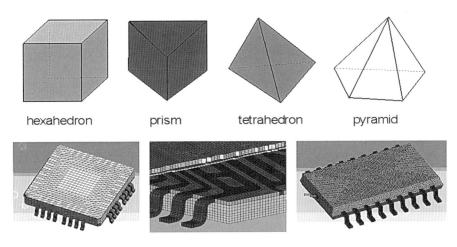

圖 8.5　混合三維實體網格

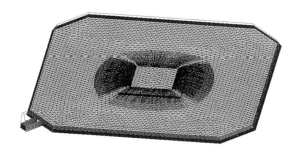

圖 8.6　典型的高密度打線接合網格模型

CH 8

■ 8-3 三維模流分析的技術指引

在執行分析時,網格的品質將會影響計算的精準性、穩定性以及計算效率,分析前必須確保網格具有良好的品質及解析度。由於厚度方向的物理性質變化是最劇烈的,因而厚度方向的網格解析度可能影響整體分析的結果。藉由提高網格解析度,能掌握更多精細的物理現象,顯示合適網格解析度亦是模擬分析結果好壞的決定性要素之一。一般而言,稜柱體網格/六面體網格由於在網格品質上具有較高的優勢,是建構實體網格以達到較好計算效率的優先考量。

■ 8-3-1 流動/硬化分析技術指引

在流動/硬化分析階段,可以計算出熔膠在考慮黏度變化以及硬化反應等非線性變化之下的流動行為。它能在設計階段中輔助預測模穴內的充填行為,偵查出可能的成型問題,如短射(short shots)、不理想的縫合線(weld-lines)位置、包封(air-traps)、流動不平衡(unbalanced flow)、過早固化等等[16]。同時它還能評估塑件的厚度分布、澆口和流道系統的規劃以及尺寸問題;此外還能最佳化成型條件,如轉化時間、固化時間、切換點、預熱溫度、轉化壓力等等。流動和硬化分析完成之後,可以產生許多分析結果,像是流動波前、壓力、溫度、轉化率等等,使用者可以以真實三維的視角檢視成型的實際結果,如圖 8.7~8.11 所示。

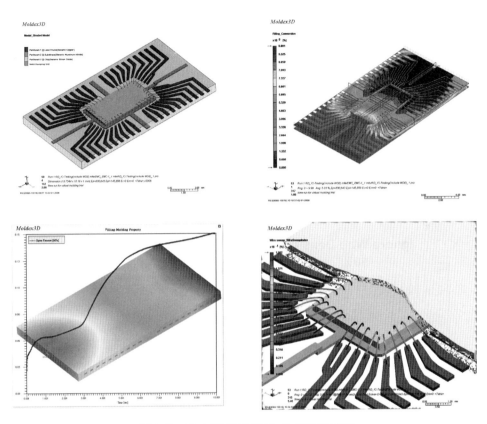

圖 8.7 IC 封裝流動/硬化分析結果總覽

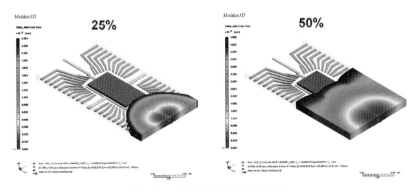

圖 8.8 IC 封裝充填現象範例

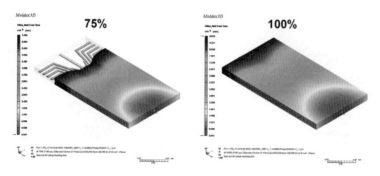

圖 8.8　IC 封裝充填現象範例 (續)

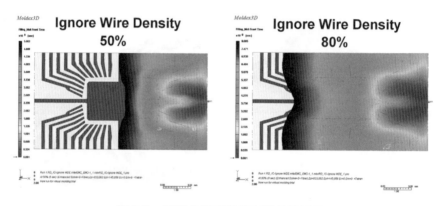

圖 8.9　忽略金線密度的充填分析結果

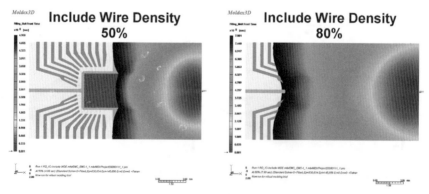

圖 8.10　考慮金線密度的充填分析結果

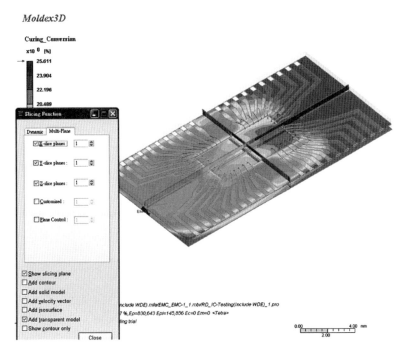

圖 8.11　利用結果剖面顯示內部反應轉化率分布

■ 8-3-2　翹曲分析技術指引

　　翹曲分析主要目的是分析成型塑件在脫離模穴時的收縮和翹曲行為。IC封裝中由於是由多種不同材質(例如EMC、晶片、金線和導線架)所組成，因此翹曲為常見的問題並常造成IC封裝的失敗。利用三維CAE分析將能清楚的了解塑件變形的趨勢以及原因，進一步修正成型條件以及產品設計改善現有問題。

CH 8

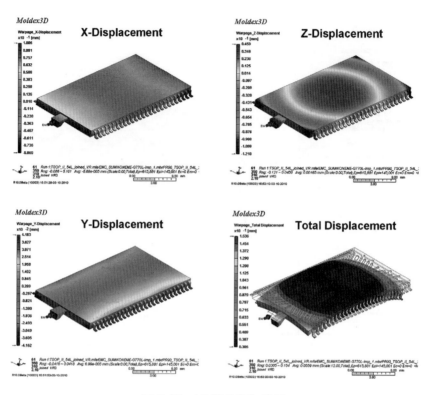

圖 8.12　IC 翹曲行為分析

■ 8-3-3　金線偏移分析技術指引

　　由流動/硬化分析的結果，可以模擬流體充填於模穴內的流動情形，進而得到模穴中的黏度分布、速度場分布等全域流場的資訊。之後進行局部流場的分析，可以算出每條金線所受到拖曳力的負載。正確的金線偏移預測，端仰賴正確的流動分析結果，才能準確的估算熔膠流經金線產生的拖曳力。而這些拖曳力加上邊界條件，以及其他相關網格資料輸出至應力軟體像是ANSYS或ABAQUS，就可以透過應力分析得到金線變形量等預測結果(如圖8.13所示)[17-21]。

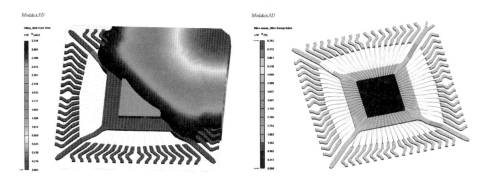

圖 8.13　三維流動分析結果與金線偏移分析結果

　　金線偏移指數(Wire Sweep Index)是一種常用於判斷金線變形程度的指標，其定義為垂直於金線的最大偏移量除以金線之投影長度。高的金線偏移指數值表示金線偏移量較大。過大的金線偏移量可能導致相鄰金線互相接觸形成短路(Short Shot)，造成封裝體的缺陷。因此，最大金線偏移指數發生處，為最可能造成 wire short 之處。在圖 8.14 的金線偏移模擬結果中，最大金線偏移指數(標示為紅色)落在圈選處。將變形倍率放大，可以清楚的看到金線變形趨勢：圈選處即為 wire short 最可能發生之位置。

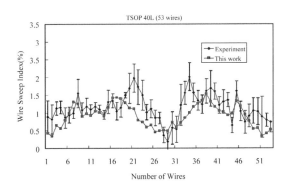

圖 8.14　典型的金線偏移指數預測與實驗量測結果比較圖[8]

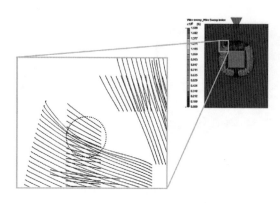

圖 8.15　預測 wire short 發生位置

　　IC 封裝製程的充填階段，金線幾何/配置對熔膠形成不同程度的流動阻力，改變了波前形狀，進而影響金線偏移程度，此現象稱作金線密度效應(wire density effect)。若金線數量較多或排列較為緊密，則金線密度效應對流動的影響顯得重要。傳統作法上，金線密度效應只能被忽略不計，或是粗略的估算：移除通過金線的實體元素。然而，在大多數的情況下，後者的作法會明顯高估金線偏移量。由 Moldex3D 所發展的網格技術中，能夠正確的計算出金線在每個實體元素中所佔的體積比率，因此在金線密度的估算上面可以大大提昇準確性。圖 8.16 是考慮金線密度效應與忽略金線密度效應的流動波前與金線偏移指數分析結果比較。比較圖 8.16(b) 與圖 8.16(c) 的流動波前結果(上圖)，可以清楚的看出圖 8.16(c) 在考慮金線密度效應之後，金線配置的位置對流動形成阻力，使得通過該處的熔膠流速變慢，流動波前在該處形成遲滯，也因此改變了流場分布。對照圖 8.16(b)，在忽略金線密度效應的假設下，流動波前並不因為通過金線而改變。根據此流動分析結果，進一步進行金線偏移分析，結果如圖 8.16(b) 與 (c) 的金線偏移指數分布(下圖)。一般而言，金線受到較大的側向流動拖曳力有較大的變形量，因此金線偏移指數常常正比於金線排列方向與流動方向的夾角。然而，在真實的情況中，金線排列幾何較為複雜，密度也較高，除了熔膠流動方向對金線的影響之外，金線密度本身對流動形成的阻力也會回饋至流動拖曳力之中，緩衝了金線的變形。在此例的金線排列中可以看到，由於靠近進澆口處的金線其排列方向與流動方向相同，當熔膠通過時，受到相對較小的流動拖曳力，因而有較小的金線偏移指數。在圖 8.16(b)中，忽略金線密度效應時，隨著金線排列方向與流動方向夾角逐漸增大，金線偏移指數也隨之增加。當金線排列方向與流動方向夾角最大時，金線偏移指數達到最大值。而在圖 8.16(c)中考慮金線密度效應，最大的金線偏移指數發生處卻不在金線排列方向與流動方向有最大夾角的地方，而是金線排列方向開始與流動方向不同的第一根金線。這是因為當熔膠流至該處第一根金線時，流速開始下降，此時金線密度效應也開始增加波前推動的阻力。當波前通過金線排列方向與流動方向垂直處時，因為熔膠通過的速度已經很慢，再加上金線密度效應影響，熔膠對金線的拖曳力逐漸降低，因此金線偏移量會逐漸減少而不是增加。

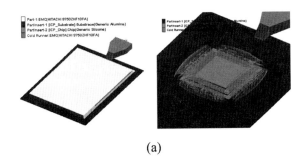

(a)

圖 8.16 (a) 金線偏移分析所使用的幾何模型以及內部的金線配置
(b) 忽略金線密度效應
(c) 考慮金線密度效應 的流動波前與金線偏移指數分析結果比較

CH 8

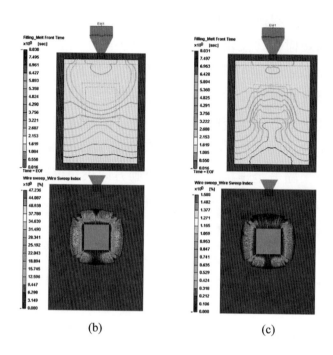

圖 8.16 (a) 金線偏移分析所使用的幾何模型以及內部的金線配置
　　　 (b) 忽略金線密度效應
　　　 (c) 考慮金線密度效應 的流動波前與金線偏移指數分析結果
　　　　　 比較 (續)

■ 8-3-5　導線架偏移分析技術指引

　　導線架偏移是模穴內熔膠流動不平衡所導致的變形問題。將熔膠流動施加於導線架上的壓力負載輸出至應力軟體像是ANSYS或ABAQUS進行應力分析，可以預測導線架變形的結果。圖8.17為典型的導線架偏移位移量預測結果，若輸出施加於導線架上不同時間的負載，如圖8.18所示，搭配流動分析的波前結果，可以很清楚的釐清導線架偏移的發生原因。

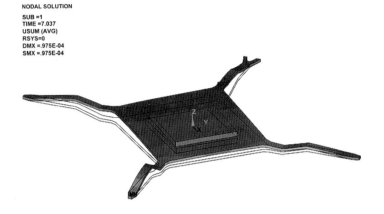

NODAL SOLUTION
SUB =1
TIME =7.037
USUM (AVG)
RSYS=0
DMX =.975E-04
SMX =.975E-04

| 0 | .108E-04 | .217E-04 | .325E-04 | .433E-04 | .542E-04 | .650E-04 | .758E-04 | .867E-04 | .975E-04 |

圖 8.17　典型的導線架偏移位移量預測結果

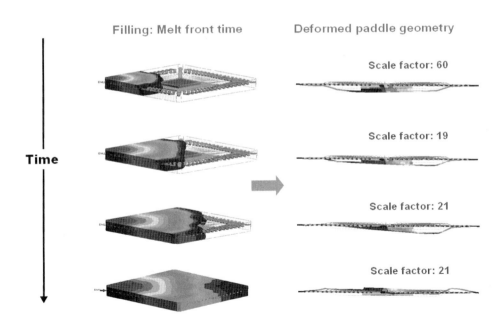

Filling: Melt front time　　　　Deformed paddle geometry

Scale factor: 60

Time

Scale factor: 19

Scale factor: 21

Scale factor: 21

圖 8.18　導線架偏移隨時間變化的情形

■ 8-4 三維模流分析應用在 IC 封裝製程的案例介紹

■ 8-4-1 TSOP II 54L LOC 的模流分析

此封裝體的尺寸如下：22.22 mm(長) x 10.16 mm(寬) x 1.00 mm (高)。導線架的厚度為 0.127 mm。實驗上所使用的 EMC 為 HITACHI CEL-9200-XU(LF)。由於 EMC 在封膠過程中的反應量甚小，所以在三維的分析計算上，忽略掉 EMC 的反應效應，並將其視為一泛牛頓流體。此 EMC 的材料參數與實驗加工條件詳列於表 8.2 及表 8.3。

圖 8.19 為此封裝體的模具幾何及導線架的佈局情形，可看出其幾何結構相當的複雜。澆口位於模穴右側壁面上的導線架層的中間，其厚度為導線架厚度的三倍。由於 Moldex3D 在記憶體空間需求及計算效率上有明顯的優越性，所以，我們可以完全模擬此模具單一模穴內的幾何細節及導線架的佈局，而無須任何的幾何簡化假設。圖 8.20 為此模擬所使用的網格圖。在三維的 IC 封裝模擬裡，其幾何在平面方向上由於導線架的佈局所以較為複雜，但是在厚度方向則較為規則。基於此幾何特性，在此使用稜柱體元素作為分析網格。本例產生稜柱體元素的方法係先利用三角形元素來切割平面上的導線架，然後再根據這些三角形元素沿厚度方向上長出數層的稜柱體元素以切割整個模穴空間。在這個例子中，總共有 474,630 個元素及 280,561 個節點。

表 8.2　所使用 EMC 之材料參數

n	0.7938
τ^* [Pa]	7.264×10^{-4}
B [Pa-s]	5.558×10^{-4}
T_b [K]	7.166×10^{-3}
Density ρ [kg/m^3]	2.000×10^{-3}
Specific Heat C_p [J/kg K]	1079
Thermal Conductivity k [W/m K]	0.97

表 8.3　TSOP II 成型條件表

Fill time [sec]	5
Inlet melt temperature [℃]	90
Mold wall temperature	175
Max. machine transfer pressure [Mpa]	7

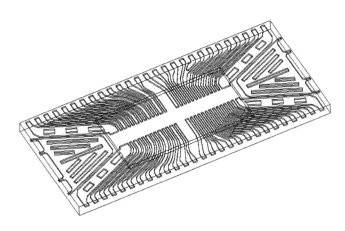

圖 8.19　TSOP II 54L LOC 之導線架佈局及外觀圖

CH **8**

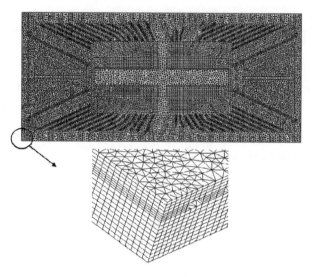

圖 8.20 元素切割圖

　　圖 8.21 為所預測的封裝體內的融膠波前預測圖。藍色表示熔膠最初充填的區域，而紅色則為熔膠最後充填的區域。

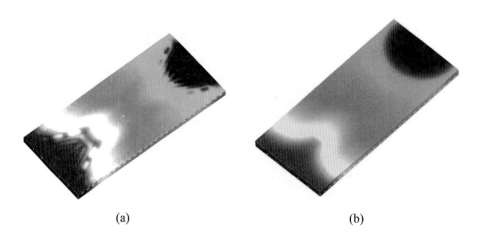

(a)   (b)

圖 8.21 熔膠充填分佈圖

　　圖 8.22 為在不同的時間下預測的熔膠充填動態圖。從波前的流動情況下，可看出目前的方法可同時預測平面及厚度方向上的熔膠流動。在薄形 TSOP II 的封裝形態上，為了在有限的封裝空間內納入所需的封裝結構，上半模的厚度會比下半模小甚多，導致在模流上會出現不平衡的流動現象。而由波前動態圖亦可看出上半模流動的貢獻主要來自於導線架孔隙間的上下交互流動效應。

　　圖 8.23 同時比較了在 1/3 充填量時實驗短射、Hele-Shaw 分析及目前三維分析的融膠波前位置。Hele-Shaw 的結果是由 C-Mold 分析所得。實驗短射結果明顯的可看出在中間晶片的前緣區有包封現象。在 C-Mold 的分析當中，本文同時測試了連結線及肋條的近似技術。從圖 8.23(b) 可看出連結線的近似無法預測出此包封現象。而雖然肋條的近似可預測出此包封現象(見圖 8.23(c))，但是其預射結果的正確性明顯會跟肋條厚度的估算有關係，而如何估算肋條厚度以反映導線架上的空隙，正是此方法最大的問題。所以，一般通常需要幾次的厚度調整，才能得到較好的結果。圖 8.23(d) 是三維分析所預測的融膠波前，它跟實驗結果比起來相當的接近。由於連結線近似的預測性有問題，所以在本節接下來的 C-Mold 分析中，僅採用肋條的近似。

　　為了更清楚的檢視此包封現象的形成過程，圖 8.24 顯示在此包封形成之初的融膠波前。當下模跑得較快的波前接觸到晶片前緣區時，它往前流動的趨勢會受到晶片的阻礙，部份的融膠因而會經由此區的大孔隙往上流動填入上模區。此由下冒出的波前會在上模區與隨後趕上的上模融膠波前會合，而形成包封的問題(圖 8.24(a))。由於目前的方法假設空氣會經由模壁面跑出模穴，所以在預測上此包封現象會隨著熔膠繼續往前充填而逐漸消失，如圖 8.24(b)。

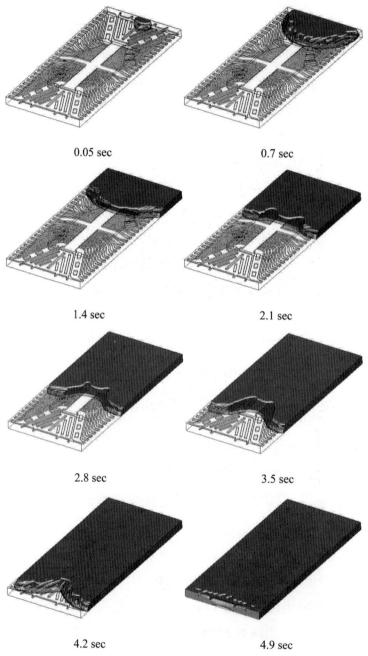

0.05 sec   0.7 sec

1.4 sec   2.1 sec

2.8 sec   3.5 sec

4.2 sec   4.9 sec

圖 8.22　熔膠在不同時間下的充填動態圖

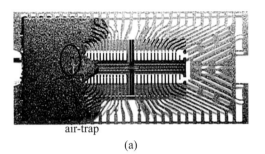

air-trap

(a)

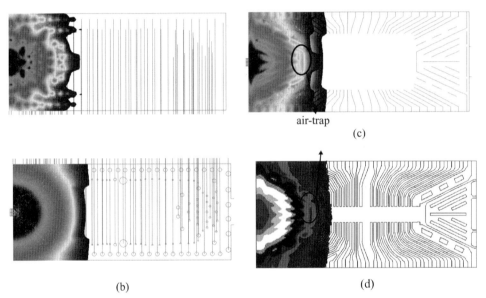

(b)   (d)

圖 8.23 在 1/3 充填量時實驗短射與不同模式分析結果比較圖
(a)實驗　　(b)Hele-Shaw 及連結線　　(c)Hele-Shaw 及肋近似
(d)三維分析

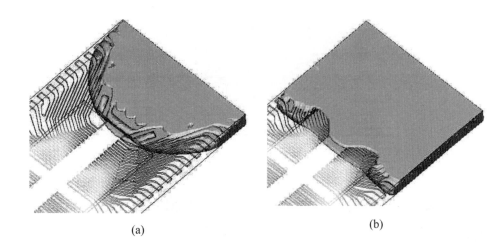

(a)　　　　　　　　　　　　　　(b)

圖 8.24　1/3 充填量時之包封三維分析預測圖

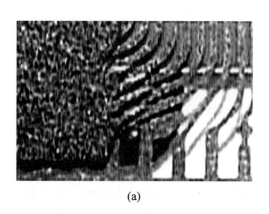

(a)

圖 8.25　上下交互流動效應之預測與實驗比較圖

(a)實驗　(b)Hele-Shaw 模式　(c)三維分析模式

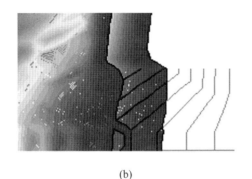
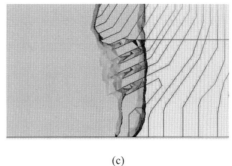

(b)   (c)

圖 8.25　上下交互流動效應之預測與實驗比較圖

(a)實驗　(b)Hele-Shaw 模式　(c)三維分析模式 (續)

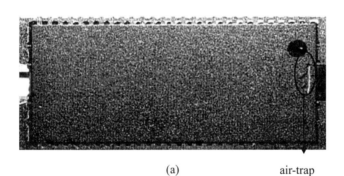

(a)   air-trap

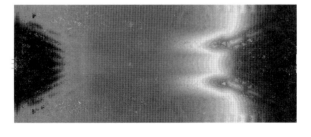

(b)

圖 8.26　在 9/10 充填量時實驗短射與不同模式分析結果比較圖

(a)實驗　(b)Hele-Shaw 模式　(c)三維分析模式

CH 8

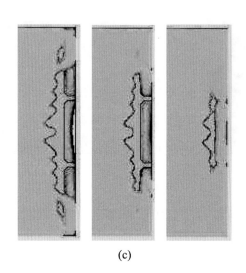

(c)

圖 8.26 在 9/10 充填量時實驗短射與不同模式分析結果比較圖
(a)實驗　(b)Hele-Shaw 模式　(c)三維分析模式 (續)

　　在 IC 封裝中，上下交互流動的效應相當的重要，為了更進一步證明目前研究方法的特性，圖 8.25 比較在晶片區旁的實驗與預測的波前形狀。跟 Hele-Shaw 的分析結果比較起來，目前的三維分析方法可較為正確地預測出實驗上所觀察到的"手指"形狀的融膠波前。在充填結束之前，領先的下模熔膠流動會先填滿下模，堵住分模面上的排氣口，然後回流至上模，最後形成了另一個包封問題，見圖 8.26。目前三維的分析結果可說明此包封問題的形成機制(圖 8.26(c))。最後，此例的三維分析效率數據，摘要於表 8.4。

表 8.4　TSOP II 三維分析計算效率表

No. CV	No. Node	Memory Required	CPU Time (PIII 933)
474630	280561	578.8 MB	6.9 hours

■ 8-4-2 Micro SD CARD 的案例分析

隨著數位電子產品不斷朝向輕、薄、短、小的市場趨勢發展，對記憶卡厚度的需求也因為配合產品而逐漸變薄。現今記憶卡已發展至 miniSD、RS-MMC，甚至是 microSD、MMCmicro 等「超小型(Ultra Small)記憶卡」，為了符合日益縮小的卡體空間，就必須將 Flash 晶片直接黏合(Bonding)至基板，即所謂的COB(Chip On Board)，並以半導體封裝的壓模(Molding)製程完成卡體。而在 IC元件不動的情況下，封裝體越來越小，將使得壓模製程變得更加困難。

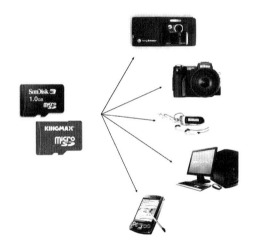

圖 8.27　記憶卡應用範圍

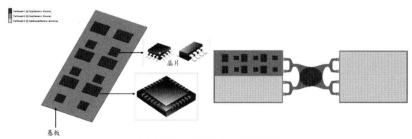

圖 8.28　記憶卡分析案例

CH 8

　　圖 8.28 為本節所欲探討的記憶卡分析案例。為了解決所遇到的封裝缺陷問題，實務上必須經過多次的試誤法調整成型條件，像是射出速度或是模具溫度，並修改產品幾何厚度來改善包封問題。藉由 Moldex3D 進行分析，可以清楚的重現初始設計出現的成形缺陷，包括流動不平衡、短射、包封、縫合線等問題(圖 8.29)。初始參數值列於表 8.5 中。

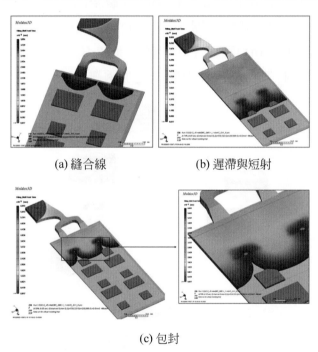

(a) 縫合線　　　　　　　　(b) 遲滯與短射

(c) 包封

圖 8.29　產品初始設計的成形缺陷

表 8.5　產品設計初始參數值

案例背景資料	材料	原始成型條件
主要厚度：0.74 mm 長度：56.6 mm 寬度：26.8 mm 高度：1.5 mm	EMC_EMC-1	充填時間：10 sec. 塑料溫度：100 ℃ 模具溫度：175℃

　　圖 8.30 所示爲初始設計熔膠流動行爲的模擬結果。從模擬結果來看，包封發生在流動波前充塡至 55%以及 77%時。從充塡 90%和 99%的結果可以發現，嚴重的遲滯發生在晶片位置處。檢視波前充塡至 45%處的熔膠流動狀況，如圖 8.31 所示。從右圖封裝內部側視圖可以發現，晶片上方的流動空間比起晶片兩側的流動空間小，因此熔膠在流經晶片時，通過晶片兩側的速度較通過晶片上方的流速快，造成熔膠在晶片上方產生嚴重的遲滯。透過 CAE 分析釐清遲滯發生的原因後，可以藉由減小晶片厚度的方式來增加晶片上方的空間，改善包封缺陷的產生。然而，合理的晶片厚度也是需要經過多種設計方案反覆分析得到。在本例中選擇晶片厚度爲 0.45mm(改進方案 1)和 0.385mm(改進方案 2)進行比較。

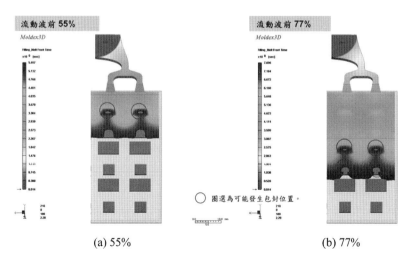

(a) 55% (b) 77%

圖 8.30　初始設計熔膠流動行為的模擬結果

CH 8

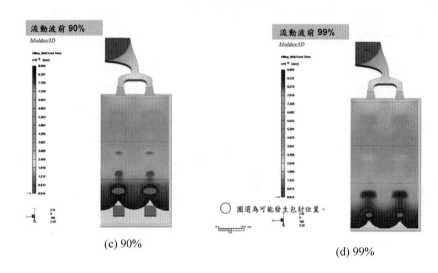

(c) 90%   (d) 99%

圖 8.30 初始設計熔膠流動行為的模擬結果 (續)

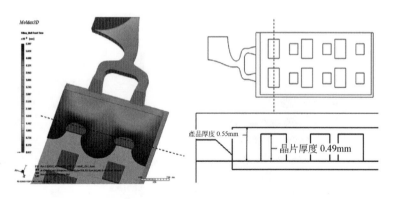

圖 8.31 遲滯現象發生原因

8-4-2-1 改進設計方案

　　圖 8.32 所示為改進方案 1 的熔膠流動過程模擬結果。將原始晶片厚度 0.49mm 改為 0.45mm 後，在晶片上方仍可以觀察到包封現象。

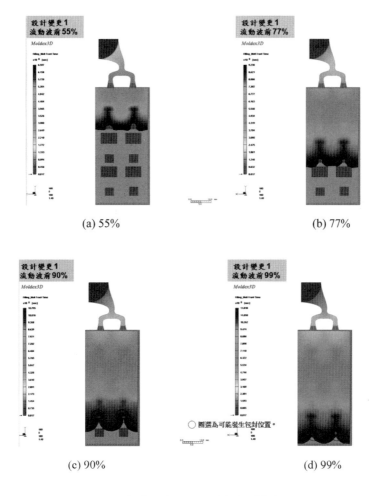

(a) 55%　　　　　　　　　　　　(b) 77%

(c) 90%　　　　　　　　　　　　(d) 99%

圖 8.32　改進方案 1 的流動行為模擬結果

　　深入診斷改進方案 1 充填至 45%時的熔膠流動情形，如圖 8.33 所示。晶片厚度雖然減小為 0.45mm，融膠流經晶片時仍然發生明顯的遲滯現象。顯然減少 0.04mm 厚度的晶片對於包封現象沒有很大的改善。

CH **8**

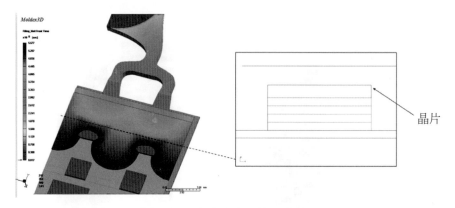

圖 8.33　改進方案 1 的遲滯現象

　　圖 8.34 所示為改進方案 2 的熔膠流動行為模擬結果。在改進方案 2 中，晶片厚度由 0.49mm 減為 0.385mm，檢視流動結果發現，雖然充填過程中流動波前不平衡的問題與遲滯現象仍未仍完全消除，但是產品中的包封問題已經可以順利解決。在本案例中，根據改進方案 2 的分析結果，可以得知將晶片厚度設計變更為 0.385mm，可以改善初始設計既有的包封問題。

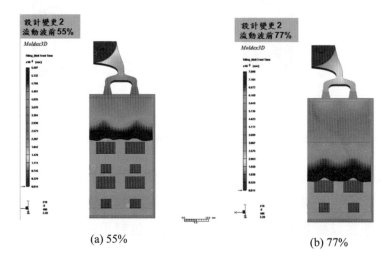

(a) 55%　　　　　　　　　　　(b) 77%

圖 8.34　改進方案 2 的流動行為模擬結果

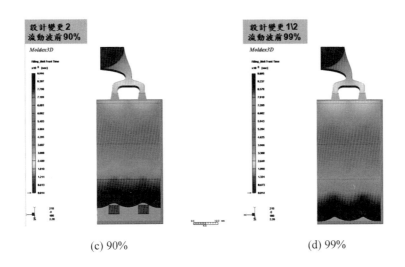

(c) 90%   (d) 99%

圖 8.34　改進方案 2 的流動行為模擬結果 (續)

8-4-2-2　小結

在本案例中，使用 Moldex3D 進行 IC 封裝製程的分析，不僅能正確模擬出原本產品包封的問題，還能透過電腦試模的結果找出Micro SD CARD缺陷的成因，並提出減少晶片厚度的改善方案。最後將晶片厚度降爲 0.385mm 後，成功的解決初始設計晶片上方的包封問題。模擬結果與實際成型情況完全吻合，證明 CAE 的引入確實能夠協助使用者有效率的找出最佳的產品設計，以增加產能，提高品質。根據實驗及模擬結果，可以歸納出同類產品設計之注意事項，以供日後設計研發參考依據。

8-4-3　導線架偏移的案例分析

本案例所使用的模型幾何如圖 8.35 所示。晶片藉由捲帶接合(Tape Bonding)黏著於導線架上，封裝於尺寸 12 mm x 20 mm 的封裝體中，

CH 8

一模兩穴，模穴厚度為 38.46 mils。所使用的晶片厚度為 11mils、捲帶厚度 3 mils 及導線架厚度則為 8 mils。

(a)

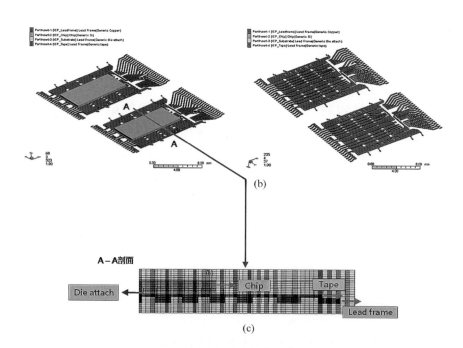

(b)

(c)

圖 8.35　導線架偏移分析所使用之幾何模型

(a) 模型外觀　(b) 模型上視圖(正面)以及模型上視圖(背面)　(c) 模型網格剖面圖

　　圖 8.36 為充填 0.593 秒時的波前模擬結果。從模擬結果可以清楚的看出封裝內部熔膠的流動情形。當熔膠遇到導線架、晶片以及捲帶時，會沿著最小流動阻力的方向前進。然而內部複雜的電子元件配置導致上下模穴熔膠流動波前不平衡，波前在正面(上模穴)的流動波前領先背面(下模穴)，對導線架形成了上下流動的壓力差，如圖 8.37 模型剖面壓力分布結果所示，使導線架開始產生偏移。圖 8.38 為不同時間的波前模擬結果與實驗比對，可以得到十分良好的一致性。

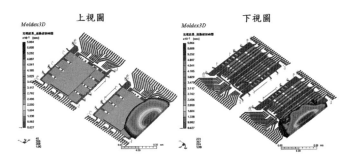

圖 8.36　充填 0.593 秒時的波前模擬結果

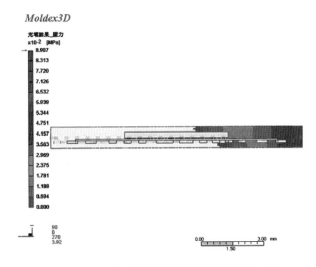

圖 8.37　充填 0.593 秒時模型剖面的壓力分布

CH 8

Top View	Filling time = 0.593 sec		Filling time = 1.777 sec		Filling time = 4.729 sec	
Result	Experiment	Simulation	Experiment	Simulation	Experiment	Simulation
Front						
Back						

圖 8.38　不同時間的波前模擬結果與實驗比對

　　透過流動分析的多段時間輸出，可以檢視導線架偏移隨充填時間變化的情形。一般而言，最大的導線架偏移發生在充填結束的瞬間，如圖 8.39 所示。根據該瞬間的位移分布以及變形結果來檢視此案例導線架偏移的情況。從圖 8.39(a)及(b)可以看出較慢塡滿的一穴(第二穴)有較大的導線架偏移量。透過變形形狀(圖 8.39(b))，可以知道該處爲導線架最可能裸露出封裝體表面的位置。從側視圖看(圖 8.40)，可以看出變形趨勢是往背面(下模穴)突出。兩穴模擬得到的變形量與實驗結果比對於圖 8.41，可以看出實驗量測值與模擬結果所得到的趨勢十分相近。

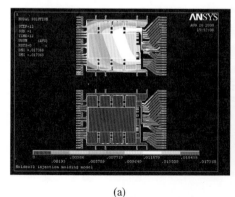
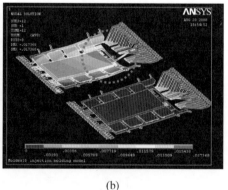

(a)　　　　　　　　　　　　　　　　(b)

圖 8.39　(a) 充填結束瞬間導線架偏移的預測結果以及其　(b) 變形後形狀

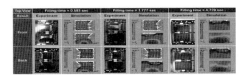

圖 8.40　導線架位移的示意圖(側視圖)

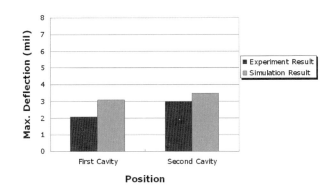

圖 8.41　模穴內部導線架最大偏移量預測結果與實驗值比較

■ 8-5　覆晶封裝底部塡膠的三維充塡分析

利用前述三維的理論及數值分析方法，模擬覆晶封裝的底部充塡封膠製程，使用的晶片幾何形狀如圖 8.42 所示，晶片的長和寬皆爲 0.7cm，高度爲 0.08cm，底部間隙高度爲 0.01cm。晶片的底部有 401 顆錫球，爲節省計算網格及計算時間，錫球的部份以圓柱來近似，其半徑爲 0.008cm，高度爲 0.01cm，錫球中心至相鄰錫球中心的間距爲 0.025cm。計算網格使用六面體網格，共包含 94406 個元素，128630 個節點。液狀封裝材料使用 Dexter 公司生產的 Hysol FP4510，材料的黏度模式及硬化反應模式參數及基本性質如表 8.6、表 8.7 和表 8.8 所示。

CH **8**

表 8.6 Power-law 黏度模式參數

Material Parameters	Values
n	0.916
K_{00}(g cm-1 s-1)	1536
C_A	18.44
C_B(K)	199.6
T_G(K)	250
C_1	3.671
C_2	0.591
α_g	0.649
τ_{y0}(g cm-1 s-2)	0.0138
T_y(K)	2148.6

表 8.7 硬化反應模式參數

Material Parameters	Values
H(erg g-1)	95000
M	1.35
N	1.36
A_1(s-1)	4.31E5
A_2(s-1)	5.3E7
E_1(K)	7.59E3
E_2(K)	9.02E3

表 8.8 材料基本性質

Material Parameters	Values
ρ(g cm-3)	1.7
C_p(erg g-1 K-1)	9.46E6
k(W cm-1 K-1)	6.555E4

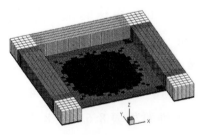

圖 8.42 進行三維分析的網格模型

　　圖 8.43 顯示 23℃時，從不同時間下的封膠充填模擬結果。可以看出流動波前形成類似M字的形狀，錫球區域邊緣的波前領先，而在正中央以及晶片兩邊的波前較落後。錫球區域的波前變化，主要是受錫球的影響。錫球的存在除了會造成流動的阻礙，還會形成額外的黏滯力，這是由於將接觸角在錫球牆面以及上下壁面都固定在 36 度，因此在錫球區域的流動驅動力除了上下壁面的黏滯力外，尚會增加錫球牆面的黏滯力。由於波前前進的速度取決於「額外驅動力的影響」和「錫球對流動的阻礙」兩者的作用，錫球區域邊緣的流動驅動力影響較大，導致波前領先；而正中央區域雖然流動驅動力也大，但因錫球數目較多，流動的阻礙較大，因此波前落後。圖 8.44 顯示封膠在晶片側壁上的爬膠圖形。23℃時，爬膠高度在 0.014cm 左右，左右各超出晶片約 0.02cm。封膠在晶片側壁上的爬膠情形取決於封膠本身的比重以及封膠在晶片側壁上的黏滯力，而黏滯力和接觸角的大小有關。

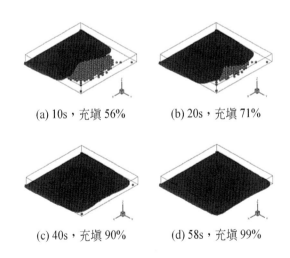

(a) 10s，充填 56%　　　　(b) 20s，充填 71%

(c) 40s，充填 90%　　　　(d) 58s，充填 99%

圖 8.43　23℃下固定接觸角 36 度封膠充填模擬結果

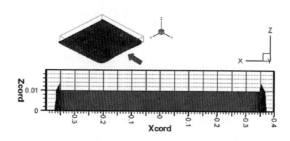

圖 8.44 23℃下固定接觸角 36 度晶片側壁爬膠圖

　　圖 8.45 顯示 80℃充填快結束時的轉化率分佈圖,越接近波前處的封膠為越早流入的封膠,故其轉化率較高,而在波前處由於模糊自由面下的變數值內差會受體積分率分佈影響,故轉化率分佈會有遞減的情形,此為數值內差所造成的結果。整體看來,此封裝製程在 80℃下的材料硬化反應轉化率最高在 1％左右,所以此製程在 80℃時,封膠的硬化反應對流動行為的影響很小;而在 23℃時轉化率將更小,使得封膠的硬化反應幾可忽略。

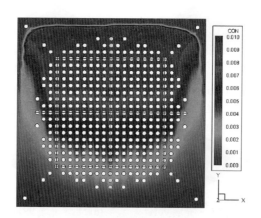

圖 8.45 80℃下封膠硬化反應轉化率分佈圖

　　為模擬錫球區域的流動驅動力降低或是流動阻力增加情況，將藉由改變封膠在錫球牆面上的接觸角值，來模擬錫球對流動的影響。但由於沒有封膠在錫球牆面上的 θ_s 值數據，在此將針對錫球牆面設定不同的接觸角，以模擬不同接觸角值可能造成的影響，進一步得到較適合的接觸角參數設定。表8.9和圖8.46表示最佳的接觸角參數模擬結果和實驗的充填時間比較。可以看到模擬充填時間和實驗結果已頗為接近。在實驗充填波前圖的正中央處波前特別落後，此點應是實際實驗上的裝置或環境因素所導致的。比較模擬結果，可以了解錫球對於封膠流動的影響並不能忽略，錫球的存在將會改變封膠的流動波前以及充填時間。由於缺乏實際實驗數據，本研究僅經由測試不同參數組合來得到最佳的模擬結果。但若能取得實際的封膠在錫球牆面的靜態接觸角 $\theta_{s,b}$，並配合調校其餘參數，相信可以得到更為正確的結果。

表8.9　充填時間和實驗結果的比較

溫度(°C)	充填%	充填時間(s)	
		實驗值	模擬結果
23	25	180	188
23	40.2	600	598
23	64.6	2700	2474

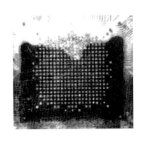
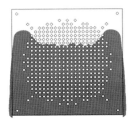

圖8.46　模擬充填時間和實驗值比較

　　本節利用架構在三維共位體心有限元素法下的計算流程，配合連續表面力模式計算表面張力，並輔以動態接觸角模式來準確計算封膠在牆壁面上的黏滯力。模擬的結果顯示使用動態接觸角將有助於模擬的正確性。此外，一般對於底部充填的研究多忽略錫球的影響，藉由設定不同的錫球牆面條件，可以清楚知道錫球對於流動波前及充填時間皆有影響，其存在並不能忽略。若能取得足夠的實驗數據，先由實驗結果確定 $\theta_{s,b}$ 值，再配合底部填膠的實驗數據，依實驗計劃方法模擬不同參數的影響，將可得到最佳的模式參數，準確地模擬點膠式底部填膠過程中的封膠波前變化以及充填所需要的時間，並導入大型稀疏矩陣解求解法 (PCG、AMG 等)及平行計算演算法等大計算尺度演算架構，期將分析問題朝更高解析度、更微觀現象領域作探討。在未來發展低成本的覆晶封裝技術以及產品的普及化，這類電腦輔助工程分析將成為不可或缺的工具，快速而有效率地提升高分子加工產業的生產競爭力。

參考文獻

1. C. A. Hieber, S. F. Shen, "Flow Analysis of the Non-isothermal Two-Dimensional Filling Process in Injection Molding", Israel J. Tech., vol. 16, pp. 248-254, (1978).

2. S. Han and K. K. Wang, "Flow Analysis in A Cavity With Leadframe During Semiconductor Chip Encapsulation", Adv. Electron. Packag. ASME-EEP, 10-1, 73-80, (1995).

3. H. Q. Yang, S. A. Bayyuk and L. T. Nguyen, "Time-Accurate, 3-D Computation of Wire Sweep During Plastic Encapsulation of IC Components", Electron. Comp. Technol. Conf., 158-167, (1997).

4. R. Han, L. Shi and M. Gupta, "Three-Dimensional Simulation of Microchip Encapsulation Process", Polym. Eng. Sci., 40, 776-785,(2000).

5. F. Su, S. J. Hwang, H. H. Lee and D. Y. Huang, "Prediction of Paddle Shift via 3-D TSOP Modeling", IEEE Trans. Comp. Packag. Technol., 23, 4, 694-692, (2000).

6. R.Y. Chang, W.H. Yang, E. Chen, C. Lin, and C.H. Hsu, "On the Dynamics of Air-Trap in the Encapsulation Process of Microelectronic Package", SPE Tech. Paper, ANTEC (1998).

7. R.Y. Chang, W.H. Yang, S.J. Hwang, and F. Su, "Three-Dimensional Modeling of Mold Filling in Microelectronics Encapsulation Process", IEEE Trans. Compon. Packag. Technol., Vol.27, pp. 200-209, (2004).

8. W.H. Yang, D. Hsu, V. Yang, R.Y. Chang, F. Su, and S.J. Hwang, "Three-Dimensional CAE of Wire-Sweep in Microchip Encapsulation", SPE Tech. Paper, ANTEC (2004).

9. 楊文賢，2001，有限體積法在高分子射出成型三維流動分析之研究，博士論文，國立清華大學化學工程研究所。

10. J. M. Castro and C. W. Macosko, Studies of Mold Filling and Curing in the Reaction Injection Molding Process, AIChE J., 28, 250-260, (1982).

11. L.S. Turng and V.W. Wang, "On the Simulation of Microelectronic Encapsulation With Epoxy Molding Compound", J. of Reinforced Plastics and Composites, Vol. 12, pp. 506-519, (1993).

12. M.R. Kamal and M.E. Ryan, Injection and Compression Molding Fundamentals, Chap. 4, A.I. Isayev, ed., Marcel Dekker, New York, (1987).

CH *8*

13. S. V. Patankar, Numerical Heat Transfer and Fluid Flow, McGraw-Hill, New York, (1980).

14. J. H. Ferziger, M. Peric, Computational Methods for Fluid Dynamics, Springer, Heidelberg, (1996).

15. Y. Saad, Iterative Methods for Sparse Linear Systems. PWS, Boston, (1996).

16. M.W. Lee, J.Y. Khim, M. Yoo, J.Y. Chung, and C.H. Lee, " Rheological Characterization and Full 3D Mold Flow Simulation in Multi-Die Stack CSP of Chip Array Packaging", Proc. Electron. Compon. Technol. Conf.(2006), pp. 1029-1037.

17. C.C. Pei, S.J. Hwang, "Prediction of Wire Sweep During the Encapsulation of IC Packaging with Wire Density Effect", Trans. of ASME, J. Electronic-Packaging, Vol. 127, pp. 335-339, (2005).

18. Y.Y. Chou, H.P. Yeh, H.S. Chiu, C.K. Yu, and R.Y. Chang, "A Three Dimensional CAE Molding of Microchip Encapsulation", SPE Tech. Paper, ANTEC (2009).

19. S. Han and K.K. Wang, "A Study on Wire Sweep in Encapsulation of Semiconductor Chips Using Simulated Experiments", Trans. of ASME, J. of Electronic-Packaging, Vol. 117, pp. 178-184, (1995).

20. L.T. Nguyen and F.J. Lim, "Wire Sweep During Molding of Integrated Circuits", 40th Electron. Compon. & Tech. Conf. (1990), pp. 777-785.

21. Y. Takaisi, "Note on the Drag on a Circular Cylinder Moving with Low Speeds in a Viscous Liquid Between Two Parallel Walls", J. Physical Society of Japan, Vol. 11, pp. 1059.

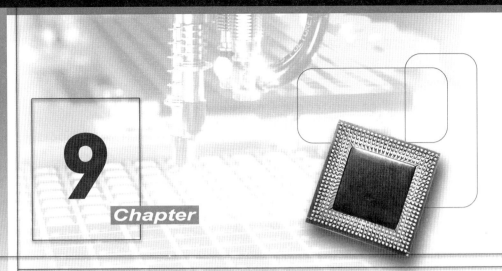

9
Chapter

電子封裝辭彙

■ 9-1 專業術語

A

加成法製程 (Additive Process)

一種化學縮減製程,在基材上將導體選擇性沈積以構成導電線路。

合金 (Alloy)

⑴ 由多種具有金屬特性的物質構成,通常包括兩種以上的金屬。

⑵ 製作或熔解一種合金。

鋁礬土 (Alumina)

氧化鋁(Al_2O_3),主要由礬土所構成的鋁基材。幾乎所有的陶瓷模組都是以礬土陶瓷製成。鋁礬土具有易於加工以及良好的熱傳導性等優點,又因其熱膨脹係數為6.5,接近矽晶片的熱膨脹係數,故適合用於覆晶接合。

異方性導電膠 (Anisotropic Conductive Adhesive)

一種膠合物可以在垂直方向(z 軸向)產生導電性，但在水平方向(x 軸向和 y 軸向)仍保持絕緣特性。

陣列 (Array)

一群接點(焊墊、針腳)或電路以行列的方式排列於基板上。

細長比 (Aspect Ratio)

導通孔在電鍍前其直徑與深度的比例。

組裝 (Assembly)

將許多零件或次組合體或任何組件結合在一起。

組裝／重工 (Assembly/Rework)

表示將微電子元件結合和替換的製程。組裝為將元件貼合和連結在封裝體上；重工則是指將元件移除，包括其間的連接，然後整理接合處重新安裝新元件。

軸向引腳 (Axial leads)

分離元件(Discret component)端末伸出的引腳或沿著中央軸向伸出，而不是在四周伸出引腳。

B

背貼式接合 (Backbonding)

使用晶片的背面貼合到基板，而將有電路的一面朝上，背貼式接合的相反是面朝下接合(Face down bonding)。

生產後端處理製程 (Back-End-of-the-Line，BEOL)

積體電路製造中，主動元件(如電晶體、電阻等)在晶圓上是以線路連接，其中包括接點、絕緣體、金屬層次和晶片與封裝體相連的打線位置。將晶圓分割成晶片也是 BEOL 製程之一。前端處理製程(FEOL)則表示製造中先處理的部份，即將晶片電路製作半導體上。

背面金屬化 (Backside Metallurgy，BSM)

在多層陶瓷封裝中內部導通連至背後的金屬焊墊，用以與針腳焊接。

球形接點 (Ball Bond)

以熱壓(Thermo compression)方式將金線焊在金屬墊上，接點處成球形，也稱為釘帽型接點(Nail head bond)，呈扁球形。

球腳格狀陣列封裝 (Ball Grid Array Package)

為一新的封裝技術用於非常高速的晶片，其下有焊墊接點不僅分佈於封裝體四周，同時以棋盤狀分佈於封裝體下方的整個面，故也被稱為 Pad Array Carrier (PAC)、Pad Array Package、Land Grid Array 或 Pad-grid Array Package。

凸塊底部金屬化 (Ball Limiting Metallurgy，BLM)

焊錫可附著到金屬化的接點上，以構成整個面的焊點，如 C4 在晶片上的焊墊。BLM 可限制焊錫在預定的區域流動，與晶片線路連接。

裸晶片 (Bare Chip，Die)

未經封裝的矽晶片。對多晶片模組而言，製造者購買裸晶片，然後測試以供組裝成封裝體。

電路板 (Board)

此封裝件即是有機印刷電路卡或板，其上可安裝較小的電路卡或模組，與下一層級的連接是透過電線或電纜，採用焊接或嵌入方式。

CH **9**

接合 (Bonding)

兩種材料的結合,例如,焊線在積體電路上或基板上。

接合墊 (Bonding Pad)

積體電路晶片的金屬化區域以讓細線或其他元件接合之用。

B-階段樹脂 (B-stage Resin)

Bis-maleimide-triazine 型式的樹脂與環氧混合後以達到印刷電路板積層所需之特性,其優點包括耐高熱、低介電常數和即使在吸溼良好之電氣絕緣性。

BT 樹脂 (BT Resin)

Bis-maleimide-triazine 型式的樹脂與還氧混合後以達到印刷電路板積層所需之特性,其優點包括耐高熱、低介電常數和即使在吸溼之良好的電氣絕緣性。

凸塊 (Bump)

供元件端點區連接之物,在元件(或基板)焊墊上所形成的小突起物,用以做晶片朝下的接合。

凸塊接點 (Bump Contacts)

接合墊突起超越晶片表面,或基板上具突出的接合墊以與晶片上的平面焊墊相接,又稱為球形接點(Ball contacts)、突起焊墊(Raised pads)或突柱(Pedestals)。

預燒,高速加溫老化 (Burn-in)

將零件曝露在高溫下,並施予電壓應力,其目的在篩選邊際零件。

C

電容值 (Capacitance)

儲存電的靜電元件，在封裝系統中被用為：

⑴　在集總等效電路以代表線路上的不連續性。

⑵　在分佈的系統中表示傳輸線上的靜電儲存量。

⑶　濾波電源系統，因在電壓改變時它能輸送電流。

陶瓷雙排腳構裝 (CDIP、CERDIP)

Ceramic Dual In-line Package的同義字。此構裝是由陶瓷本體與蓋子、沖壓的金屬導線架、和用來固定此結構的全熔或半熔玻璃材質所組成。

陶瓷 (Ceramic)

無機的、非金屬材料，例如氧化鋁、氧化鈹或玻璃陶瓷，其最終特性是靠高溫作用而產生。

陶瓷球腳格狀陣列構裝 (Ceramic Ball Grid Array Package、CBGA)

一種陶瓷封裝，設計來供表面黏著應用，類似於針腳格狀陣列，其 I/O 端子是由錫球組成來取代針腳。

化學蝕刻 (Chemical Milling)

金屬利用光罩，蝕刻掉不想要部份的材料，而成複雜形狀的製程。

化學氣相沈積 (Chemical Vapor Deposition，CVD)

在基板上，靠揮發性化學物接觸到基板，利用化學蒸汽的減少，使電路元件上沈積(電鍍)一層金屬。

晶片 (Chip)

個別的半導體元件或積體電路，是在完成的半導體晶圓切割或分開後，尚未貼附引腳或封裝前。

CH**9**

晶片承載器 (Chip Carrier)

一種積體電路構裝，通常是方形的，中心處有凹穴容納晶片，其界面接合通常在四周。

晶片直接組於電路板 (Chip-on-Board，COB)

晶片直接黏著在印刷電路板或基板上的一種結構。

熱膨脹係數 (Coefficient of Thermal Expansion，CTE)

原始長度在單位溫度變化內，尺寸上的改變比值，通常以cm/cm/℃表示。

Coffin-Manson 方程式

常用來描述應變幅度與疲勞壽命的關係。基本上此等式敘述是到故障發生時的循環數與應變平方的倒數值，有比例上的關係。在可靠性的測試時，可用來預測現場的使用壽命，基於在實驗室中的加速溫度循環實驗。

共燒 (Cofiring)

(1)　兩個厚膜組成，一個印刷及乾燥後在印刷另外一個及乾燥，然後同時燒結之製程。

(2)　厚膜導體和絕緣材料在同時間進行燒結，形成多層結構之製程。

傳導 (Conduction)

熱能從熱區域經由傳導介質到冷區域的熱傳遞。

電的傳導率 (Conductivity，Electrical)

材料傳送電流的能力，即任一材料單位立方(體積)的電導。其倒數是電阻。

接點對位 (Contact Alignment)

在插槽內接點的所有側邊所允許嚙合接點自動對位的空間。又稱為浮動接觸量(Amount of Contact Float)。

接觸角 (Contact Angle)

在插槽內,錫接點/基材金屬表面的正切面與錫接點/空氣界面的正切面所形成的角度。

控制塌陷的晶片接合 (Controlled Collapse Chip Connection,C4)

焊錫接點用以連接基板和覆晶,其熔融焊錫的表面張力可以支撐晶片的重量及控制接點塌陷高度(高度是接點錫量及兩接觸面積的方程式)。

耦合劑 (Coupler)

一種化學媒介劑,一般都是有機物,可增強樹脂及強化玻璃間的鏈結。

裂痕 (Cracking)

當金屬或非金屬護膜出現破裂且一直延伸到表層下面時。

裂紋 (Crazing)

在塗佈或封膠的塑膠或玻璃材料表面出現大範圍細小的裂痕,這種情形表示元件層經歷過機械或熱的引發應力,造成在基材表面下方的裂痕分布。

潛變 (Creep)

在負載下物質的外型尺寸隨時間的變化而變化。

結晶化 (Crystallization)

在高溫製程下非結晶材料形成結晶性,無法預期及控制下的結晶化稱為不透明化(Devitrification)。

C-階段的樹脂 (C-Stage Resin)

一樹脂在室溫下完全發生交叉鏈結(Crosslink)。

CH **9**

熱膨脹係數不匹配 (CTE Mismatch)

兩材料或元件相結合在一起，彼此間熱膨脹係數的差異所造成在接點的結合面上和在接點的內部結構上(焊錫接點、引腳等)產生應力或應變。

硬化 (Cure)

以化學反應或加熱及加觸媒等單一方式或一起使用，來改變材料的物理性質(通常是從液態到固態)。

硬化週期 (Curing Cycle)

對一熱固性材料，一般是指樹脂化合物，如黏著劑，需要經過一完整的時間-溫度曲線來達到所要的結果；例如材料在經歷一完整無可逆性的硬化過程後，可以得到一強固的鏈結。

D

脫層 (Delamination)

基材和一層之間脫離或是基材和導電金屬箔層之間的脫離。

延遲時間 (Delay Time)

一輸入脈衝前端到達其最大振幅百分之十與一輸出脈衝前端到達其最大振幅百分之九十間的時間差。

沈積 (Deposition)

以蒸發沈積、噴濺法或電鍍法將金屬或絕緣物質沈積到基板上。

元件 (Device)

單一的電子零件通常是一獨立的個體，無法在不犧牲其功能下再縮小。同樣的一電子元件可包含一個或多個被動元件。

晶片 (Die)

從晶圓切下來的積體電路小片。

晶片貼合 (Die Bond)

以機械將矽晶片或元件放置到基板上，再以焊錫、環氧樹脂或金及低溫的矽膠等加以貼合。貼合處是在晶片的背面，有線路的面是朝上的。

擴散接合 (Diffusion Bonds)

使兩個導體緊密接合在一起的一種方式，是以引發一材料內原子擴散到另一材料結構內的方式來達成。

乾膜 (Dry Film)

印刷電路板顯影製程，是以一感光聚合物覆蓋在一承載片上，而這承載片則被壓製成電路板的表層。

乾壓 (Dry Pressing)

將乾粉末材料加上一些添加劑到鋼膜內以加壓加熱方式將其形成一緊密的固體，通常會在處理成所要的形狀。

雙排引腳封裝 (Dual-in-Line Package，DIP)

一封裝有一排平行的引腳由元件邊緣向外伸展，這引腳間距及兩排間距都有一定標準。

延展性 (Ductility)

一材料在破裂前所能承受的塑性形變。

E

電子封裝 (Electronic Packaging)

連接半導體及其他電子元件，使其能發揮其電子功能的技術。一電子封

CH 9

裝是將其電源及訊號在機械上穩定的連接在晶片、元件之間,並提供保護及熱傳上的處理,使其能在髒的環境下生存及正常工作。

電子屏蔽 (Electronic Shielding)

一物理上的保護裝置,通常是以導電金屬用來降低元件、電路或部份電路彼此間電性及磁場間的交互作用。

電鍍 (Electroplate)

以電解方式在一表面覆蓋上一層金屬。

膠封 (Encapsulate)

密封或覆蓋一元件或電路以達到機械或環境上之保護。典型的封膠材料是塗膠、球型表面封膠及鑄模膠材。

蝕刻液 (Etchant)

以化學方式反應移去印刷電路板上不必要的部份。

蝕刻 (Etching)

以化學或化學及電解方式將一黏貼在基材表面金屬箔片不要的部份去除掉,以形成特定的印刷電路。

外部引腳 (External Leads)

電子元件封裝用於輸出入訊號、電源及接地用之導體。

F

面向下接合 (Face-Down Bonding)

一種元件或晶片的基本結合方式,也就是將元件翻轉向下使晶片和下方基板上相對應元件接合點的焊墊相接合在一起,接合點的凸塊可以是在晶片或基板的焊墊上。接合方式可以是熱壓、超音波或焊錫法。亦稱為 Face Bonding。

疲勞破壞 (Fatigue)

用來描述任何一結構在經歷重覆的應力一段時間後所造成的故障。

疲勞壽命 (Fatigue Life)

一設計元件在一定環境下所能承受的使用週期，而不會發生故障。

填充物 (Filler)

⑴　一物質，通常是惰性的，添加在一混合物中以增加其特性/或降低
　　成本。

⑵　一使用在電纜線內的填充材料以填補無電子元件的間隙。

薄片 (Film)

單層或多層或覆蓋薄、厚的材料，以形成界面接合及交叉效果(導體或
絕緣體)和多種元件(電阻、電容)，薄膜型以用真空蒸發沈澱、濺鍍/或
電鍍，厚膜可以用網版印刷方式沈積。亦可形容為薄膜膠片。

薄膜應力 (Film Stress)

薄片內部應力是薄片本身機械結構及沈積參數所造成的內在應力。誘發
薄片應力則是薄片本身承受外部力量如基板機械特性上的不相符合所造
成。

扁平化封裝 (Flatpack or Flat Pac)

一種積體電路的封裝方式，此方式中引腳從封裝的四邊伸出且與封裝底
部平行。

覆晶 (Flip Chip)

在周圍具有突起接點的晶片，採用正面朝下的黏著法。

CH **9**

覆晶黏著法 (Flip-Chip Attachment)

一種元件和基材相黏著的方法,將元件翻面後,元件和基材上的焊墊正好互相對應,然後利用熔焊法將兩者黏著。

助焊劑 (Flux)

一種可除去表面氧化物的物質或惰性液體,有助於焊接時焊錫的熔接。

腳位 (Footprint)

基材上預留給元件的區域,通常是晶片的幾何尺寸。

FR-4

Electronic Industries Association指定的一種低可燃環氧樹脂玻璃纖維多層板材料。

G

玻璃轉移溫度 (Glass Transition Temperature,T_g)

玻璃轉移成液態的溫度,低於此溫度時,熱膨脹係數較低且幾乎為常數,蛋糕於此溫度時,熱膨脹係數就變得非常大。

點膠 (Glob Top)

在 COB 製程中,用來包覆晶片的膠封材料,此膠封材料通常是環氧樹脂、矽膠或兩者之混合物。

生板 (Green Sheet)

合成有機-無機、彈性板、金屬化及積層化後即成為生陶瓷,再經過燒結去除有機混合物,即形成陶瓷基板。

格點 (Grid)

兩組等距的平行線所形成的正交網格,用來定位印刷板上的點。

鷗翼腳 (Gull Wing)

表面黏著封裝元件中一種很普通的焊接用接引腳形態,從封裝體伸出來先向外,再彎曲向下,接著再彎向外,它的厚度約在 100 至 250mm 之間。

H

熱風式焊錫整平,噴錫 (HASL,Hot Air Solder Leveling)

一項用來控制封裝上焊錫量和焊錫高度的技術,熱風融熔焊錫,風速則可將多餘的焊錫吹掉。

高加速應力試驗 (HAST,High Accelerated Stress TEst)

一種元件試驗方法,元件是被放置在一高溫高壓容器內,容器中蒸氣的壓力為一大氣壓或更高。

散熱片 (Heat Sink)

貼在電子元件上的一種導熱材料,通常是金屬,能夠快速地將熱源產生的熱轉移出去。

高密度多晶片界面接合 (High Density Multichip Interconnect,HDMI)

由 General Electric 所發展的一種高密度多基片模組,數個晶片黏著有多層次界面接合架構,採用雷射蝕刻導通孔。

混成電路 (Hybrid Circuit)

應用兩種以上的構造技術所形成的電路,例如將積體電路都稱為混成積體電路。混成指的是電路元件由兩種以上不同的技術所製作的。

I

I 型腳 (I-Lead)

表面黏著元件的一種引腳型式,引腳的末端和 PC 板接觸的部份是呈 90℃。

CH 9

內引腳連接 (ILB)

Inner Lead Bonding 的縮寫。

沈浸鍍 (Immersion Plating)

利用部份置換原理，將金屬工作表面鍍上一層金屬薄膜，屬化學電鍍。

電感 (Inductance)

一種電路特性，當自感磁場正在增強或衰變時，它會抵抗電流的改變，因而造成電流改變的延遲，即操作動作的延遲。

在封裝系統中，電感是：

(1) 在總括同等電路中表示部份線不連續。

(2) 在配線系統中，是表示傳輸線的電磁儲存特性。

(3) Delta I 雜訊的發生原因是因為電感為回應電流的改變而產生一相反的電壓。

紅外線熔焊 (Infrared Reflow，IR)

主要是用長波長光束加熱熔融錫接點，在 PC 板上置放好元件後就會通過紅外線熔焊爐。

注入式鑄模 (Injection Molded)

將液態膠材注入成型模中的鑄型法。

內引腳接合 (Inner Lead Bond，ILB)

意指從元件至下一層級封裝間的電路界面接合連線。

絕緣金屬基材技術 (Insulator Metal Substrate Technology，IMST)

一種基材，例如由陶瓷鋼所製造，它並不受尺寸限制，而且有良好的散熱特性，IMST 來自於 Sanyo 的 IMST，它式單面鋁心板，表面鍍環氧樹脂及蝕刻銅線。

絕緣體 (Insulators)

具有高阻抗值的材料,不具導電性。

積體電路 (Integrated Circuit)

在同一塊基板上,由一些互相連通且互不可分的零件所組成的微電路,此電路具有某種電子電路功能。

界面接合 (Interconnection)

每個元件互相連接。

界面金屬複合物 (Intermetallic Compound)

(1) 合金系統中的中間相(Phase),它是窄範圍的合成物,具有多種形態的原子價鍵。

(2) 一種正規組成(Stoichiometric)的合成物,其特性,例如強度、硬度等,不同於其成份金屬的特性。

中介層 (Interposer)

置入兩個物體之間的介入質。在封裝技術中,介質通常意指一連通架構,此架構連通一微間距導體和另一較大間距導體,例如從晶片連到導線架(Lead Frame)。TAB 通常採用上述方式,而連接器(Connector)可以提供一比一的界面接合,從無引腳模組至電路板。

J

JEDEC

Joint Electron Device Engineering Council的字頭縮寫,是一個電子產業協會,已刊行多項第一層級封裝標準。

J 型引腳 (J-Lead)

一種表面黏著元件的外引腳形態,型如英文字母 J,每一支外引腳都彎向元件體底下。

K

Kovar

一種合金材料,由53%的鐵,17%的鈷,29%的鎳和其他微量元素所組成,其膨脹係數和氧化鋁基板相匹配,最長作爲導線架和針腳的材料。

L

多層板 (Laminate)

將兩層或兩層以上的材料利用熱壓而成爲一項具有單一結構的產品。

多層化 (Lamination)

利用熱壓將多張樹脂片(Prepreg)壓合成一張堅實產品的過程。同樣的製程也可以用在不導電材和電路層的壓合。

墊 (Land)

傳導圖形(Conductive Pattern)的一部份,通常用作零件的接合。

大型積體電路 (Large Scale Integration,LSI)

擁有超過1,000個電路的半導體晶片。

引腳 (Lead)

(1) 電子零件用來和外界連接的部份。

(2) 一種傳導路徑,通常是自我支撐

(3) 鉛,化學符號爲Pb,質軟的重金屬,焊錫的組成成份之一,也是其他合基的組成。

導線架 (Lead Frame)

封裝元件中的金屬部份,此部份的功用在於完成從晶片及補助混成電路至外界的電氣連通路徑。

引腳跨接在晶片上 (Lead on Chip，LOC)

這是一種封裝結構，特點是導線架的內引腳位在晶片上，所以連線是完全打在晶片的區域內，不必再固定打在晶片周圍，如此可增加封裝密度及性能。另外電源的分佈可以最佳化。

有引腳晶片承載體 (Leaded Chip Carrier)

附有終端引腳的塑膠或陶瓷的晶片載體。

無引腳晶片承載體 (Leadless Chip Carrier，LCC)

僅有係成金屬終端但無依從的外引腳之晶片載體。

M

光罩 (Mask)

感光正片，如用來作厚膜網幕或薄膜線路的底片。

金氧半導體場效電晶體 (MOSFET)

MOS 積體電路中的基本元素。場效應電晶體包括了 P 電路或 N 電路邊之擴散源或排出區域，而其中間的通道是以氧化矽來作為隔離的閘電子。

金屬化陶瓷 (Metallized Ceramic)

由厚或薄金屬膜金屬化的已燒結陶瓷基材。(在 IBM，金屬化陶瓷是在已燒結鋁基材上作薄膜紅銅金屬化)。

彈性模數 (Modulus of Elasticity)

彈性材料中，應力與應變之比值。

離模劑 (Mold Release)

在有機化合物中添加模成型化合物或粉末，該化合物遷移至模子內部表面而在塑膠與模金屬面間形成一蠟層。而使得已成型件能順利地從模中移除。

M-Quad

Olin 公司之註冊商標，特別的 QFP 設計，增加了金屬外殼以加強散熱功能。

多晶片模組 (Multi-Chip Module，MCM)

有多個晶片同在一基材上的模組或封裝，根據 MCM 的結構，工業上有三種不同之型式。

MCM-C

在燒結陶瓷基材上使用厚膜技術來成型導線樣式的模組結構。

MCM-D

用金屬的薄膜在介電質上來形成界面連接之模組，而該介電質可以是聚合物或是無機化合物。

MCM-L

使用先進的印刷電路板技術在塑膠夾層介電材質上來形成導線的模組。

多晶片封裝 (Multi-Chip Package)

承載多個晶片之電子封裝，該電子封裝是經由多層之導線樣式來連接晶片，每一層皆由隔離層來分開並且經由導孔來連接。

多層陶瓷 (Multilayer Ceramic，MLC)

包含導孔連接之多層金屬和陶瓷的陶瓷基材，該基材全部採用厚膜技術來走線。

N

負片 (Negative)

圖版、主圖、生產主圖其導體線路是可透光的,沒有導體的區域是不透明的。

O

外引腳接合 (Outer Lead Bonding,OLB)

封裝元件之外引腳與下一層級組裝接合之製程。

覆蓋 (Overlay)

一種材料覆蓋於另一種材料上。

上覆式模塑焊墊陣列承載體 (Overmilded Pad Array Carrier,OMPAC)

由 Motorola 發展出來的新焊錫 I/O 接點封裝。OMPAC 是由 BT 樹脂作為基材,而基材的表面黏著了錫球,一般以 40 至 60mils 之格狀陣列排列,當晶片貼覆後再用模塑成型複合物在基材之一邊。

P

封裝 (Package)

在電子／微電子工業,積體電路或混成電路中之信號元件之主體,他提供了密封或非密封的保護,並且以所謂的封裝接點與外部元件作第一層級的界面接合。封裝通常包含了下半部叫做本體和上半部叫做蓋子或罩子而密封成一個單元。被動元件可能由膠封或模塑成型材料包起來。

構裝層級 (Packaging Level)

構裝界面接合組織上的一部份。(譬如次序由低到高為晶片、晶片承載體、電路卡、電路板)。

焊墊 (Pad)

基板或積體電路上的金屬化部份用以作爲電氣連接。

鈍化 (Passivation)

直接在半導體表面上之隔離層格式,功能是保護該表面免於污染、溼氣和粉塵,通常使用半導體的氧化物,其他材料也有被使用。

線路圖形 (Pattern)

導線和非導體材料在印刷電路板或製程板上的一圖形,該電路結構通常表示在圖面或底片上。

取置 (Pick-and-Place)

爲了接合晶片至基材上,選擇和放置晶片至基材之固定位置上的機構流程。

針腳 (Pin)

有圓形斷面之電子端點或機構支撐桿。

針腳格狀陣列 (Pin Grid Array,PGA)

封裝或交連機構,以規則的矩陣格式或陣列排列的各式各樣插入式電子端點組,使用於高輸入／輸出數的封裝。

針腳通孔 (Pin-Through-Hole,PTH)

根據構裝及模組的等級,引腳焊接於下一層級封裝(通常爲印刷電路板)之電鍍通孔中。

置放 (Placement)

從已知的封裝層級根據所伴隨的影像將晶片電路,晶片或晶片承載體實際地放置在所想要位置上。

電漿蝕刻 (Plasma Etching)

利用電子導引氣體或電漿(由離子化氣體或分子所組成)來移除導體上或絕緣體上不想要的雜質。

球腳格狀塑膠封裝 (PBGA)

一種表面黏著封裝,其包含一塑膠基材而且在封裝的底部有以陣列排列方式之錫球接點作為訊號之輸入與輸出接點。

塑膠密封 (Plastic Encapsulation)

將完整電路埋入在塑膠中,如環氧樹脂或矽,以達到免於環境損壞之保護作用。

雙排插件塑膠封裝 (Plastic Dual In-Line Package,PDIP)

在導線架上已模塑成型之塑膠封裝,其引腳外伸在兩邊直線上,通常用在於通孔式之組裝。

有引腳晶片塑膠承載體 (Plastic Leaded Chip Carrier,PLCC)

已模塑成型塑膠和導線架,是一種為了表面黏著設計的封裝。引腳可由封裝體之四邊外型且成 "J" 形狀。

可塑劑 (Plasticizer)

加在複合塑膠或陶瓷(綠色)體內之化學催化劑,他的作用是使其軟化或可塑化。

電鍍 (Plating)

(1) 在表面上金屬化,可分為化學處理或電子化學處理。

(2) 利用化學處理或電子化學處理之方法將金屬層放置於表面上之一個製程。

極化 (Polarized Slot)

在平面中消除對稱的一個技術。為了最小化電子或機械損壞的可能性，元件只能被設定在一個方向。

聚亞醯胺 (Polyimide)

包含 NH 群之樹脂化合物等級，NH 群是由胺提煉出來的，聚亞醯胺通常用來作為界面中間層。

聚合物 (Polymer)

有高分子量之分子材料，該分子是由低分子量之分子聚合而成的。

預先成形 (Preform)

為了焊接和黏著之功能，焊錫或環氧樹脂或共熔合金片被沖成圓形或方形格式。而這些小塊在元件放置前先被放置在焊接區域在被加熱以接著。

壓和鋁 (Pressed Alumina)

在燒結前，將陶瓷顆粒和黏著劑加壓而成的氧化鋁陶瓷。

印刷板 (Printed Board)

印刷電路或印刷線路完整流程的一般稱呼，包括剛性(硬性)或軟性板(有機或陶瓷)和單面、多層印刷板。(該定義是參考ANSI/IPC-T-50C，Ref. 1)

Q

四方扁平封裝 (Quad Flat Pack，QFP)

陶瓷或塑膠之晶片承載體，其引腳向下及向四方離開的方形封裝，一般用來描述翼形引腳的晶片承載體。

四方雙排腳封裝 (Quad In-Line Package，QUIP)

類似塑膠雙排腳封裝，只是引腳由兩邊出去，一半的引腳彎向本體，而另一半則在向下彎前，延伸 1.27mm 投射出去。

R

輻射 (Radiation)

⑴　有空間隔離的物體之間，其熱能的放射、傳遞、吸收之綜合過程。

⑵　在導體中，從電氣訊號放射到電磁能。

反應式射出模塑 (Reaction Injection Molding，RIM)

一種模塑製程，兩或多個反應物熔融流入小型混合室中，其擾流使流體充分混合均勻並快速反應，此混合物在傳送至模中，完成聚合作用。

可靠度 (Reliability)

綜合的名稱，用來衡量品質。反應出在儲存或使用時，時間造成的影響，有別於產品運送時所作的測量。一般來說，他能在說明的情況和時機條件下，進行需要的功能。

樹脂 (Resin)

有機聚合物當與硬化劑混合後，互連形成熱固性塑膠。

電阻 (Resistance)

導體的性質，拒絕電流通過，消耗能量成熱，在構裝中，電源和信號分佈系統中，會造成電壓和電流的損失。

爬升時間 (Rise Time)

一個脈衝的前導端，從最大幅度的 10% 增加到 90% 所花的時間。

CH **9**

粗度 (Roughness)

薄膜表面凸起與凹陷距離，即顯微峰到谷的距離，量測單位爲安(angstroms)。

S

感光劑 (Sensitizer)

材料用來觸動光阻以產生化學變化者。

連續積層多層印刷電路板 (Sequentially Laminated Multilayer Printed Board)

多層板的成型，是由貫穿孔電鍍的雙面或多層板疊積在一起而成。電路層透過內部貫穿孔連接。

剪力率 (Shear Rate)

對黏性流體來說，相對的流動率或移動量。

單晶片模組 (Single Chip Module，SCM)

一個構裝支撐一個晶片，相對於多晶片封裝支撐多個晶片。

單排腳封裝 (Single-In-Line Package，SIP)

塑膠模塑導線架封裝，其所有引腳一致單邊出來。

燒結 (Sinter)

加熱但不熔解，使耐火的絕緣材料成爲堅固的個體，而沒有黏接劑、污染等。

毛邊 (Silvers)

在導體的邊緣處，電鍍凸出的部份(錫、鉛、金等)，它們是部份或全部分開的。

小外形 J 引腳封裝 (Small Outline J Lead，SOJ)

小的外型封裝，附 J 形引腳供表面黏著用。

小外形封裝 (Small Outline Package，SOP)

又稱 SOIC(小外形積體電路封裝)，一種模塑的導線架封裝，其引腳在兩側，類似於雙排腳封裝，但具較小的引腳，有 1.27、1.0、0.8mm 三種間距，供表面黏著用。

焊接劑 (Solder)

一種可以依附銅、導電以及機械地結合導體等的含有鉛(Pb)-錫(Sn)和低熔點的合金。

焊接錫珠 (Solder Balls)

黏貼在積層板、光罩或導體表面的小球狀焊接劑。

焊錫凸塊 (Solder Bumps)

貼於電晶體接觸區域以及藉面朝下貼置技術以連接導體的圓形焊接錫球。

焊錫整平 (Solder Leveling)

一種焊接劑塗覆過程，在此過程中基板被浸於融化的焊接劑之後藉由被加熱的氣體或其他中介物剷平或移除多餘的焊劑。

固態邏輯技術 (Solid Logic Technology，SLT)

在六O年代，由IBM使之實際化的陶瓷構裝技術，可以AgPd導體燒製於乾壓和烘過的鋁質基板之上。

錫塞 (Solder Plugs)

印刷電路板中穿孔板上的焊接心。

轉動 (Spinning)

以一致的薄膜塗覆於光滑表面的一種過程，通常用在利用感光劑來塗覆半導體晶圓(Wafer)時，藉著將晶圓置於轉動的夾盤(Chuck)上和滴感光劑於其表層，離心的加速和液體的黏附相結合在表面形成一個一致的薄膜，也用以提供薄的塗覆。

濺鍍 (Sputtering)

從材料的表面設出粒子導致由原子和離子引生的撞擊，此材料可以作為附著物的來源。

刮刀 (Squeegee)

網印刷器的障礙物，推擠液態合成物穿過印刷網，並經由網目將影像印至基板。

基板 (Substrate)

在混成工業中，作為一種基礎的材料，通常為鋁土物(Alumina)。

減成製成 (Substractive Process)

一種製程，利用將薄導電片的不需要部分選擇性地移去而獲得導電體的樣式，其移去通常利用化學蝕刻。

表面黏著技術 (Surface Mount Technology，SMT)

一種方法在沒有使用穿孔的情況下，將零件電氣和機械連結於導電樣式的表面。

T

捲帶式自動接合 (Tape Automated Bonding，TAB)

一種製程，此中矽晶片連結於聚合物捲帶(Polymer tape)上的樣式化金屬，其連結是藉著熱壓縮和後續地利用外部的接腳連結使之連於基板或電路板。中間的處理藉著諸如測試、封膠、預燒(Burn-in)和從捲帶切剖下個別的封裝以帶狀的形式來完成。

捲帶接合 (Tape Bonding)

利用金屬或塑膠捲帶材料，在相串連的連結製程中作爲微電子零件的支撐和承載。

拉張強度 (Tension Strength)

一物質所能承受(在不斷裂的情況下)的最大縱向拉張應力。

熱傳導通模組 (Thermal Conduction Module，TCM)

一種IBM的多晶片模組(1,000個晶片或更多)，藉著與晶片接觸的活塞之熱傳導通來冷卻。

熱傳導 (Thermal Conductivity)

材料將一既與之熱量在其自身傳送的速率。

熱循環 (Thermal Cycling)

一種方法，一個循環應力施加在一組微電子零件之中乃經由在箱櫃中的加熱和冷卻來完成，用以做零件和組裝的加速可靠度測試。

熱壓接合 (Thermocompression Bonding, TC Bonding)

一種製程牽涉到壓力和溫度之使用並藉著穿越邊界的互相擴散（Inter-diffusing）來結合兩材料。

熱力分析 (Thermo Mechanical Analysis TMA)

用以量測材料在溫度改變下的線性膨脹或變形的一種技術。

熱塑性塑膠 (Thermoplastic)

一種脂狀物，藉著將熔化的基礎聚合物(Polymer)施力推入一冷卻的塑模中或穿過塑模(Die)在冷卻後形成最後的造型，此硬化的聚合物可以再次熔化以及再多次處理。

熱固性塑膠 (Thermoset)

一種脂狀物，可被矯正、整型和硬化，通常利用加熱，使之成為永久的形狀，這種聚合反應（作用）是一種不可逆的反應，已知為"相互連結"，一但被設定則熱固性塑膠不可再熔化，雖然大部分會因熱而軟化。

熱音波接合 (Thermosonic Bonding，T/S)

一種接合製程，結合熱壓縮和超音波兩種接合法，並在相同於一金線之TC 連接器上利用超音波功率於瓷嘴(Capillary)中。

厚膜 (Thick Film)

由網狀(Screen)印刷製程所沈積而成的薄膜，其厚度約在 2 至 50 微米間，且須在高溫烘烤的形成最後的形狀。

薄膜 (Thin Film)

意指一般有著從一些(2-3)原子層到幾微米(1-5)厚的塗覆薄膜(外衣)，要分辨和厚膜的不同，其關鍵在於薄膜是由汽化噴塗或化學汽化沈積而成。

薄膜封裝 (Thin-film Packaging)

一種電子構裝，在其中導體及／或絕緣體，利用類似的積體電路晶片一般的沈積和圖樣化(Patterning)技術來製作。

三層捲帶 (Three-layer Tape)

用於 TAB 中的一種連接介質，共由三層物質構成，分別為金屬層(通常為銅)、聚合物(通常為Polyimide)以及介於其間的黏著劑(通常為Epoxy)。

墓碑效應 (Tombstoning)

用以指敘在表面黏著焊再流動時，零件的一端之舉起。

轉移成形 (Transfer Molding)

一種壓縮模具的自動成形，是將罐內的塑膠(環氧基樹脂)倒如熱膜腔而預先成形。

V

大型積體電路 (Very Large Scale Integration，VLSI)

意旨在單一晶片內含超過10000電晶體的集成電路，但並無上限的界定。

貫穿孔 (Via, Hole)

在多層板中的介電層上的開孔，其洞壁為導體以利導電層間的內部連接。

黏滯度 (Viscosity)

流體的本質，阻止內部流動的相反力量。

W

晶圓 (Wafer)

半導體結晶塊的一片，用於基板材質，應用上，藉由增加雜質擴散，離子植入epitaxy等技術來改善，其主動面被處理成元件陣列或IC。

楔形接合 (Wedge bond)

利用楔形工具加壓接線的一種熱壓接線方式。

熔接 (Welding)

藉熱融或壓合使兩導線接在一起。

沾附 (Wetting)

焊接在金屬殼的一層固定且平滑的形成物。

CH 9

焊線接合 (Wire Bonding)

將很細的金屬線用於連接半導體內部元件的方法。

繞線規則 (Wiring Assignment)

特殊墊片、接腳、接頭或端點的繞線規則。

繞線量 (Wiring Capacity)

封裝內所有的繞接線長度。

Y

降伏強度 (Yield Strength)

材料在達到某種疲勞所受的應力，此疲勞與純粹的的彈性應力-疲勞行為有差距(通常選擇 1%的偏差)。

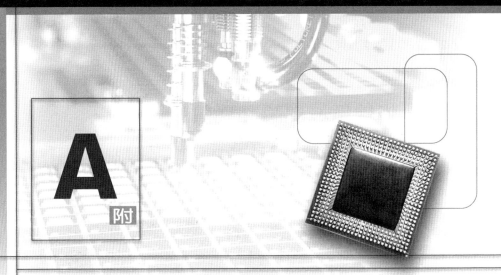

IC 導線架之自動化繪圖系統

■ A-1　軟體簡介

　　本程式主要是透過晶片焊點座標及內引腳佈線區域理論，應用 C/C++、MFC 及 ObjectARX 等工具，開發出一套架構在目前普遍被各界廣泛使用的 Auto CAD 繪圖系統上，使用者可以輕鬆的藉由交談式對話框，輸入導線架設計所需的相關參數，即可自動設計規劃及繪出完整導線架圖形。本自動化導線架的繪圖與設計系統也提供完善且彈性的修改界面，讓使用者可以容易調整及修改，使之設計繪製出符合所需的導線架。本系統的開發將有助於減輕設計人員的負擔，提高生產效率並減少人為疏失所造成的錯誤，更為未來導線架設計之最佳化奠下基礎。以下將針對系統開發中所使用的佈線區域理論與自動規劃佈線區域準則作一說明，並進行三組實際案例的驗證。

■ A-2　佈線區域理論和參數化

■ A-2-1　佈線區域理論

　　整個系統主要是以佈線區域理論為中心，所謂佈線區域就是接腳分布的區域。儘管導線架的型式眾多，但其接腳分布情況大致上皆由靠晶片托盤側向外逐漸延伸，且各接腳與支撐架和晶片托盤間不得互相重疊，其接腳分布可能如圖 A-1 或圖 A-2 所示。

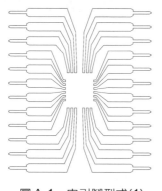
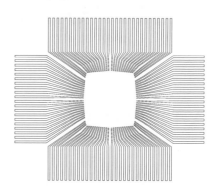

圖 A-1　內引腳型式(1)　　　　　圖 A-2　內引腳型式(2)

　　如果在整個接腳分布的區域中，依照晶片托盤及支撐架做分割，則可分成數個封閉區域，稱之為主區域(Prime Area)，主區域是用來限制內引腳分布的位置，也就是內引腳分布的邊界，而主區域與主區域之間即是接腳不能跨越的支撐架及晶片托盤。

　　在單位主區域內，若依照主區域裡引腳的分布及其轉折情況加以分類，則同樣可以分為若干小區域，稱之為次區域(Sub Area)，每個次區域中的引腳都有相類似的性質，如圖 A-3 所示。

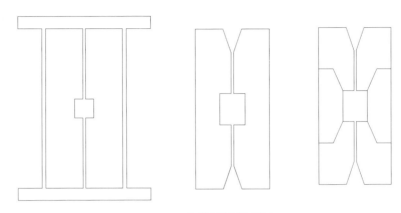

圖 A-3　佈線區域說明圖

　　所謂的佈線區域參數化便是針對這基本單位(次區域)做一參數化，系統便是透過參數的設定來計算完成導線架的接腳設計工作。

■ A-2-2　佈線區域參數化

　　佈線區域需要參數化的資料包括三部份：一、區域幾何形狀參數，二、控制線參數，三、內引腳折點特徵參數，表A-1為佈線區域的參數列表。區域幾何形狀參數主要是記錄該封閉的主區域(Prime Area)內是由哪些次區域所構成的；控制線參數是次區域的幾何形狀資料，記錄的控制線包括起始邊(Start)、終止邊(End)及轉折邊(Custom)，內引腳便是由起始邊開始延伸，並在轉折邊轉折，一直延伸到終止邊，如圖 A-4 所示；而內引腳折點特徵參數則是定義引腳位置及寬度的計算方式，其以 Auto、Vertical 及 Fixed 三種特徵參數加以標記。

表 A-1　佈線區域參數列表

分類	區域幾何形狀參數	控制線參數	內引腳折點特徵參數
參數	主區域編號 主區域組成元素 次區域邊界	起始邊(Start) 終止邊(End) 轉折邊(Custom)	引腳數目(Pin Numbers) 引腳位置及寬度計算方法 作用群組(Group)

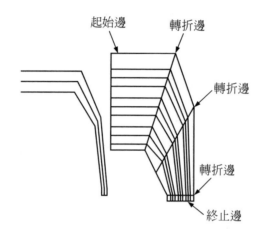

圖 A-4　控制線參數說明圖

■ A-3　自動規劃佈線區域之準則

　　導線架接腳分布的設計雖然主要取決於導線架的型式，但是即使型式相同、接腳數相同的導線架，由於晶片焊點分布的不同，基於封裝、製程上的種種考量，接腳的分布及設計便可能會有所不同。

　　所以自動規劃佈線區域便是以晶片焊點的位置分布為出發點，在以所拉出的金線為最短距離的考量下，決定出內引腳之端點，再透過相關的參數及簡單的法則，來自動規劃出前述所提及的次區域並以此繪出接腳。

■ A-3-1　主區域的選取與搜尋

　　主區域為支撐架與晶片拖盤所圍出的一封閉區域，使用者只需點選邊界上的任一圖元，系統便根據使用者所選取圖元之終點，依序搜尋整個設計圖中的圖形資料庫，比較是否有任一圖元的起始點或終止點與其相連，且兩點必須位於同一高度。當搜尋到與之連結之圖元後，再以此圖元之終點為基準，根據相同的步驟繼續搜尋下一個連結的圖元，最後若是搜尋到某圖元之終點與最初所選取之圖元起始點相同，則表示搜尋到一條封閉之輪廓曲線，此時則停止搜尋；反之，若是搜尋不到相連結之圖元則表示此輪廓曲線並非封閉，必須重新選取或是修改設計圖，而此搜尋出的封閉區域即是主區域。

　　當搜尋出一封閉的主區域邊界後，必須指出各主要邊界圖元的邊界屬性，即拖盤邊界或外引腳邊界，如圖 A-5 所示。

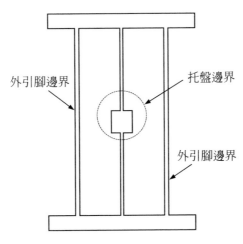

圖 A-5　主區域邊界屬性

附

　　當設定完邊界屬性後，將屬於拖盤邊界屬性的圖元向內偏置，如圖 A-6 所示，偏置的距離則爲使用者輸入的參數(X 方向、Y 方向的 Pad Offset)。

　　依序找出兩相鄰偏置圖元或相鄰的偏置圖元與原輪廓曲線圖元的相交點，此相交點可能位於偏置圖元上或位於其延伸圖元上，故在串接的過程中，可能要將圖元延伸或截斷，再根據找出的相交點重新修正主區域邊界圖元的幾何資料。偏置、串接後的封閉區域才是內引腳分佈的區域，而偏置圖元則爲內引腳端點之邊界，如圖 A-7 所示。

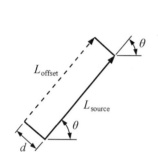
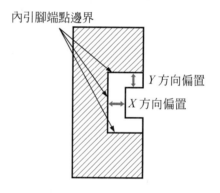

圖 A-6　托盤邊界屬性偏置說明圖　　　　圖 A-7　拖盤邊界偏置圖

A-3-2　內引腳端點位置的搜尋與計算

　　拖盤邊界圖元偏置後的圖元爲內引腳端點的邊界，即內引腳端點 (Lead Tip) 的位置將落於這些偏置後的圖元上，而圖元的長度及使用者所指定該圖元上之內引腳間距(Inner Gap)、寬度(Inner Width)則決定該圖元所能容納的最大接腳數。

　　由於希望在該偏置圖元上所搜尋出的內引腳端點位置能夠對稱，故由該圖元中點向兩旁計算。若該圖元所允許之最大接腳數爲偶數時，則圖元上內引腳端點位置距圖元中點依序爲 $\dfrac{d}{2}$、$\dfrac{3d}{2}$、$\dfrac{5d}{2}$…(d 爲內引腳間距＋內引腳寬度)，直到超出圖元之邊界；若該圖元所允許之最大接腳數為奇數時，則圖元中點$(x_0，y_0)$為內引腳端點之一，其他內引腳端點距此中點則依序為d、$2d$、$3d\cdots$，如此則可依序計算出所有內引腳端點座標$(x，y)$。

當系統程式搜尋決定出最後的內引腳端點後，系統將在 AutoCAD 螢幕上繪出控制線及其上的內引腳端點，內引腳端點是以圓形表示之，直徑則為該內引腳在其上的寬度，如此使用者將可清楚觀察出內引腳端點分布情形及內引腳端點間距離關係，方便使用者修改，修改方面主要分為控制線的修改及內引腳端點的直接移動兩部份。

控制線即是托盤邊界圖元偏置後的線段，而內引腳端點則一定落於這些控制線上。本系統提供使用者來修改內引腳端點的位置，而內引腳端點位置的改變可透過修改控制線或直接選取欲移動的內引腳端點來達成。

■ A-3-3　次區域的規劃

次區域的規劃主要是由先前所決定出的內引腳端點，依照其屬性分為若干族群來作規劃。所謂屬性即為該內引腳端點所落於的控制線是屬於一次轉折或是兩次轉折。同一控制線上的內引腳端點必然為同一族群，而同一族群間再依照內引腳端點間距離或寬度的不同而區分為數個次族群，如圖A-8所示。每個次族群便是一個次區域，次族群所包含的內引腳端點數則為該次區域的接腳數。

次區域即是各個內引腳端點次族群，依照兩次轉折所需的兩個角度參數θ_1、θ_2或一次轉折所需的一個角度參數ϕ，再透過一個銲線區長度參數(內引腳端欲與金線接合之區域長度)，所規劃產生的。

附

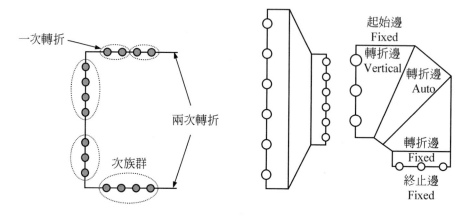

圖 A-8　內引腳端點族群分類說明圖　　　圖 A-9　完整次區域規劃圖

　　由於次區域邊界輪廓僅是接腳所不能越過的界限，並不能指出內引腳在該次區域內實際的轉折情況，因此必須在次區域中再規劃其轉折線並設定特徵參數，所謂特徵參數包含使用者定義(Fixed)、自動計算(Auto)及垂直延伸(Vertical)三部份。

　　次區域轉折線規劃，是將該次區域以外引腳起始邊界及終止邊界將其餘邊界分為兩邊，連接兩邊邊界所互相對應的端點，連接成的直線圖元即是該次區域的轉折邊。在特徵參數設定上，由於終止邊界、起始邊界上的內外引腳端點皆為已知且固定，因此設定為使用者自定(Fixed)；靠近終止邊界的轉折線為終止邊界的偏置圖元，故也設定為使用者自定；而靠近起始邊界的轉折線設定為垂直延伸(Vertical)，其餘轉折線則皆設定成自動計算(Auto)，如圖 A-9 所示。

■ A-3-4　金線之計算與繪製

　　系統在繪出完整導線架時，將提供是否同時繪製金線(Wire)的選項，以方便使用者在檢查接腳分布情形時，能同時且清楚的觀察出所拉出金線大致的情形。金線的繪製除了有以直線簡化金線幾何形狀外(即金線在導線架上的投影)，另還提供以 B-spline 描述 3D 金線的功能。

　　3D 金線之幾何形狀是由三點所定義而成，三點即是該金線之起始點、終止點與最高點。晶片上之焊點理當為金線起始點，系統將預設銲線區長度之半為終止點位置，而最高點之座標則由使用者指定距離起始點之 Hx、Hy 距離座標，由系統自行換算成最高點座標，如圖 A-10 所示，若使用者沒指定距起始點的距離座標，則系統將以直線簡化金線幾何形狀。

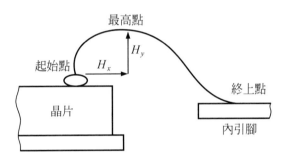

圖 A-10　3D 金線幾何形狀說明圖

■ A-4　案例研究

　　案例研究主要是透過系統之晶片焊點自動規劃佈線區域之模組及修改界面，來實際設計導線架，以驗證本導線架自動繪圖設計系統的可用性與正確性。由於導線架型式眾多，故僅針對以下兩種常見之導線架做研究實例，對每個案例之晶片焊點分布、參數設定、修改情況與最後繪製結果做一詳細說明。

■ A-4-1　DIP 24 pins

　　此案例為典型 DIP 24 pins 之導線架，其晶片焊點為均勻分布且互為對稱，系統將依照使用者輸入之參數直接規劃並繪製出接腳。

1.　晶片托盤與支撐架

　　　　晶片托盤為於導線架正中央，其尺寸為 0.15×0.15 inches，使用者先在 AutoCAD 上直接繪製晶片托盤與支撐架，如圖 A-11 所示。

2.　外引腳

　　　　使用者必須先在 AutoCAD 上以多折線(Polyline)繪製 DIP 型式之外引腳及其基準線，如圖 A-12 所示，待稍後再由系統提供之界面(樣板檔編輯界面)，將外引腳描述之折點資料及基準線資料讀入。

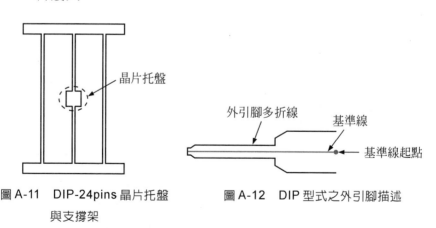

圖 A-11　DIP-24pins 晶片托盤　　　　圖 A-12　DIP 型式之外引腳描述
　　　　　 與支撐架

3.　晶片焊點座標及參數資料

　　　　晶片焊點座標資料及系統自動規劃佈線區域所需相關參數，可透過晶片焊點及參數編輯界面編輯、輸入，或讀取已存在之晶片焊點參數資料檔。今欲驗證之DIP 24pins之晶片焊點座標資料如表 A-2 所列，晶片焊點編號及分布情況則如圖 A-13 所示；由於晶片托盤與支撐架將內引腳之分布分隔成兩個封閉區域，如圖 A-14 所示，故每個封閉區域之規劃參數及接腳數如表A-3 所列。

表 A-2　DIP-24pins 晶片焊點座標資料

Pin No.	X	Y	Z	Pin No.	X	Y	Z
1	− 0.0222	0.0614	0.0	13	0.0222	− 0.0614	0.0
2	− 0.0372	0.0614	0.0	14	0.0372	− 0.0614	0.0
3	− 0.0522	0.0614	0.0	15	0.0522	− 0.0614	0.0
4	− 0.0633	0.0375	0.0	16	0.0633	− 0.0375	0.0
5	− 0.0633	0.0225	0.0	17	0.0633	− 0.0225	0.0
6	− 0.0633	0.0075	0.0	18	0.0633	− 0.0075	0.0
7	− 0.0633	− 0.0075	0.0	19	0.0633	0.0075	0.0
8	− 0.0633	− 0.0225	0.0	20	0.0633	0.0225	0.0
9	− 0.0633	− 0.0375	0.0	21	0.0633	0.0375	0.0
10	− 0.0522	− 0.0614	0.0	22	0.0522	0.0614	0.0
11	− 0.0372	− 0.0614	0.0	23	0.0372	0.0614	0.0
12	− 0.0222	− 0.0614	0.0	24	0.0222	0.0614	0.0

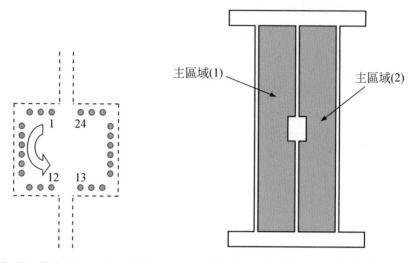

圖 A-13　DIP-24pins 晶片焊點　　　圖 A-14　DIP-24pins 佈線區域
　　　　　編號及分布圖

表 A-3　DIP-24pins 自動規劃參數說明

X 方向	Pad offset	Inner width	Inner gap
	0.03	0.0135	0.0135
Y 方向	Pad offset	Inner width	Inner gap
	0.05	0.0135	0.0135
外引腳資料	Outer pitch	Outer width	Pin number
	0.1	0.06	12
兩次轉折方向	First：80，Second：20		
一次轉折方向	70		
銲線區長度	0.025		

4. 內引腳-佈線區域

　　由於晶片托盤與支撐架將導線架分割成兩個封閉區域,故將之規劃為兩個主區域,系統則依照規劃參數將每個主區域再規劃成三個次區域,如圖 A-15 所示,且系統將預設各次區域之控制線的各項參數,圖 A-16 標示出控制線之編號,參照表 A-4 詳細列出控制線之各項參數,由於次區域規劃為對稱形狀,故對稱位置之控制線參數皆相同,在此不一一列出。圖 A-17 則為系統計算佈線區域參數並與外引腳結合後之實體面域。

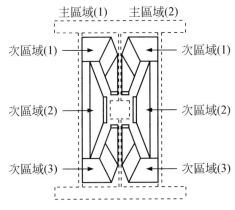

圖 A-15　DIP-24pins 佈線區域
之次區域

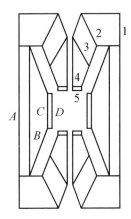

圖 A-16　DIP-24pins 佈線區域
及其參數

表 A-4　DIP-24pins 佈線區域參數說明

編號	接腳數目	控制線參數	內引腳計算方式及相關參數			
1	2	Start	Fixed	First Gap	Pitch	Width
				0.05	0.1	0.06
2	2	Custom	Vertical			
3	2	Custom	Auto		Width Ratio	
					0.4	
4	2	Custom	Fixed	First Gap	Pitch	Width
				0.0135	0.027	0.0135
5	2	End	Fixed	First Gap	Pitch	Width
				0.0135	0.027	0.0135
A	8	Start	Fixed	First Gap	Pitch	Width
				0.05	0.1	0.06
B	8	Custom	Vertical			
C	8	Custom	Fixed	First Gap	Pitch	Width
				0.0135	0.027	0.0135
D	8	End	Fixed	First Gap	Pitch	Width
				0.0135	0.027	0.0135

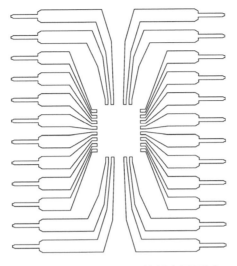

圖 A-17　DIP-24pins 接腳實體面域

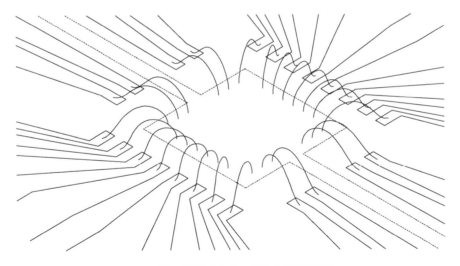

圖 A-18　DIP-24pins 3D 金線顯示圖

附

5. 金線繪製觀察

　　使用者在繪製接腳時可以選則是否同時繪出金線，若使用者欲繪出 3D 金線以便觀察所拉出金線可能之情況，可以透過金線資料編輯界面設定距晶片焊點之距離及高度，圖 A-18 為所有金線之 Hx、Hy 皆為(0.03，0.03)，使用者若無設定此參數值，系統將以直線繪出以簡化 3D 金線。

6. 完整之導線架

　　使用者可以將接腳面域與晶片托盤/支撐架面域透過AutoCAD指令"union"結合在一起而得到一完整導線架，如圖A-19所示，圖 A-20 則為彩現後之圖形。

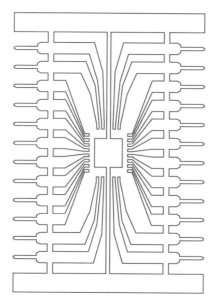

圖 A-19　DIP-24pins 導線架

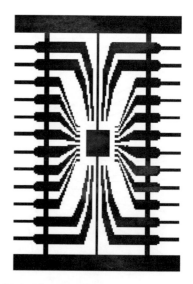

圖 A-20　DIP-24pins 導線架彩現

◼ A-4-2　QFP 型

　　此案例為QFP型式之導線架，由於其連接晶片托盤的支撐架設計之故，必須透過修改界面來修改次區域之幾何形狀，來滿足需要。

1.　晶片托盤與支撐架

　　　　晶片托盤置於導線架中央，尺寸為一 6.1×6.1mm 之矩形，晶片托盤與支撐架如圖 A-21 所示。

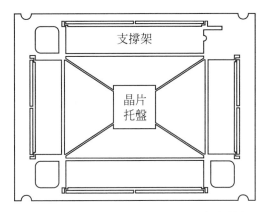

圖 A-21　QFP-100pins 晶片托盤與支撐架

2.　外引腳

　　　　QFP外引腳如圖A-22所示，使用者必須先在AutoCAD上以多折線繪製，再由系統將外引腳折點資料載入。

圖 A-22　QFP 型式之外引腳描述

3.　晶片焊點座標及參數資料

　　　　使用者可以直接讀取已存在之晶片焊點資料檔，或透過系統編輯及輸入晶片焊點座標資料與參數，圖 A-23 則為晶片焊點編號及分布圖；晶片托盤與支撐架將內引腳分布區域獨立成四個封閉主區域。

圖 A-23 QFP-100pins 晶片焊點編號及分布圖

4. 內引腳-佈線區域

　　晶片托盤與支撐架將導線架分割成四個封閉區域，系統依照規劃參數將主區域(1)(3)規劃成四個次區域，而主區域(2)(4)則規劃成單一次區域，如圖A-24所示，在主區域(1)(3)中屬於兩次轉折之次區域由於支撐架設計之故，將與支撐架重疊且系統規劃之轉折線角度過大，如此將導致此部份接腳產生不良的情況，使用者可以藉由修改編輯界面來調整次區域之幾何形狀，改善此一不良情況，修改後之次區域如圖 A-25 所示，而其各次區域控制線之編號如圖A-26所示，系統計算繪出之接腳面域則如圖A-27所示。

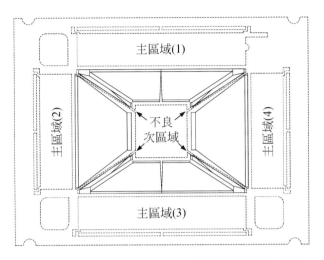

圖 A-24 QFP-100pins 佈線區域修改前之次區域

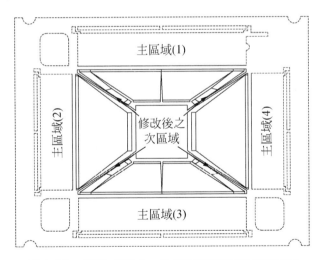

圖 A-25 QFP-100pins 佈線區域修改後之次區域

附

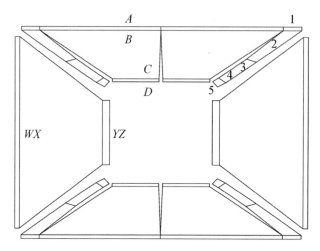

圖 A-26　QFP-100pins 佈線區域及其參數

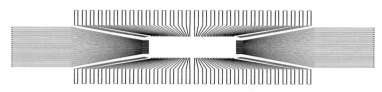

圖 A-27　QFP-100pins 接腳實體面域

5. 金線繪製觀察

　　為了方便使用者觀察所設計之接腳對於拉出金線所可能產生的影響，故系統提供繪製 3D 金線的功能，使用者可以透過金線資料編輯界面輸入金線高度(Hx，Hy)，系統在繪製接腳時即同時繪出 3D 金線。圖 A-28 為 QFP-100 pins 3D 金線顯示圖，其金線高度皆為(0.5, 0.4)。

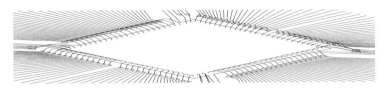

圖 A-28　QFP-100pins 3D 金線顯示圖

6.　完整之導線架

　　將接腳區域與晶片托盤／支撐架結合後，則可得一完整導線架如圖 A-29 所示，導線架彩現後圖形如圖 A-30 所示。

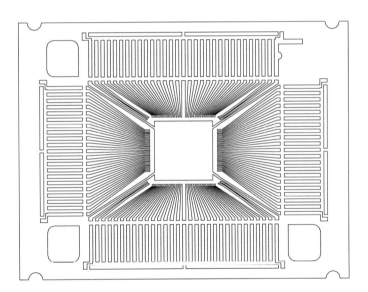

圖 A-29　QFP-100pins 導線架

附

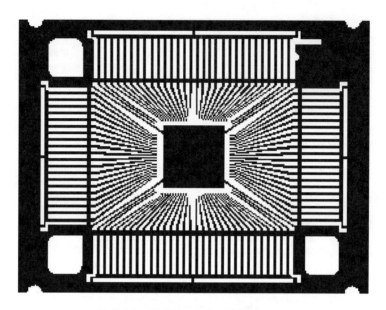

圖 A-30　QFP-100pins 導線架彩現

■ A-5　研究成果

　　本研究所發展出的導線架自動化之繪圖設計系統，已能針對各種不同型式之導線架，透過參數化的設計，來快速完成導線架之設計繪製工作。以下將對整個研究的成果與未來發展方向提出以下幾點說明：

1.　本研究所開發之自動化導線架繪圖設計系統，結合了 MFC、ObjectARX 及 AutoCAD，應用動態模組的方式架構在 AutoCAD 軟體上，除了可以幫助導線架設計人員快速完成導線架之設計工作，更可以利用 AutoCAD 所提供之功能，來對所完成之導線架圖形做後續處理與應用，如彩現、貼圖等。

2.　本系統之導線架自動化繪圖設計是以佈線區域為基礎的一種設計方式，並不限定於某種型式之導線架，而是取決於所構成的封閉區域及其參數，系統根據使用者對該封閉區域之參數設定來產生佈線區域，再由此來繪出接腳。

3. 本系統之晶片焊點自動規劃模組，是從晶片焊點分布之座標位置的想法為出發點，在以所拉出之金線長度為相對最小的考量下，決定出內引腳端點位置，再以此規劃佈線區域並計算繪出接腳。

4. 本系統除了能自動化的幫助設計人員來完成整個導線架之設計工作外，也提供了相當大的彈性與空間，讓使用者方便修改導線架，以期能設計出更符合設計人員所需的要求。本系統提拱使用者可以修改、移動規劃佈線區域所需的內引腳端點位置，也可以透過移動控制點來改變佈線區域之幾何形狀及其參數，並藉此改變接腳形狀及位置。

5. 本系統以樣板檔儲存佈線區域參數，以晶片資料檔儲存晶片焊點座標資料及相關參數，並提供完善之界面，方便使用者載入、修改資料，比起儲存導線架圖形之傳統方式能提供更完整的資料供後續利用，有助於設計經驗的累積。

■ A-6　未來展望

1. 導線架之設計往往需配合製程上或機器本身某種程度的特殊要求與限制，如此才可避免製作上的困難與缺陷，確保原設計與成品的一致性。而本系統目前之定位僅止於用來輔助導線架設計人員，期能快速完成導線架設計工作，故並沒有加入太多製程參數，往後將陸續收集相關製程資料，期能達到一專家系統。

2. 內引腳端點位置的決定，目前僅粗略的以金線所拉出長度最短為考量，未來將輔以最佳化理論來計算決定出更合理且最佳的內引腳端點位置。

附

3. 本系統目前僅僅針對導線架接腳部份提供自動化之繪圖計算功能，而完整導線架除了接腳部份外，還包括晶片托盤與支撐架，此部份的設計相當複雜，不但要提供整個導線架的剛性外，還必須考慮到製程、模流及其他相關問題，目前此部份暫時交由使用者繪製，未來預定將支撐架與晶片托盤部份也一併納入自動化設計的範圍，讓導線架之設計更能一貫化與完整化。

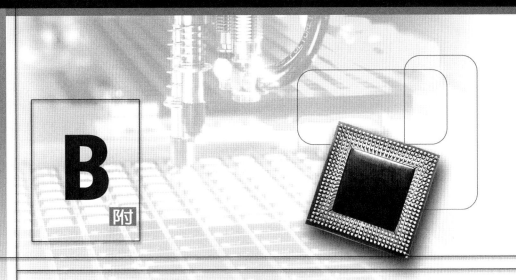

金線偏移分析軟體

■ B-1　軟體簡介

　　【Auto IC】整合型軟體開發的主要目的乃針對 IC 封裝製程中的金線偏移現象，將 CAE 軟體(C-MOLD)所做的模流分析結果整合並做金線偏移量的計算與比較，以節省人工計算的時間與避免誤差發生。

　　金線偏移整合分析模組【Auto IC】(如圖 B-1 所示)，主要乃是將自 C-MOLD 所分析出的結果檔中，擷取相關的 CAE 資訊(如 Element Data 和 Gapwise Information 等相關參數)，來計算分析金線偏移量時所需的分析參數(如 Normal Velocity、Reynold Number、Viscosity、Drag Force 等資料)。而在金線偏移量的計算上，可以採用三種計算偏移量的理論法則，其中 Nguyen 解析解與 Circular Arch 公式解可由程式直接計算出來，而 ANSYS 數值解的部份將直接輸出 ANSYS 計算時所需的 Log File，最後並將金線偏移量的計算結果整合並與實際的金線偏移量結果相互比較與驗證。

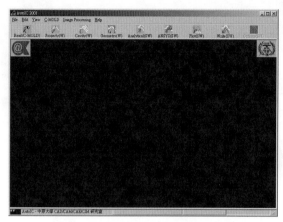

圖 B-1　【Auto IC】的程式界面

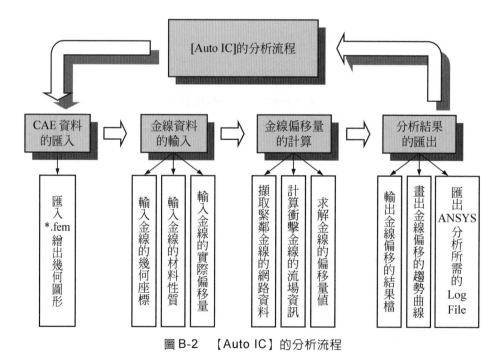

圖 B-2　【Auto IC】的分析流程

　　其中程式所架構的分析流程依序可分為 CAE 幾何模型的匯入、金線相關參數的輸入、金線偏移量的計算與結果的匯出等四個主要部份，其分析程序如圖 B-2 所示。

　　此外為了讓使用者增加使用程式的方便與了解程式的分析步驟，並依序建立了快速工具列，使用者只需依序執行程式介面上的快速工具列，即可完成整個金線偏移的分析流程。

■ B-2　CAE 分析資料的匯入

　　執行[C-MOLD]→[Read]的指令或直接按下工具列  的圖示，然後指定 CAE 軟體(C-MOLD)在分析時所產生分析目錄內的*.fem 路徑(如圖 B-3 所示)，讓【Auto IC】將其模具的幾何形狀與有限元素網格等資料匯入並將圖形繪出(如圖 B-4 所示)。

圖 B-3　指定【Auto IC】所要匯入模具幾何圖形的路徑

附 **B**

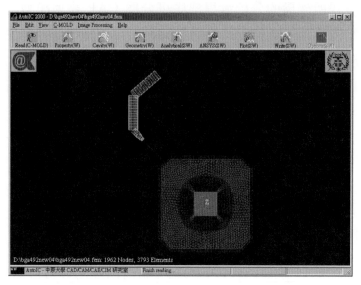

圖 B-4　Auto IC】所匯出的模具幾何圖形

■ B-3　金線資料的輸入

　　包含金線的材料性質、模穴參考幾何中心的定義、金線的幾何形狀
(包含起始點、終始點座標、線弧的定義、幾何曲線的繪製)與實際金線
偏移量值的輸入和顯示等四個主要的部份，並將其輸入相關的金線資訊
儲存在*.wire 檔中。

■ B-3-1　金線材料性質的定義

　　執行[C-MOLD]→[Wire]→[Property]的指令或直接按下工具列

的圖示，即會出現編輯金線材料參數的對話框，供使用者輸

入(如圖 B-5 所示)。

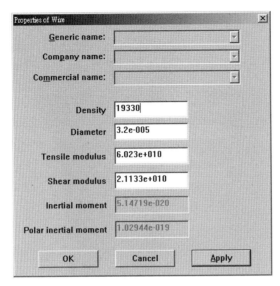

圖 B-5　金線材料性質的輸入視窗

■ B-3-2　模穴參考幾何中心的定義

執行[C-MOLD]→[Wire]→[Cavity]的指令或直接按下工具列
的圖示，即會出現編輯模穴參考幾何中心的對話框(如圖 B-6 所示)。參考幾何中心的訂定，乃是為了簡化相同尺寸的各組模穴內金線座標建構的時間，即可以一組金線資料庫建構多組模穴的金線模型，一般模穴的參考幾何中心設定乃是依照當初在架構 C-MOLD 的幾何圖形時所使用的座標系統將各個模穴的中心點座標設為各模穴的參考幾何中心(如圖 B-7、圖 B-8 所示)。

如圖 B-6 中所示，[Center]中的參數即為定義參考幾何的中心點座標，[X-Axis]與[Y-Axis]則為定義座標系的方向性和圖示標註尺寸的大小。

附 **B**

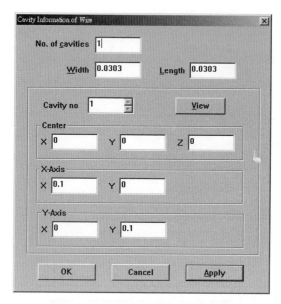

圖 B-6　模穴參考幾何的定義視窗

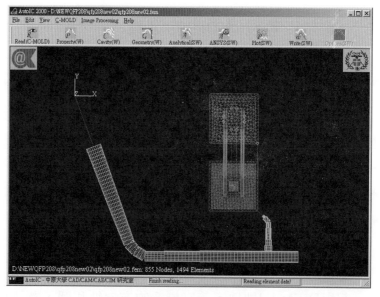

圖 B-7　單一模穴的參考幾何在模穴中的位置(紅色 L 線段代表座標系)

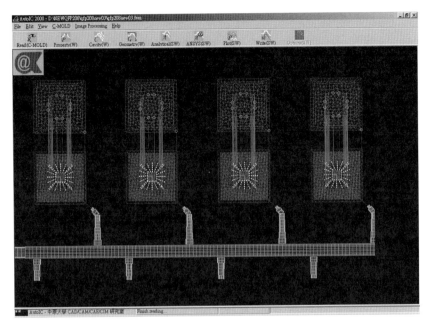

圖 B-8　四組模穴的參考幾何在模穴中的位置(紅色倒 L 線段代表座標系)

■ B-3-3　金線幾何座標的輸入

　　執行[C-MOLD]→[Wire]→[Geometry & Position]的指令或直接按

下工具列 Geometry(W) 的圖示，即會出現編輯金線幾何座標的對話框(如

圖 B-9 所示)，經由程式所架構的輸入界面將依照圖形中對金線的相關
定義將金線的座標、線弧 Hx、Hy 的定義以及代表求取偏移量位置的 m
值等相關的數值輸入。

　　在金線的架構過程中，當定義一條金線的相關尺寸後，可由主畫面
(如圖 B-10所示)與*.wire 檔(如圖 B-11所示)來檢視所輸入金線的位置
與所儲存的金線資料庫。

附 **B**

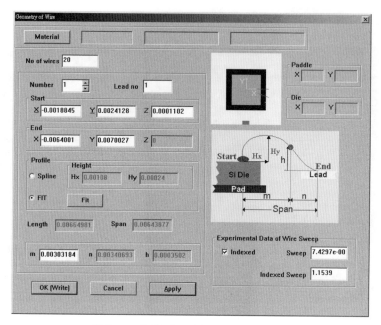

圖 B-9　金線幾何座標的輸入對話框

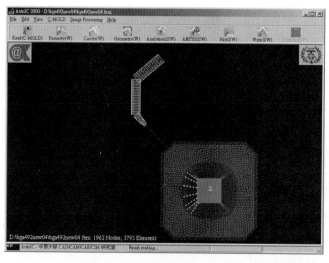

圖 B-10　金線在主視窗的架構顯現(黃色線段代表金線)

```
Geometry
  20      20       1
   1       1  -0.0018845   0.0024128   0.0001102  -0.0064001   0.0070027      0    0.00108     0.00024   0.00664981
0.00303184
   2       1  -0.0008357   0.0024128   0.0001102   -0.003011   0.0074685      0    0.00204               0.00572766
0.00281158
   3       1   0.0002193   0.0024225   0.0001102   0.0001319   0.0076529      0      0.003     0.00024   0.00545914
0.00258667
   4       1   0.0012683   0.0024237   0.0001102   0.0032885   0.0074576      0   0.00107108  0.00016549  0.00564918
0.0028806
   5       1   0.0023297   0.0024214   0.0001102    0.006423   0.0070154      0   0.0010751   0.00016549  0.00636777
0.00299506
   6       1   0.0024103   0.0018586   0.0001102   0.0070178   0.0064022      0   0.00108588  0.00016549  0.00668159
0.00327201
   7       1   0.0024014   0.0008058   0.0001102    0.007488   0.0029945      0   0.00108537  0.00016549  0.00576084
0.00304386
   8       1   0.0024085  -0.0002482   0.0001102   0.0077091    -0.000127     0   0.00106477  0.00016549  0.00552889
0.00263454
   9       1   0.0024011  -0.0013041   0.0001102   0.0074955    -0.003285     0   0.0010581   0.00016549  0.00569038
0.00302841
  10       1   0.0024011  -0.0023663   0.0001102   0.0070454   -0.0064621     0   0.00102257  0.00016549  0.00640655
0.00354613
  11       1   0.0019191  -0.0024381   0.0001102   0.0064344   -0.0070201     0 0.000992712   0.00016549  0.00664405
0.00417824
  12       1   0.0008726  -0.0024381   0.0001102   0.0030255   -0.0074484     0   0.00100135  0.00016549  0.00567786
0.0029423
  13       1  -0.0001991  -0.0024381   0.0001102   -9.95e-005  -0.0076675     0   0.00100687  0.00016549  0.00545123
0.00259199
  14       1  -0.0012358  -0.0024381   0.0001102  -0.0032591   -0.0074783     0   0.00105108  0.00016549  0.00565607
0.00275149
  15       1  -0.0023108    -0.002439  0.0001102    -0.006394    -0.007021     0   0.0010709   0.00016549   0.0063523
0.00315157
  16       1  -0.0023699  -0.0019399   0.0001102  -0.0078356   -0.0064466     0   0.00108196  0.00016549  0.00669727
0.00343545
  17       1  -0.0023698  -0.0009012   0.0001102  -0.0074943   -0.0030335     0   0.00108936  0.00016549  0.00577357
0.00263425
  18       1  -0.0023655    0.000165   0.0001102  -0.0076839    0.0001196     0   0.0010922   0.00016549  0.00554524
0.00265951
  19       1  -0.0023655   0.0012179   0.0001102  -0.0074578    0.0032032     0   0.00109261  0.00016549  0.00571379
0.00277283
```

圖 B-11　金線幾何座標的資料庫在 *.wire 的儲存格式

■ B-3-4　Fit Curve 的繪製

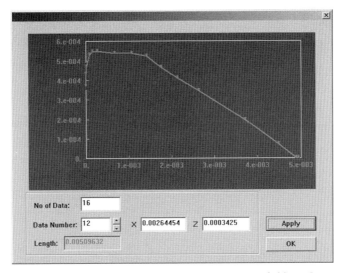

圖 B-12　【Auto IC】中金線幾何形狀資料的顯示界面與其 Fit Geometry Curve

　　由於隨著 IC 元件的發展，金線在幾何形狀上，也不像以往般可以圓弧形的結構來擬合，為了更精確的表示金線的幾何形狀與抓取正確的模流分析資料，因此程式在金線的架構上提供了另一組以Spline的形式來擬合的金線線弧，藉由輸入若干線弧上的座標點由程式來繪製Fit Geometry，如圖 B-12 所示即為輸入表 B-1 的相關座標與其所繪製出的 Fit Geometry Curve。

表 B-1　金線的參考線弧座標(Unit：mm)

X	Z
0.00000000	0.00037000
0.00000000	0.00042900
0.00001584	0.00046550
0.00009243	0.00052949
0.00016124	0.00054450
0.00027658	0.00054550
0.00067675	0.00053549
0.00107692	0.00053549
0.00142050	0.00052050
0.00175177	0.00046349
0.00213754	0.00040749
0.00264454	0.00034250
0.00371775	0.00019399
0.00449156	0.00006800
0.00489897	0.00000000
0.00494897	0.00000000

其中，關於線弧座標的輸入，乃是直接在*.wire檔中將參考線弧的座標點輸入，以表 B-1 爲例，其在*.wire 檔中的格式如下圖 B-13 所示 (Unit：m)。

```
Fit Geometry
        16          16
         1                    0              0.00037
         2                    0             0.000429
         3           1.584e-005          0.0004655
         4           9.243e-005         0.00052949
         5           0.00016124          0.0005445
         6           0.00027658          0.0005455
         7           0.00067675         0.00053549
         8           0.00107692         0.00053549
         9            0.0014205           0.0005205
        10           0.00175177         0.00046349
        11           0.00213754         0.00040749
        12           0.00264454          0.0003425
        13           0.00371775         0.00019399
        14           0.00449156            6.8e-005
        15           0.00489897                   0
        16           0.00494897                   0
```

圖 B-13　【Auto IC】中金線 Fit Geometry 在*.wire 的輸入格式

Fit Curve 對線弧的定義完成後，在計算上程式將會自動去擬合每一條金線，將每一條金線的 x 軸座標做等比例的縮放以及保留 z 軸高度來各自擬合成新的金線線弧。

■ B-3-5　實際金線偏移量的輸入和顯示

將實驗所量測出的金線偏移量值整合帶入分析的比較中，可以更清楚的了解金線偏移分析與實際偏移之間的差異。在【Auto IC】的程式中，實際金線偏移量的輸入乃是直接在*.wire檔中將各線段的sweep(or sweep index)值輸入，其偏移量輸入的格式定義如圖 B-14、圖 B-15 所示。其中 0、1 分別為 sweep 和 sweep index 的定義，使用者在輸入時只需擇其一輸入即可，而其顯示則如圖 B-9 右下方所示，而日後儲存的格式則可由該圖中的 Indexed 選項控制。

```
Experimental Data
    20          0          0
     1 0.000116149
     2 0.000133633
     3  0.00022621
     4 0.000230141
     5 0.000314734
     6 0.000306834
     7  0.00025818
     8 0.000242831
     9 0.000247007
    10 7.2927e-005
    11 6.8434e-005
    12 0.000175562
    13   0.0002022
    14 0.000174791
    15 0.000281932
    16 0.000258507
    17 0.000312628
    18 0.000304372
    19 0.000253643
    20 0.000178546
```

```
Experimental Data
    20          1          0
     1       1.8039
     2        2.428
     3       4.3243
     4       4.2429
     5      5.11509
     6      4.74171
     7      4.66239
     8         4.58
     9      4.51899
    10       1.1777
    11      1.06381
    12      3.21939
    13       3.8659
    14      3.21831
    15       4.5937
    16       3.9851
    17      5.63251
    18      5.72279
    19      4.62031
    20      3.15789
```

圖 B-14　Auto IC】中 20 條實際金線偏移量在*.wire 的輸入格式（sweep 值）

圖 B-15　【Auto IC】中 20 條實際金線偏移量在*.wire 的輸入格式（sweep index 值）

■ B-4　金線偏移量的計算

執行[C-MOLD]→[Wire]→[Sweep]→[Analytical]的指令或直接按
下工具列 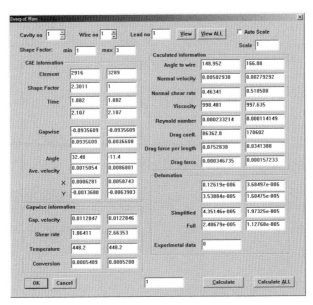 的圖示，即會出現計算金線偏移的對話框。經由自
動化模組的開發，【Auto IC】可以擷取 C-MOLD 輸出的*.os1 檔中的
有限元素網格資料，並以 Lamb's Model 計算塑流作用於金線的拖曳力
與相關參數，以求解金線的偏移量(如圖 B-16 所示)。本視窗包含了 CAE
網格資料的擷取(CAE Information)、正規化厚度方向的資料(Gapwise
Information)、計算過程之資料(Calculated information)、偏移量計算
的結果(Deformation)等四個主要的架構，並增加網格形狀因子的擷取
選擇、擷取的有限網格檢視和實際偏移量值的對照等功能，讓使用者能
更了解分析過程的相關資訊與金線偏移分析的結果。

圖 B-16　【Auto IC】中金線偏移量的計算視窗

附 **B**

■ B-4-1 CAE 網格資料的擷取

依據金線所定義求取偏移量的位置，【Auto IC】能夠將 C-MOLD 的輸出結果檔(*.os1)自其中擷取出相對應正規化厚度的兩組網格資料，如圖 B-17 所示包含所抓取的 Element 網格編號、該網格的形狀因子、抵達跟離開該網格的時間及在該網格中所對應的正規化厚度、角度、平均速度等資訊。

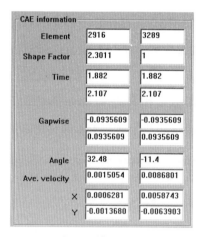

圖 B-17 【Auto IC】內金線偏移分析視窗中包含 CAE information 部份

■ B-4-2 Gapwise Information

依據所定義的正規化厚度，擷取位於該網格中屬於該層的詳細流場資訊，如圖 B-18 所示，其中包 Gapwise Velocity、Shear Rate、Temperature 和 Conversion 等資訊。

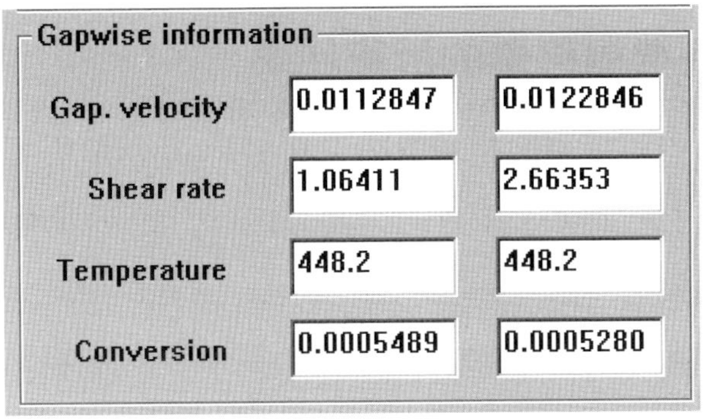

圖 B-18 【Auto IC】內金線偏移分析視窗中包含 Gapwise information
部份

▪ B-4-3 Calculated Information

將自 CAE 中所擷取的相關流場資料，經過相關公式的計算求取計算金線偏移量時所需使用到的參數，如圖 B-19 所示，包含衝擊金線時的 Normal Velocity、Normal Shear Rate、Viscosity、Reynold Number、Drag Force 等參數。

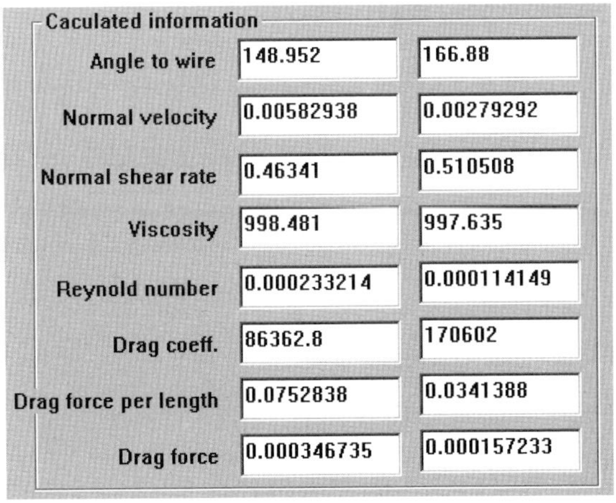

圖 B-19 【Auto IC】內金線偏移分析視窗中包含 Calculation information
部份

■ B-4-4　金線偏移量的計算結果

將圖B-19內所得到的相關資訊，利用Nguyen解析解來求取金線的偏移量，如圖 B-20 所示包含了簡化解 Simplified 跟非簡化解 Full 兩個部份以及實際的金線偏移量。

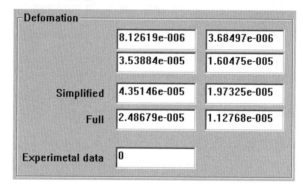

圖 B-20　【Auto IC】內金線偏移分析視窗中包含 Deformation 部份

■ B-4-5　擷取網格位置的顯示

程式在抓取了適當的網格之後，除了可藉由視窗的內容來顯示該網格的編號外，亦可透過【Auto IC】內建的 **View** 或 **View ALL** 的功能選項選擇直接將單條金線所對應抓取的網格或所有金線所對應抓取的網格位置顯示出來。如圖 B-21、圖 B-22 所示即為顯示單條金線與整組金線做金線偏移分析時所抓取的網格。

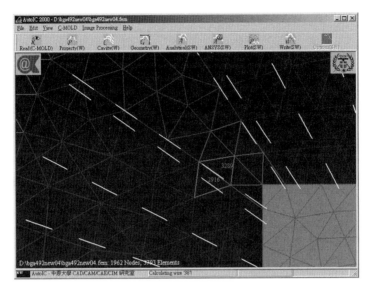

圖 B-21 【Auto IC】主視窗中顯示金線偏移分析時所抓取的單條金線
網格位置

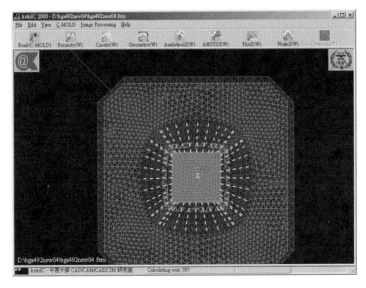

圖 B-22 【Auto IC】主視窗中顯示金線偏移分析時所抓取的全部金線
網格位置

■ B-4-6　Circular Arch 公式解的計算

執行[C-MOLD]→[Wire]→[Sweep]→[Circular Arch]的指令即可檢視利用 Circular Arch 公式解所計算出的金線偏移量，如圖 B-23 所示即為顯示受到集中載重跟均佈載重所計算出的金線偏移量值。

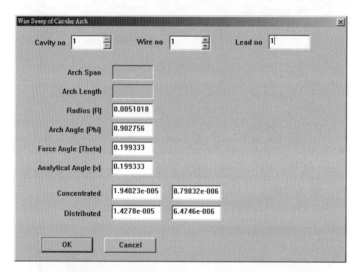

圖 B-23　【Auto IC】內顯示用 Circular Arch 計算的金線偏移結果

■ B-5　分析結果的整合與匯出

【Auto IC】能將所計算出的金線偏移量值與相關的資訊整合，做 ANSYS Log 檔的輸出、結果的儲存與金線偏移量趨勢的比較。

■ B-5-1　ANSYS Log 檔的輸出

執行[C-MOLD]→[Wire]→[Sweep]→[ANSYS Log File]的指令或直接按下工具列　　　　　的圖示，即可進入 ANSYS Log File 的輸出

視窗(如圖 B-24 所示)，來選擇輸出的形式與每段金線的網格密度，程式即會將用 ANSYS 計算金線偏移時所需架構的金線幾何形狀、網格的定義、邊界條件的設定、結果的分析等參數自動撰寫成 ANSYS 的 Log File 來輸出。

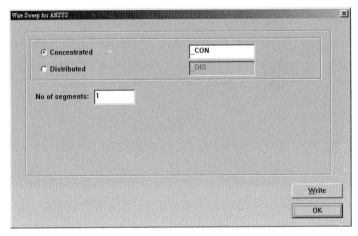

圖 B-24　　【Auto IC】內輸出 ANSYS Log File 的視窗

　　輸出的 ANSYS Log file 只需用 ANSYS 軟體執行[File]→[Read Input from…]來讀取該檔案，即可完成金線偏移的分析，其在 ANSYS 中所架構的 3D 模型與金線偏移分析結果如下圖 B-25 所示。

　　此外，ANSYS 所計算出各條金線的偏移量值，亦可由[List]→[Other]→[Named …]中的[SWEEP](如圖 B-26 所示)將所計算出每條金線的最大偏移量值列出(如圖 B-27 所示)。

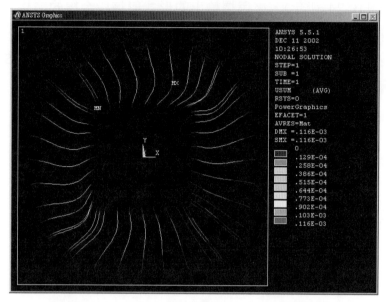

圖 B-25　ANSYS 集中載重所分析出的金線偏移量

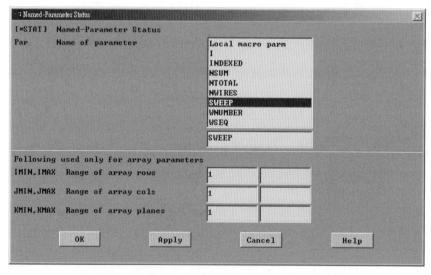

圖 B-26　ANSYS 中儲存金線偏移量值的結果參數

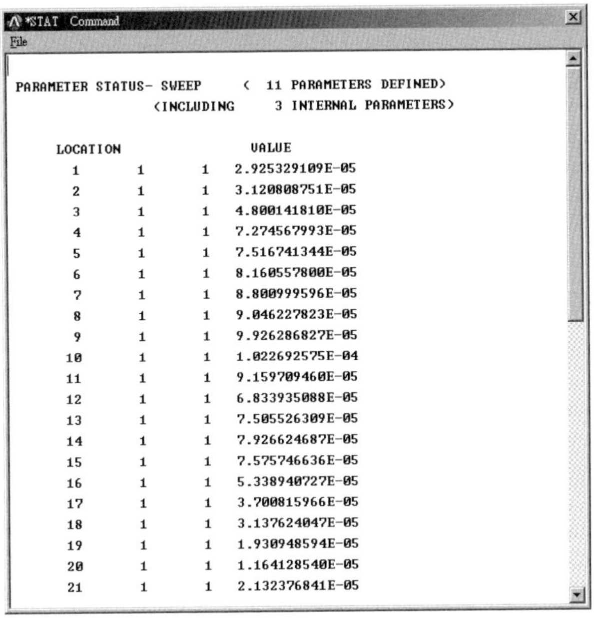


```
PARAMETER STATUS- SWEEP     (  11 PARAMETERS DEFINED)
                  (INCLUDING      3 INTERNAL PARAMETERS)

     LOCATION                VALUE
       1        1        1   2.925329109E-05
       2        1        1   3.120808751E-05
       3        1        1   4.800141810E-05
       4        1        1   7.274567993E-05
       5        1        1   7.516741344E-05
       6        1        1   8.160557800E-05
       7        1        1   8.800999596E-05
       8        1        1   9.046227823E-05
       9        1        1   9.926286827E-05
      10        1        1   1.022692575E-04
      11        1        1   9.159709460E-05
      12        1        1   6.833935088E-05
      13        1        1   7.505526309E-05
      14        1        1   7.926624687E-05
      15        1        1   7.575746636E-05
      16        1        1   5.338940727E-05
      17        1        1   3.700815966E-05
      18        1        1   3.137624047E-05
      19        1        1   1.930948594E-05
      20        1        1   1.164128540E-05
      21        1        1   2.132376841E-05
```

圖 B-27　ANSYS 中參數[SWEEP]所儲存每條金線的最大偏移量值

B-5-2　金線偏移趨勢的繪出

執行[C-MOLD]→[Wire]→[Sweep]→[Plot]的指令或直接按下工具列 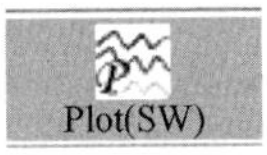

的圖示，即可呼叫金線偏移趨勢的繪出視窗，如圖B-28所示，依照自己所需檢視分佈形式來繪出金線的偏移趨勢圖，並可加入實驗值來作一完整的比較。

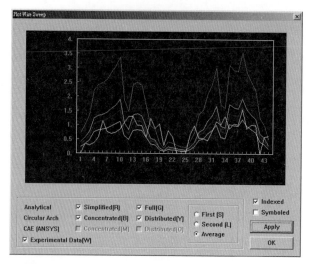

圖 B-28　【Auto IC】內繪出金線偏移趨勢的視窗

■ B-6　未來展望

　　【Auto IC】整合型軟體的開發在架構上，尚有許多未臻完善之處，冀望在未來能結合使用者的操作心得與建議、驗證實際工程的應用，讓【Auto IC】在金線偏移的分析上能夠有更完整的分析內容、更強的資訊整合功能、更人性化的操作界面以及更精準的金線偏移分析&預測，真正達到確實輔助業界整合CAE軟體的目的與縮短金線偏移分析的時間。

國家圖書館出版品預行編目資料

IC 封裝製程與 CAE 應用 / 鍾文仁, 陳佑任編著. --
　　四版. -- 新北市 : 全華圖書股份有限公司,
　2021.07
　　　面 ; 　　公分
　　ISBN 978-986-503-802-1(平裝)

1.積體電路　2.半導體　3.塑膠加工

448.65　　　　　　　　　　　　　　　　110010647

IC 封裝製程與 CAE 應用

作者 / 鍾文仁、陳佑任

發行人 / 陳本源

執行編輯 / 呂詩雯

出版者 / 全華圖書股份有限公司

郵政帳號 / 0100836-1 號

印刷者 / 宏懋打字印刷股份有限公司

圖書編號 / 0529903

四版二刷 / 2021 年 09 月

定價 / 新台幣 470 元

ISBN / 978-986-503-802-1

全華圖書 / www.chwa.com.tw

全華網路書店 Open Tech / www.opentech.com.tw

若您對本書有任何問題，歡迎來信指導 book@chwa.com.tw

臺北總公司(北區營業處)
地址：23671 新北市土城區忠義路 21 號
電話：(02) 2262-5666
傳真：(02) 6637-3695、6637-3696

南區營業處
地址：80769 高雄市三民區應安街 12 號
電話：(07) 381-1377
傳真：(07) 862-5562

中區營業處
地址：40256 臺中市南區樹義一巷 26 號
電話：(04) 2261-8485
傳真：(04) 3600-9806(高中職)
　　　(04) 3601-8600(大專)

華格誠摯邀您加入　全華會員

● 會員獨享

會員享購書折扣、紅利積點、生日禮金、不定期優惠活動…等。

● 如何加入會員

填妥讀者回函卡直接傳真 (02) 2262-0900 或寄回，將由專人協助登入會員資料，待收到 E-MAIL 通知後即可成為會員。

如何購買　全華書籍

1. 網路購書

全華網路書店「http://www.opentech.com.tw」，加入會員購書更便利，並享有紅利積點回饋等各式優惠。

2. 全華門市、全省書局

歡迎至全華門市（新北市土城區忠義路21號）或全省各大書局、連鎖書店選購。

3. 來電訂購

(1) 訂購專線：(02) 2262-5666 轉 321-324
(2) 傳真專線：(02) 6637-3696
(3) 郵局劃撥　(帳號：0100836-1　戶名：全華圖書股份有限公司)

※ 購書未滿一千元者，酌收運費 70 元。

OpenTech 全華網路書店 .com.tw

全華網路書店 www.opentech.com.tw
E-mail：service@chwa.com.tw

※ 本會員制如有變更則以最新修訂制度為準，造成不便請見諒。